CDA数据分析师技能树系列

Excel
数据分析
从小白到高手

▶ 全彩视频版

EXCEL DATA ANALYSIS
FROM BEGINNER TO EXPERT

王国平

编著

U0229161

化学工业出版社

·北京·

内容简介

大数据时代，掌握必要的数据分析能力，将大大提升你的工作效率和自身竞争力。Excel是非常适合初学者使用的数据分析工具，本书将详细讲解利用Excel进行数据分析的相关知识。

书中主要内容包括：数据分析基础知识、数据源的链接、M语言与数据爬虫、公式与函数、数据的整理、条件格式的应用、数据可视化、数据透视表与透视图、Excel仪表盘、基础分析、高级分析、数据分析报告的撰写以及综合实战案例等。

本书内容丰富，采用全彩印刷，配套视频讲解，结合随书附赠的素材边看边学边练，能够大大提高学习效率，迅速掌握Excel数据分析技能，并用于实践。

本书适合数据分析初学者、初级数据分析师、Excel用户、数据库技术人员、市场营销人员、产品经理等自学使用。同时，本书也可用作职业院校、培训机构相关专业的教材及参考书。

图书在版编目（CIP）数据

Excel数据分析从小白到高手/王国平编著．—北京：化学工业出版社，2024.1
ISBN 978-7-122-44224-6

Ⅰ．①E⋯　Ⅱ．①王⋯　Ⅲ．①表处理软件　Ⅳ．①TP391.13

中国国家版本馆CIP数据核字（2023）第180580号

责任编辑：耍利娜	文字编辑：陈　锦　袁　宁
责任校对：李　爽	装帧设计：孙　沁

出版发行：化学工业出版社（北京市东城区青年湖南街13号　邮政编码100011）
印　　装：北京瑞禾彩色印刷有限公司
710mm×1000mm　1/16　印张20　字数344千字
2024年3月北京第1版第1次印刷

购书咨询：010-64518888　　　　　　　售后服务：010-64518899
网　　址：http://www.cip.com.cn
凡购买本书，如有缺损质量问题，本社销售中心负责调换。

定　　价：99.00元

Excel功能十分强大，不仅提供简单易用的数据处理功能，还有专业的数据分析功能库，包括相关系数分析、描述统计、回归分析等。会Excel的人很多，但是能用Excel熟练进行数据分析的人却不多，大部分人只掌握了很少的功能。

编著者从事数据分析工作十余年，深知Excel在企业日常办公中的便捷性，因此，编写这本书的目的不在于大而全地介绍Excel，而在于深刻讲解相关功能，并结合实例，详细讲解实用的数据分析方法及技巧。

我们花了大量的时间学习Excel，为什么还是不知道怎么使用呢？通过调查发现，造成这种结果的原因主要有以下两个方面：

一是方法不对。Excel的功能非常强大，技巧成百上千，如果不结合工作实际需求，不经选择地开始学，很可能花费了大量的时间与精力，到头来发现工作中根本用不上。

二是知识陈旧。大数据时代，无论什么类型的员工，都应具备一定的Excel数据分析与可视化技能，但若所学的仍然是输入数据、制作表格等，当然难以应付日常需求。

● 本书内容

8. 数据透视表与透视图

9. Excel 仪表盘

10. Excel 基础分析

11. Excel 高级分析

12. 数据分析报告及案例

13. 空气质量数据分析案例

14. 2021 年国产电影产业分析

**Excel 数据分析
从小白到高手**

1. 数据分析概述

2. Excel 连接数据源

3. M 语言与数据爬虫

4. Excel 公式与函数

5. 排序、筛选与分类汇总

6. Excel 条件格式

7. Excel 数据可视化

● 使用本书的注意事项

（1）Excel软件版本

本书基于Excel 2021软件进行编写，建议读者安装Office专业增强版 2021进行学习，由于Excel 2021与Excel 2019、Excel 2016等版本间的差异 不大，因此，本书也适用于其他版本的学习。

（2）软件菜单命令

在本书中，当需要介绍Excel软件界面的菜单命令时，采用"【 】"符号，例 如，介绍筛选功能时，会描述为：依次单击【数据】|【筛选】选项。

本书主要特色

特色1：本书内容丰富，涵盖领域广泛，适合各行业人士快速提升Excel技能。

特色2：看得懂，学得会，注重传授方法、思路，以便读者更好地理解与运用。

特色3：贴近实际工作，介绍职场人急需的技能，通过案例学习，效果立竿见影。

由于作者水平所限，书中难免存在不妥之处，请读者批评指正。

编著者

目 录

1 数据分析概述

1.1　什么是数据分析 — 2

1.1.1　数据分析简介 — 2

1.1.2　数据分析的方法 — 3

1.1.3　数据分析的流程 — 7

1.2　数据分析常用工具 — 8

1.2.1　Excel — 8

1.2.2　Tableau — 8

1.2.3　Power BI — 9

1.2.4　SPSS — 9

1.2.5　SQL — 10

1.2.6　Python — 10

1.3　Excel 2021 软件简介 — 11

1.3.1　Excel 2021 概述 — 11

1.3.2　Excel 2021 界面 — 12

1.3.3　Excel 2021 新函数 — 13

1.4　如何快速学好 Excel — 16

1.4.1　打牢 Excel 基础知识 — 16

1.4.2　选择性学习函数 — 17

1.4.3　善于利用帮助文档 — 19

2 Excel 连接数据源

2.1　本地离线数据 — 23

2.1.1　Excel 工作簿 — 23

2.1.2　文本 /CSV 文件 — 24

2.1.3　JSON 文件 — 25

2.2　关系型数据库 — 27

2.2.1　SQL Server 数据库 — 27

2.2.2　Access 数据库 — 30

2.2.3　MySQL 数据库 — 31

2.3　Hadoop 集群 — 32

2.3.1　连接 Cloudera Hadoop — 33

2.3.2　连接 Hadoop Spark — 35

2.3.3　连接集群商品订单表 — 36

2.4 多表合并 — 38

2.4.1 不同工作簿表格 — 38

2.4.2 同一工作簿表格 — 41

3 M 语言与数据爬虫

3.1 M 语言基础 — 45

3.1.1 M 语言概述 — 45

3.1.2 M 语言函数 — 49

3.2 案例数据采集 — 57

3.2.1 案例数据简介 — 57

3.2.2 获取网站数据 — 57

3.3 数据清洗 — 59

3.3.1 删除重复列 — 59

3.3.2 复制数据表 — 59

3.3.3 删除不需要的列 — 60

3.3.4 调整列的名称 — 60

3.3.5 合并数据表 — 62

3.3.6 文本处理 — 63

3.4 数据可视化分析 — 65

3.4.1 二手住宅销售价格同比 — 65

3.4.2 二手住宅销售价格环比 — 66

3.4.3 二手住宅销售价格定基 — 66

4 Excel 公式与函数

4.1 公式与函数基础 — 69

4.1.1 Excel 公式及函数 — 69

4.1.2 输入 Excel 函数方法 — 70

4.2 Excel 单元格引用 — 72

4.2.1 单元格相对引用 — 73

4.2.2 单元格绝对引用 — 73

4.2.3 单元格混合引用 — 74

4.3 数学和三角函数 — 76

4.3.1 数学和三角函数案例 — 76

4.3.2 数学和三角函数列表 — 89

4.4 统计函数 — 92

4.4.1 统计函数案例 — 92

4.4.2 统计函数列表 — 97

4.5 逻辑函数 — 102

4.5.1 逻辑函数案例 — 102

4.5.2 逻辑函数列表 — 103

4.6 日期和时间函数 — 104

4.6.1 日期和时间函数案例 — 104

4.6.2 日期和时间函数列表 — 107

4.7 文本函数 — 108

4.7.1 文本函数案例 — 108

4.7.2 文本函数列表 — 112

4.8 其他函数 — 114

4.8.1 查询和引用函数列表 — 114

4.8.2 财务函数列表 — 115

4.8.3 工程函数列表 — 117

4.8.4 信息函数列表 — 119

4.8.5 数据库函数列表 — 119

4.8.6 Web 函数列表 — 120

4.8.7 兼容性函数列表 — 120

4.8.8 多维数据集函数列表 — 122

5 排序、筛选与分类汇总

5.1 数据排序 — 124

5.1.1 单个条件排序 — 124

5.1.2 多个条件排序 — 124

5.1.3 按颜色排序 — 125

5.1.4 按行排序 — 126

5.1.5 自定义排序 — 128

5.1.6 局部数据排序 — 130

5.2 数据筛选 — 131

5.2.1 按数字筛选 — 131

5.2.2 按颜色筛选 — 133

5.2.3 按文本筛选 — 134

5.2.4 按日期筛选 — 137

5.2.5 高级筛选 — 139

5.3 分类汇总 — 144

5.3.1 一级分类汇总 — 144

5.3.2 多级分类汇总 — 145

5.4 案例：制作工资条 — 146

6 Excel 条件格式

6.1 条件格式的简单使用 — 150

6.1.1 数据范围标记 — 150

6.1.2 文本模糊匹配 — 151

6.1.3 标记前几或后几 — 151

6.1.4 标记重复值 — 152

6.1.5 多重条件格式 — 152

6.1.6 清除规则 — 153

6.2 带公式的条件格式 — 154

6.2.1 突出排名前 3 数据 — 154

6.2.2 突出显示周末订单 — 154

6.2.3 突出显示特定文本 — 156

6.2.4 突出显示重复订单 — 156

6.2.5　突出显示最低销售额 — 156

6.2.6　突出显示高于均值数据 — 157

6.3　　设置数据条与色阶 — 158

6.3.1　创建数据条 — 158

6.3.2　新建数据条规则 — 159

6.3.3　编辑数据条规则 — 159

6.3.4　删除数据条规则 — 160

6.3.5　销售数据添加色阶 — 161

6.4　　案例：使用图标集标识订单量 — 162

7 Excel 数据可视化

7.1　　Excel 图表概述 — 165

7.1.1　Excel 图表类型 — 165

7.1.2　图表主要元素 — 166

7.2　　绘制对比型图表 — 167

7.2.1　柱形图及案例 — 167

7.2.2　条形图及案例 — 167

7.2.3　雷达图及案例 — 168

7.3　　绘制趋势型图表 — 169

7.3.1　折线图及案例 — 169

7.3.2　面积图及案例 — 170

7.3.3　曲面图及案例 — 170

7.4　　绘制比例型图表 — 171

7.4.1　饼图及案例 — 171

7.4.2　环形图及案例 — 171

7.4.3　旭日图及案例 — 172

7.5　　绘制分布型图表 — 173

7.5.1　散点图及案例 — 173

7.5.2　排列图及案例 — 173

7.5.3　箱型图及案例 — 174

7.6　　绘制其他基础图表 — 174

7.6.1　树状图及案例 — 175

7.6.2　漏斗图及案例 — 175

7.6.3　股价图及案例 — 175

7.7　　Excel 高级绘图 — 176

7.7.1　瀑布图及案例 — 176

7.7.2　甘特图及案例 — 177

7.7.3　指针式仪表及案例 — 180

8 数据透视表与透视图

8.1　　创建数据透视表 — 186

8.1.1　创建数据透视表步骤 — 186

8.1.2　更改和刷新数据源 — 188

8.2　　美化数据透视表 — 189

8.2.1　数据透视表布局 — 189

8.2.2　数据透视表计算 — 191

8.2.3 数据透视表显示 — 193

8.3 添加切片器和日程表 — 194

8.3.1 透视表添加切片器 — 194

8.3.2 透视表添加日程表 — 196

8.4 创建与编辑数据透视图 — 198

8.4.1 创建数据透视图 — 198

8.4.2 添加数据筛选器 — 202

8.4.3 透视图样式设计 — 205

9 Excel 仪表盘

9.1 仪表盘及其设计流程 — 208

9.1.1 认识仪表盘 — 208

9.1.2 仪表盘设计流程 — 208

9.2 房产中介关键指标仪表盘 — 211

9.2.1 门店简介 — 211

9.2.2 数据准备 — 212

9.2.3 需求分析 — 212

9.2.4 制作仪表盘框架 — 213

9.2.5 制作可视化组件 — 216

9.2.6 组装仪表盘 — 224

9.3 共享仪表盘 — 225

9.3.1 与他人直接共享 — 225

9.3.2 通过电子邮件共享 — 226

9.3.3 通过 Power BI 共享 — 228

10 Excel 基础分析

10.1 描述统计 — 231

10.1.1 描述统计概述 — 231

10.1.2 描述统计案例 — 234

10.2 相关分析 — 235

10.2.1 相关分析概述 — 236

10.2.2 载客和载货汽车分析 — 236

10.3 单因素方差分析 — 239

10.3.1 单因素方差分析概述 — 239

10.3.2 药物对胰岛素分泌
影响分析 — 241

10.4 双因素方差分析 — 242

10.4.1 双因素方差分析概述 — 242

10.4.2 可重复双因素方差
分析案例 — 243

10.4.3 无重复双因素方差
分析案例 — 244

11 Excel 高级分析

11.1　回归分析 — 247

11.1.1　线性回归概述 — 247

11.1.2　GDP 影响因素分析 — 250

11.2　时间序列分析 — 253

11.2.1　移动平均法及案例 — 253

11.2.2　指数平滑法及案例 — 256

11.3　线性规划 — 260

11.3.1　线性规划概述 — 261

11.3.2　客服中心排班规划 — 262

12 数据分析报告及案例

12.1　为什么要撰写分析报告 — 267

12.1.1　数据分析报告价值 — 267

12.1.2　数据分析报告规范 — 268

12.1.3　分析报告的写作原则 — 269

12.2　撰写分析报告注意事项 — 269

12.2.1　基于可靠的数据源 — 269

12.2.2　提高报告可读性 — 270

12.2.3　选择合适的图表 — 271

12.3　案例：销售数据分析报告 — 271

12.3.1　分析背景 — 271

12.3.2　理解数据 — 272

12.3.3　分析目的 — 272

12.3.4　数据清洗 — 272

12.3.5　数据分析 — 274

12.3.6　案例总结 — 277

13 空气质量数据分析案例

13.1　空气质量指数 — 280

13.1.1　名词释义 — 280

13.1.2　空气质量指数标准 — 282

13.2　数据准备与清洗 — 282

13.2.1　案例数据集 — 282

13.2.2　描述统计 — 283

13.2.3 数据清洗 — 284

13.3 数据总体分析 — 284

13.3.1 空气质量天数分析 — 284

13.3.2 空气质量等级分析 — 285

13.4 主要污染物分析 — 286

13.4.1 PM2.5 分析 — 286

13.4.2 PM10 分析 — 286

13.4.3 SO_2 分析 — 287

13.4.4 NO_2 分析 — 287

13.4.5 CO 分析 — 287

13.4.6 O_3 分析 — 288

13.4.7 污染物仪表板 — 289

13.5 小结 — 290

14 2021 年国产电影产业分析

14.1 2021 年内地电影市场 — 292

14.1.1 电影市场现状分析 — 292

14.1.2 电影发行与营销情况 — 293

14.1.3 电影院线和影院分析 — 294

14.2 2021 年豆瓣国产电影分析 — 296

14.2.1 数据来源与分析思路 — 296

14.2.2 电影上映时间分布 — 299

14.2.3 电影类型分布情况 — 300

14.2.4 电影评分与投票分析 — 301

14.3 2021 年国产线上网络电影分析 — 303

14.3.1 院线电影网络上线的必要性 — 303

14.3.2 院线电影网络上线现状分析 — 304

14.3.3 院线电影网络独播状况分析 — 306

14.3.4 院线电影网络上映趋势分析 — 307

附录 Excel 快捷键 — 308

1

数据分析概述

▼

数据分析是指用适当的工具和方法对收集来的大量数据进行分析，并加以汇总、理解和消化，以求最大化地开发数据的功能，从而发挥数据的价值。通俗一点来说就是针对某个问题，将获取后的数据用分析手段加以处理，并发现业务价值的过程。

扫码观看本章视频

1.1 什么是数据分析

1.1.1 数据分析简介

数据分析通过信息的收集、整合、处理和提炼，得到相应的结论，使得我们能够更清晰地认知事物，从而为决策提供帮助，使得做出的决策更明智。数据分析的意义就是把隐没在数据中的信息萃取和提炼出来，以找出所研究对象的内在规律。

在企业管理中，数据分析可以帮助管理者掌握企业的运营状况、商品的出售情况，分析用户的特征和产品的黏性等，一度被视为"就业增长，生产力提高和消费者剩余增加"的强大驱动力。例如，数据分析可以促使企业提高转换率和决策正确率，并增强吸纳新客户、维系老客户的能力，还可以提高市场的交易效率等。

电商在与客户进行实时互动的过程中，他们能够获取大量有关客户商品偏好、消费习惯、消费能力等的电子数据。如果能够利用好这些数据，将会给电子零售带来巨大的促进作用。数据分析的商业价值如图1-1所示。

图1-1 数据分析的商业价值

⭕ （1）个性化需求

数据分析在企业中的第一个应用就是提供个性化服务或定制产品。实时数据分析使公司能够向客户提供包括特殊内容和促销的个性化服务。此外，这些个性化服务可帮助公司将忠实客户与新客户区分开，并相应地提供促销优惠。

⭕ （2）动态定价策略

在激烈的市场竞争环境中，客户就是"上帝"，企业必须在对外保持积极活跃并充满活力的形象的同时，为产品设定有竞争力的价格。企业会通过竞争对手的价格、产品的销售数据、客户的行为和地理偏好等大数据，制定利润最大化的动态定价策略。

⭕ （3）客户服务质量

企业可以使用数据分析的另一个关键领域是客户服务。客户可以通过聊天助手、商品或服务评价等方式传达商品需求或是投诉，在购买商品或是享受服务时感到被重视，从而企业可以更好地为客户提供高质量的线上或线下购买服务。

（4）供应链可见性

当前国内各大电商平台都实现了物流的实时跟踪，客户从下单到收货的过程中，能够实时查看订单状态以及物流信息。数据分析通过从多方收集产品的物流信息，精确地向客户提示预计的交付日期，使得整个供应过程清晰可见，缓解了线上购物的距离感。

（5）市场预测分析

预测分析指的是通过使用数据分析在事件发生之前对其进行识别，前提是企业需要收集越来越多的有关客户偏好的信息。将客户偏好信息与数据挖掘技术相结合，对数据进行实验和分析，确定吸引客户兴趣的方式。市场预测分析有助于企业制定营销干预措施。

1.1.2　数据分析的方法

谈到数据分析，很多人的第一反应就是：数据很复杂，分析很困难。真的是这样吗？其实不然，俗话说"大道至简，以简驭繁"，数据分析的常用方法都是最简单却最为有用的。在做数据分析之前，需要先理清思路，用对方法，这样可以更加高效地完成分析工作。

（1）对比分析法

对比分析法常用于对纵向的、横向的、最为突出的、计划与实际的等各种相关数据的比较。例如：2022年8月，全国CPI（居民消费价格指数）环比下降0.1%，7月是上涨0.5%；2022年8月CPI同比上涨2.5%，涨幅低于7月的3.3%。而且从2021年至2022年8月的CPI同比和环比变化情况来看，可以看出每个月的CPI同比基本都要高于每个月的CPI环比，如图1-2所示。

（2）趋势分析法

趋势分析法是以自变量为时间，优点在于考虑时间序列的发展趋势，该方法常用于在一段时间周期内，通过分析历史数据预测未来的变化趋势，即上升或下

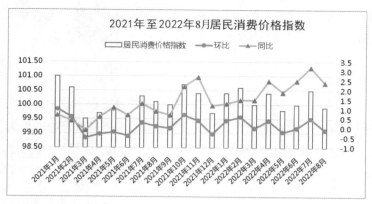

图 1-2　对比分析法

降。在股票市场，趋势分析就是上升趋势形成的股票是要追逐的股票，下跌趋势形成的股票最好回避。例如：要预测工商银行股票的未来趋势是怎样的，可以通过绘制 2022 年 9 月工商银行股票交易价格的 K 线图，如图 1-3 所示，看出总体呈现平稳振荡格局，短期内暂时没有较大的行情。

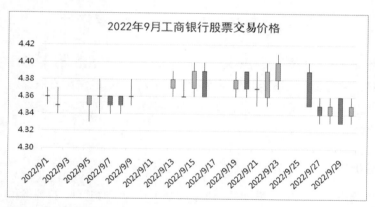

图 1-3　趋势分析法

⭕ （3）相关分析法

相关分析法常用于分析两个或多个变量之间的性质以及相关程度，在这种关系中，变量之间存在着不确定、不严格的依存关系。例如：为了深入研究居民消费价格指数、城市居民消费价格指数、农村居民消费价格指数三者之间的关系，我们采集了 2012 年至 2021 年的共计 10 年的数据，在 Excel 中使用 PEARSON() 函数计算相关系数，相关系数矩阵如表 1-1 所示。

表1-1　相关系数矩阵

相关系数	居民消费价格指数	城市居民消费价格指数	农村居民消费价格指数
居民消费价格指数	1.0000		
城市居民消费价格指数	0.9887	1.0000	
农村居民消费价格指数	0.9744	0.9323	1.0000

（4）回归分析法

回归分析法常用于分析一个或多个自变量的变化对一个特定因变量的影响程度，从而确定其关系。例如：为了研究国内生产总值和第一产业增加值的关系，选取2002年至2021年共计20年的数据，确定国内生产总值与第一产业增加值的关系，并建立一个相关性较好的回归方程，分析结果如图1-4所示。

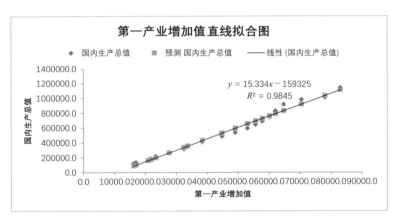

图1-4　回归分析法

（5）描述性分析法

描述性分析法常用于对一组数据样本的各种特征进行分析，以便于描述样本的各种特征及所代表的总体的特征，比如描述数据的整体分布情况、波动情况、数据异常情况。

国内生产总值是衡量一个国家或地区经济状况和发展水平的重要指标，例如，我们要研究国内生产总值按三次产业的增加值情况，可用描述性分析对国内生产总值、第一产业增加值、第二产业增加值、第三产业增加值等指标进行初步分析，以了解基本情况，如表1-2所示。

表1-2 描述性分析法

指标	国内生产总值	第一产业增加值	第二产业增加值	第三产业增加值
平均	538553.98	45510.51	225556.675	267486.78
标准误差	72182.81243	4670.503125	26956.46866	40832.25499
中位数	513260.10	46933.05	235837.10	230489.90
标准差	322811.35080	20887.12495	120552.99270	182607.39568
方差	104207168206.68	436271988.7	14533024048	33345460958
峰度	-1.097262699	-1.157432341	-1.097661982	-1.068790189
偏度	0.360956808	0.151542263	0.160339791	0.510594857
区域	1021952.3	66895.3	396800.4	558256.6
最小值	121717.4	16190.2	54104.1	51423.1
最大值	1143669.7	83085.5	450904.5	609679.7
求和	10771079.6	910210.2	4511133.5	5349735.6
观测数	20	20	20	20

⬤ （6）结构分析法

结构分析法常用于分析数据总体的内部特征、性质和变化规律等。例如：人口年龄结构不仅对我国未来人口发展的类型、速度和趋势等有重大影响，而且对未来的社会经济发展也将产生一定作用。为了分析人口年龄结构的类型，统计实践中一般将人口划分为0～14岁、15～64岁、65岁及以上3个组，即少年儿童组、成年组和老年组，如表1-3所示。

表1-3 结构分析法

年份	年末总人口/万	0～14岁		15～64岁		65岁及以上	
		人口/万	占比	人口/万	占比	人口/万	占比
2020	141212	25277	17.90%	96871	68.60%	19064	13.50%
2019	141008	23689	16.80%	99552	70.60%	17767	12.60%
2018	140541	23751	16.90%	100065	71.20%	16724	11.90%
2017	140011	23522	16.80%	100528	71.80%	15961	11.40%
2016	139232	23252	16.70%	100943	72.50%	15037	10.80%
2015	138326	22824	16.50%	100978	73.00%	14524	10.50%
2014	137646	22712	16.50%	101032	73.40%	13902	10.10%
2013	136726	22423	16.40%	101041	73.90%	13262	9.70%
2012	135922	22427	16.50%	100718	74.10%	12777	9.40%
2011	134916	22261	16.50%	100378	74.40%	12277	9.10%

1.1.3　数据分析的流程

　　面对海量的从平台各个职能部门汇集而来的数据，很多分析师都不知道如何准备、如何开展、如何得出结论等。下面详细介绍商业数据分析的基本流程。

　　商业数据分析应该以业务场景为起点，以业务决策为终点。那么数据分析应该先做什么、后做什么呢？基于分析师的工作职责，我们总结了5个基本步骤，如图1-5所示。

　　◇挖掘业务含义：深入理解数据分析的具体业务场景是什么。

　　◇制定分析计划：周密制定对业务场景进行分析的详细计划。

图1-5　商业数据分析流程

　　◇拆分查询数据：从分析计划中有效拆分出需要的全部数据。

　　◇挖掘业务价值：使用数据挖掘从大数据中提炼出商业价值。

　　◇产出商业决策：根据分析结果制定切实可行的商业化决策。

　　数据分析也可以分为不同的阶段，通常以商业回报的大小来进行划分。

阶段1：数据发生了什么

　　首先，数据展示可以告诉我们发生了什么。例如，企业上周在电商平台上投放了商品的短视频广告，想要对比该新渠道与现有渠道带来了多少客户流量、转化效果等，这些都是基于数据本身提供的"发生了什么"。

阶段2：理解为什么发生

　　如果统计得出：电商平台比现有渠道带来了更多流量，这时就需要结合业务进一步判断这种现象的原因，可以进一步通过数据进行深度的分析，也许是某个关键字带来的流量，或者是该渠道获取了更多移动端的用户等。

阶段3：预测未来发生什么

　　当分析了电商平台的新渠道带来客户流量高低的原因后，就可以根据以往的数据预测未来可能会发生什么及其概率。例如，在新的渠道A和渠道B投放广告时，预测渠道A相对渠道B可能更好一些等。

阶段4：基于预测应该做什么

　　数据分析过程中最有价值的工作就是制定商业决策，即通过数据来预测未来应该做些什么，以及如何去做。当数据分析的产出可以直接转化为决策时，才能体现出数据的价值，否则数据分析就失去了初心。

1.2 数据分析常用工具

1.2.1 Excel

Microsoft Excel是Microsoft为使用Windows和Apple Macintosh操作系统的电脑编写的一款电子表格软件。直观的界面、出色的计算功能和图表工具，再加上成功的市场营销，使Excel成为最流行的个人计算机数据处理软件。在1993年，作为Microsoft Office的组件发布了5.0版之后，Excel就开始成为所适用操作平台上的电子制表软件的霸主。

截至2022年10月，Microsoft Excel的最新版本是2021，其发布于2021年10月5日。Microsoft Excel 2021是一款专业高效的表格办公处理软件，运行速度快，支持审阅、编辑、分析和演示文档等，软件体积小巧，能够进行各种数据处理、统计分析和辅助决策等。

Microsoft Excel是微软办公套装软件的一个重要组成部分，它可以进行各种数据的处理、统计分析和辅助决策操作，广泛地应用于管理、统计财经、金融等众多领域。作为数据处理的工具，它拥有强大的计算、分析、传递和共享功能，可以帮助我们将繁杂的数据转化为信息。

1.2.2 Tableau

Tableau是桌面系统中最简单的商业智能软件，不需要强迫用户编写自定义代码，新控制台也可以完全自定义配置，不仅能够监测信息，还提供了完整的分析能力。Tableau简单、易用、快速，一方面归功于斯坦福大学的突破性技术，集计算机图形学、人机交互和数据库系统于一身的跨领域技术；另一方面在于Tableau专注于处理最简单的结构化数据，即已整理好的数据，包括Excel、数据库等。

Tableau公司将数据运算与美观的图表完美地嫁接在一起。它的程序很容易上手，各公司可以用它将大量数据拖放到数字"画布"上，转眼间就能创建好各种图表。这一软件的理念是，界面上的数据越容易操控，公司对自己在所在业务领域里的所作所为到底是正确还是错误，就能了解得越透彻。

Tableau是用于可视分析数据的商业智能工具。用户可以创建和分发交互式和可共享的仪表板，以图形和图表的形式描绘数据的趋势、变化和密度。Tableau可以连接到文件、关系数据源和大数据源来获取和处理数据。该软件允许数据混合和实时协作，这使它非常独特。它被企业员工、学术研究人员等用来进行视觉数据分析。

1.2.3　Power BI

Power BI是微软发布的最新可视化工具，它是整合了Power Query、Power Pivot、Power View和Power Map等一系列工具的经验成果，所以使用过Excel做报表和BI分析的从业人员，可以快速使用它，甚至可以直接使用以前的模型。Power BI可以创建移动优化报表，供查看者随时随地查看，可以将报表发布到云或本地，或者嵌入现有应用或网站。

Power BI是一套商业分析工具，用于在组织中提供见解。可连接数百个数据源、简化数据准备并提供即时分析、生成报表并进行发布，供组织在Web和移动设备上使用。用户可以创建个性化仪表板，获取针对其业务的全方位独特见解。

Power BI利用交互式数据可视化效果创建报表，可以使用主题设置、格式设置和布局工具设计报表，可以使用Microsoft与合作伙伴提供的拖放画布以及新式数据视觉对象，也可以使用Power BI开放源代码自定义视觉对象框架创建自己的视觉对象。

1.2.4　SPSS

SPSS全名为社会学统计软件包，以其推理严谨、结论可靠、操作方便的独特优势在科学研究中发挥了重要作用，它集数据录入、数据管理、统计分析、报表制作、图形绘制为一体，是非专业统计人员运用最多的一款统计分析软件。

使用SPSS软件对数据进行统计分析，只需要通过选择软件菜单、填写对话框和选择按钮等简单操作即可完成，免去了编写程序的工作，不仅可以得到分析后的数字结果，还可以得到直观、清晰、漂亮的统计图。

SPSS是世界上最早采用图形菜单驱动界面的统计软件，它最突出的特点就是操作界面极为友好，输出结果美观漂亮。它将几乎所有的功能都以统一、规范的界面展现出来，使用Windows的窗口方式展示各种管理和分析数据方法的功能，对话框展示出各种功能选择项。用户只要掌握一定的Windows操作技能，精通统计分析原理，就可以使用该软件为特定的科研工作服务。

1.2.5　SQL

SQL是具有数据操纵和数据定义等多种功能的数据库语言，具有交互性特点，能为用户提供极大的便利，数据库管理系统应充分利用SQL语言提高计算机应用系统的工作质量与效率。SQL语言不仅能独立应用于终端，还可以作为子语言为其他程序设计提供有效助力，该程序应用中，SQL可与其他程序语言一起优化程序功能，进而为用户提供更多、更全面的信息。

SQL是高级的非过程化编程语言，允许用户在高层数据结构上工作。它不要求用户指定对数据的存放方法，也不需要用户了解具体的数据存放方式，所以具有完全不同底层结构的不同数据库系统，可以使用相同的结构化查询语言作为数据输入与管理的接口。结构化查询语言语句可以嵌套，这使它具有极大的灵活性和强大的功能。

SQL作为一种操作命令集，以其丰富的功能受到业内人士的广泛欢迎，成为提升数据库操作效率的保障。MySQL、SQL Server、Oracle等数据库的应用，能够有效提升数据请求与返回的速度，有效应对复杂任务的处理，是提升工作效率的关键。

1.2.6　Python

Python是一门简单易学且功能强大的编程语言，能够用简单而又高效的方式进行面向对象的编程。Python优雅的语法和动态类型，再结合它的解释性，使其成为程序员编写脚本或开发应用程序的理想语言，可以应用在数据分析、网站搭建、游戏开发、自动化测试等方面。

目前，Python分为2.X和3.X两个版本。Python的3.X版本，是一个较大的升级，但是在设计的时候没有考虑向下的兼容性，即Python 3.X的代码不能直接运行在Python 2.X上。Python 2.7已于2020年1月1日终止支持，如果想要继续得到有关的技术支持，则需要付费给商业软件供应商。

TIOBE公布的2022年8月的编程语言排行榜中，Python的占比达到15.42%，超越C语言（占比为14.59%），排名稳居第一，势不可挡。与Shell脚本或批处理软件相比，Python提供了比C语言更多的错误检查，并且作为一门高级语言，它内置支持高级的数据结构类型，例如，灵活的数组和字典。

1.3 Excel 2021 软件简介

1.3.1 Excel 2021 概述

如今，Excel也在适应大数据时代的发展，不断强化其数据分析的功能。例如Excel 2021增加了多种图表，如用户可以创建表示相互结构关系的树状图、分析数据层次占比的旭日图、显示一组数据分散情况的箱形图和表达数个特定数值之间数量变化关系的瀑布图等。

Microsoft Excel 2021 软件的主要特色如下。

（1）探索

揭示数据背后隐藏的见解。使用"快速填充"功能从导入的数据中轻松提取所需的内容，并使用"推荐的数据透视表"快速执行复杂的数据分析与可视化。

推荐的数据透视表：汇总数据并提供各种数据透视表选项的预览，选择最能体现观点的数据透视选项。

快速填充：重新设置数据格式并重新整理数据的简单方式。Excel可以学习并识别模式，然后自动填充剩余的数据，而不需要使用公式或宏。

（2）直观展示

通过新的分析工具，只需点击一下鼠标，即可轻松地直观展示数据。

推荐的图表：Excel推荐能够最好地展示数据模式的图表。快速预览图表和图形选项，然后选择最适合的选项。

快速分析透镜：探索各种方法来直观展示数据。当我们对所看到的模式感到满意时，只需单击即可应用格式设置、迷你图、图表和表。

图表格式设置控件：快速简便地优化图表。更改标题、布局和其他图表元素，所有这一切都通过一个新的交互性更佳的界面来完成。

（3）共享

将链接发送给同事，将链接发布到社交网络或联机演示，可以轻松地与他人合作或共享。

简化共享：默认情况下，工作簿在线保存到OneDrive或SharePoint，向每

11

个人发送一个指向同一个文件的链接，以及开放查看和编辑权限，此时每个人就都能看到最新版本。

发布到社交网络：只需在社交网络页面上嵌入电子表格中的所选部分，即可在Web上共享这部分内容。

联机演示：通过Lync会话或会议与他人共享工作簿并进行协作，还可以让他人掌控工作簿。

1.3.2　Excel 2021 界面

Microsoft Office Excel 2021是一款界面清晰、专业好用、安全可靠的实用型表格办公数据处理工具，软件功能强劲，拥有着全新的软件界面，便捷好用，体积小巧，几乎不会占用任何内存，运行速度快，带给用户完全不一样的表格体验。

下面介绍Excel 2021软件界面各个区域的功能，如图1-6所示。

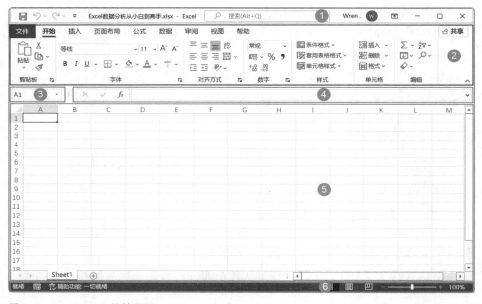

图1-6　Excel 2021 软件界面

（1）标题栏

标题栏位于工作表的最上方，中间位置为工作簿名称，左侧是可自定义的工具栏，包含一组命令，作用就是将常用到的一些命令放在一起，便于快速调用。

右侧六个按钮分别为：操作说明搜索、登录、功能区显示选项、最小化、最大化／还原、关闭。

（2）功能区

功能区根据功能的不同，将常用到的操作进行分类显示，分为文件、开始、插入、页面布局、公式、数据、审阅、视图等，每个分类下还有多个选项卡。

（3）名称框

名称框可以显示当前活动对象的名称，比如显示B3，表示第3行，B列的单元格。名称框可以用来快速定位，快速选择，如选择A1到C6区域，直接在名称框中输入A1:C6。

（4）编辑栏

编辑栏显示当前单元格的内容，比如输入的文本、日期或者函数公式等，除了可以在单元格编辑内容外，编辑栏中也可以对内容进行编辑。

（5）工作表区域

工作表区域作为Excel界面最大的区域，大部分的操作都在这个区域进行，比如数据处理、图表绘制、形状、窗体等，一个工作簿可以包括多个工作表。

（6）状态栏

状态栏主要显示当前Excel进行的工作，当工作表区有数值数据时，选中会显示其平均值、最大最小值、求和、计数等，右侧还有视图模式、缩放滑块。

1.3.3 Excel 2021 新函数

下面列举Excel 2021版相比于其他版本新增的主要函数。

（1）XLOOKUP 函数

搜索数据中的值，返回找到的第一个匹配结果，功能远超VLOOKUP函数。
【例1】根据客户编号、客户姓名查找退单量，在C13单元格中输入以下公式：
=XLOOKUP(A13&B13, A2:A10&B2:B10, D2:D10)，如图1-7所示。

（2）XMATCH 函数

与 MATCH 函数相比，XMATCH 在最后增加了一个参数，可以从后向前查找位置。

【例2】查找"张三"在"客户姓名"列中最后一次出现的行数，在 C2 单元格中输入以下公式：

=XMATCH(B2,A2:A10,,-1)，如图 1-8 所示。

客户编号	客户姓名	订单量	退单量
SN 2021040201	刘一	79	5
SN 2021040202	陈二	70	5
SN 2021040203	张三	70	3
SN 2021040204	李四	82	4
SN 2021040205	王五	79	5
SN 2021040206	赵六	77	5
SN 2021040207	孙七	98	2
SN 2021040203	张三	93	4
SN 2021040208	周八	81	1

客户编号	客户姓名	退单量
SN 2021040203	张三	3

客户姓名	客户	最后一次出现行数
刘一	张三	8
陈二		
张三		
李四		
王五		
赵六		
孙七		
张三		
周八		

图 1-7　XLOOKUP 函数　　　　　　　图 1-8　XMATCH 函数

（3）FILTER 函数

根据条件筛选多条记录。

【例3】查找所有张三的购买记录，在 C2 单元格中输入以下公式：

=FILTER(A2:D10,B2:B10=G1)，如图 1-9 所示。

客户编号	客户姓名	订单量	退单量
SN 2021040201	刘一	79	5
SN 2021040202	陈二	70	5
SN 2021040203	张三	70	3
SN 2021040204	李四	82	4
SN 2021040205	王五	79	5
SN 2021040206	赵六	77	5
SN 2021040207	孙七	98	2
SN 2021040203	张三	93	4
SN 2021040208	周八	81	1

客户姓名	张三		
客户编号	客户姓名	订单量	退单量
SN 2021040203	张三	70	3
SN 2021040203	张三	93	4

图 1-9　FILTER 函数

（4）SORTBY 函数

可以完成对指定数组的排序，SORTBY 适合多条件，而 SORT 仅适合单条件。

【例4】在表格按订单量降序、退单量升序排列，在 C2 单元格中输入以下公式：

=SORTBY(A2:D9,C2:C9,−1,D2:D9,1)，如图1−10所示。

客户编号	客户姓名	订单量	退单量	客户编号	客户姓名	订单量	退单量
SN 2021040201	刘一	79	5	SN 2021040207	孙七	98	2
SN 2021040202	陈二	70	5	SN 2021040204	李四	82	4
SN 2021040203	张三	70	3	SN 2021040208	周八	81	1
SN 2021040204	李四	82	4	SN 2021040201	刘一	79	5
SN 2021040205	王五	79	5	SN 2021040205	王五	79	5
SN 2021040206	赵六	77	5	SN 2021040206	赵六	77	5
SN 2021040207	孙七	98	2	SN 2021040203	张三	70	3
SN 2021040208	周八	81	1	SN 2021040202	陈二	70	5

图1−10 SORTBY 函数

（5）UNIQUE 函数

从数据区域中自动提取唯一值，也就是我们常说的除去重复值。

【例5】提取A列不重复的客户姓名列表，在单元格中输入以下公式：

=UNIQUE(A2:A10)，如图1−11所示。

（6）SEQUENCE 函数

快速创建一个等差序列区域，参数为行数、列数、开始值、等差值。

【例6】生成10行3列，开始值为50，间隔为2的数字序列，在单元格中输入以下公式：

=SEQUENCE(10,3,50,2)，如图1−12所示。

客户编号	客户编号2
SN 2021040201	SN 2021040201
SN 2021040202	SN 2021040202
SN 2021040203	SN 2021040203
SN 2021040204	SN 2021040204
SN 2021040205	SN 2021040205
SN 2021040206	SN 2021040206
SN 2021040207	SN 2021040207
SN 2021040208	SN 2021040208
SN 2021040203	

图1−11 UNIQUE 函数

50	52	54
56	58	60
62	64	66
68	70	72
74	76	78
80	82	84
86	88	90
92	94	96
98	100	102
104	106	108

图1−12 SEQUENCE 函数

（7）RANDARRAY 函数

批量生成随机数，可指定行数和列数、最小值和最大值，以及是否返回整数或小数值。

【例7】返回10行3列，最小值1，最大值100的随机整数，在单元格中输入以下公式：

=RANDARRAY(10,3,1,100,TRUE)，如图1-13所示。

⚪ （8）LET 函数

将计算结果分配给名称，可以通过定义的名称来计算结果。

【例8】根据学生成绩判定对应的成绩等级，在B13单元格中输入以下公式：

=LET(x,VLOOKUP(A13,$A$1:$B$10,2,0),IFS(x>=90,"优 秀",x>=75,"良好",x>=60,"及格",x<60,"不及格"))，如图1-14所示。

78	70	4
61	21	72
42	86	63
18	36	58
78	33	54
76	58	3
6	17	52
54	90	6
59	77	73
83	57	22

姓名	成绩	判断标准	
		分数	等级
刘一	79	>=90	优秀
陈二	89	>=75	良好
张三	91	>=60	及格
李四	72	<60	不及格
王五	79		
赵六	100		
孙七	98		
周八	56		

姓名	成绩
张三	优秀
李四	及格
周八	不及格

图1-13　RANDARRAY 函数　　　　图1-14　LET 函数

1.4　如何快速学好 Excel

学习Excel，首先需要打牢基础知识，其次是要掌握方法，包括要由易到难、利用帮助文档。只有掌握了好的学习方法，才能起到事半功倍的效果。

1.4.1　打牢 Excel 基础知识

只有掌握了Excel的基础操作，才能在遇到问题时，及时找到变通的方法，从而举一反三。不要对简单的操作不屑一顾，更不能忽略，正所谓"不积跬步，无以至千里；不积小流，无以成江海"。在学习Excel技巧及实例的同时，也需要对比较常用的基础操作进行理解，多问为什么，这样不管是Excel的初学者，还是Excel的提高者，在学习的过程中都会很轻松。

对于Excel的初学者，首先要有一个好的学习心态，"兴趣是最好的老师"，对一些基本操作要重视，也许它正是解开问题的金钥匙；也不要对一些高级操作望而却步，遇到拦路虎更要坚决排除；必须养成遇到问题及时解决的好习惯，这样才能使以后遇到的问题逐渐减少，自己的水平才会迅速提升。

快学快用已经成为当今社会的一种主流学习方法，因为社会每天都在变化，高效的生活节奏带动着一切都在加快步伐，因此大脑也要快速运转，快学快用，才能跟上社会的节拍，从容应对工作和学习中遇到的各种问题。

在学习Excel的技巧和知识点时，要遵循实用的原则，并结合典型案例。所有的技巧都是让用户在短时间内快捷轻松地掌握Excel，初学者不要畏惧，要坚持由易到难，由浅入深，循序渐进学习Excel，在学习的过程中不知不觉中成为一名Excel高手。

1.4.2 选择性学习函数

Excel 2021总共有400多个函数，面对如此庞大数据的函数，很多人肯定会很头痛，根本记不住啊。实际上具体工作中，不会也不可能全部用到这些函数。所以，我们只需要学习工作中常用的函数就可以了。

我们工作中常用的Excel函数也就六十几个，学会这些函数基本就可以解决工作中遇到的90%以上的问题了。要学好Excel函数需要从最基本的函数语法入手。每个函数都有固定的语法，掌握好语法，才能帮助你有效地利用该函数；此外，还要多练习，通过实战练习不断加深对函数的理解和用法。相信用不了多久，你很快就会熟练地运用Excel的函数了。

在Excel 2021中，函数共有13类，分别是数学和三角函数、统计函数、数据库函数、日期与时间函数、工程函数、财务函数、信息函数、逻辑函数、查询和引用函数、文本函数，以及用户自定义函数等，每类函数的数量如表1-4所示。

表1-4 Excel函数

序号	函数类型	函数个数
1	数学和三角函数	82
2	统计函数	111
3	逻辑函数	14
4	日期与时间函数	25

序号	函数类型	函数个数
5	查询和引用函数	25
6	文本函数	34
7	财务函数	55
8	工程函数	54
9	信息函数	20
10	数据库函数	12
11	Web函数	3
12	兼容性函数	41
13	多维数据集函数	7

（1）数学和三角函数

通过数学和三角函数，可以处理简单的计算或复杂计算。例如，对数字取整、计算单元格区域中的数值总和。

（2）统计函数

统计函数用于对数据区域进行统计分析。例如，统计函数可以提供由一组给定值绘制出的直线相关信息，如直线的斜率和Y轴截距，或构成直线的实际点数值。

（3）逻辑函数

使用逻辑函数可以进行真假值判断，或者进行复合检验。例如，可以使用IF函数确定条件为真还是假，并由此返回不同的数值。

（4）日期与时间函数

通过日期与时间函数，可以在公式中分析和处理日期值和时间值。

（5）查询和引用函数

当需要在数据清单或表格中查找特定数值，或者需要查找某一单元格的引用时，可以使用查询和引用函数。

（6）文本函数

通过文本函数，可以在公式中处理字符串。例如，可以改变大小写或确定字符串的长度。

（7）财务函数

财务函数可以进行一般的财务计算，如确定贷款的支付额、投资的未来值或净现值，以及债券或息票的价值。

（8）工程函数

工程函数用于工程分析。这类函数大概可分为三种类型：对复数进行处理的函数、在不同的数字进制系统间进行数值转换的函数、在不同的度量系统中进行数值转换的函数。

（9）信息函数

可以使用信息函数确定存储在单元格中的数据的类型。信息函数包含一组称为IS的工作表函数，在单元格满足条件时返回TRUE。

（10）数据库函数

当需要分析数据清单中的数值是否符合特定条件时，可以使用数据库函数。例如，对于销售数据，可以计算出销售额小于1500的行或记录的总数。

以上对Excel函数及有关知识做了简要的介绍，在后续的内容中将深入介绍函数的使用方法及应用技巧。

1.4.3　善于利用帮助文档

要学好Excel，还要善于利用Excel自带的帮助文档。特别是Excel 2021的帮助文档比早期版本的知识点更全面，内容更详细。在工作表中按"F1"键，弹出Excel帮助，例如选择"公式与函数"命令，即可查看到所有Excel的公式和函数，其强大的新增功能更能满足用户的需求。

技巧1：本地搜索帮助

通过搜索功能来使用Excel的帮助文件是最有效的方法。假如用户想学习有关财务函数方面的知识，可以在帮助文件的"搜索帮助"文本框中输入"财务函数"关键词,然后单击"搜索"按钮,即可查找到关于财务函数的所有帮助内容,如图1-15所示。

图1-15 搜索帮助

技巧2:在线复制模板

Excel 2021的帮助文档中还提供了很多有用而且漂亮的模板,这些模板都是由专人精心设计的,符合多数人的需求,而且还添加有公式,不用用户再研究使用什么公式,复制过来即可使用,真可谓现成的"美味",就等着你来"品尝"。

例如,要搜索"Excel"有关的模板文件,步骤如下:

在帮助文件的"搜索帮助"文本框中输入"Excel模板",单击"搜索"按钮,即可找到所有Excel的在线模板文件,如图1-16所示。

图1-16 Excel 模板

在有关"Excel"的模板文件中,用鼠标双击"Excel日历模板",弹出模板文件所在的"Microsoft Office Online"网址。

技巧3:在线培训

许多已经工作的在职人士,选择继续"充电"而参加专业培训班。而今微软公司提供了现成的在线培训,只需通过帮助文件即可搜索到线上的Excel培训,使用非常方便,既不用花钱,也不用出门上课。

例如,要搜索"Excel培训"的有关视频,步骤如下:

在帮助文件的"搜索帮助"文本框中输入"Excel培训",单击"搜索"按钮,即可找到所有有关Excel的在线培训,如图1-17所示。

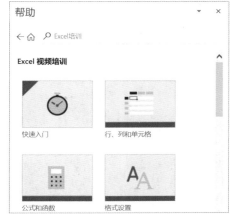

图1-17 Excel在线培训

在搜索出来的有关"Excel培训"的在线视频中,用鼠标单击"快速入门"培训,就可以免费观看Excel相关操作视频。但培训使用的语言为英语,如果用户是英语爱好者,听这个培训那绝对是一个好的选择,如果用户英语不是很好,也没关系,其中还提供了有关步骤操作的视频演示。

2

Excel连接数据源

▼

在进行数据分析之前，首先需要准备数据分析的"食材"，也就是数据，例如商品订单数据中的属性数据、订单数据、退单数据等。本章将会介绍Excel读取本地离线数据、关系型数据库、Web在线数据等各种存储形式的数据。

扫码观看本章视频

2.1 本地离线数据

本地离线数据就是不需要网络的情况下仍然可以查看的数据，它的种类较多，离线数据分析通常是对大批量的，时效性要求不太高的数据进行处理与分析，本节介绍一些常见的本地离线数据，包括Excel工作簿、文本/CSV文件、JSON文件等。

2.1.1 Excel 工作簿

从Excel工作簿导入数据，在Excel界面中依次选择【数据】|【获取数据】|【来自文件】|【从Excel工作簿】，然后选择需要导入的文件，再单击"导入"按钮，如图2-1所示。

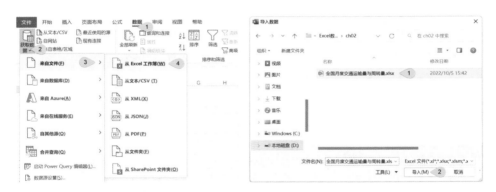

图 2-1　导入工作簿

在导航器对话框中，选择导入的工作表，选择【选择多项】可以进行多个表格的选择，点击【加载】按钮右侧的下拉框，选择【加载到】选项，然后，在"加载到"页面修改显示方式为【表】，如图2-2所示，注意默认显示方式是【仅创建连接】，不能正常显示数据。

再单击【确定】按钮，这样就可以将"全国月度交通运输量与周转量"工作簿中的4张工作表导入到Excel中，每张工作表中有211行记录，效果如图2-3所示。

图 2-2　加载工作表

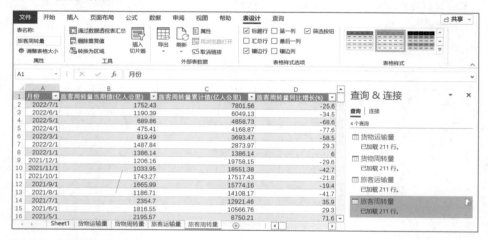

图 2-3　加载后效果

2.1.2　文本 /CSV 文件

从文本或 CSV 文件导入数据，在 Excel 界面中依次选择【数据】|【获取数据】|【来自文件】|【从文本 /CSV】，选择需要导入的文本或 CSV 文件，然后单击"导入"按钮。

需要注意的是，Excel 导入文本或 CSV 数据时，会涉及文件格式的字符编码，字符编码是把字符集中的字符编码为指定集合中的某一对象，以便存储和通过通信网络传递。

如果文本或CSV文件中含有中文字符，数据导入过程中可能会出现乱码，这时需要设置文件格式为【简体中文(GB2312)】，如图2-4所示。GB2312是一类简体中文字符集，是ANSI编码里的一种，由6763个常用汉字和682个全角的非汉字字符组成，其中汉字根据使用的频率分为两级，一级汉字3755个，二级汉字3008个。

在图2-4中，根据文本或CSV中的分隔符，设置最合适的分隔符，"按行业分规模以上文化及相关产业企业营业收入.csv"数据表中需要设置【逗号】为分隔符。

图2-4　导入格式设置

单击【加载】按钮后，就可以将"按行业分规模以上文化及相关产业企业营业收入"CSV文件导入到Excel中，工作表中有20行记录，效果如图2-5所示。

2.1.3　JSON 文件

Excel也可以连接JSON格式数据文件，在Excel界面中依次选择【数据】|【获取数据】|【来自文件】|【从JSON】，然后选择需要导入的文件，单击"导入"按钮，进入"Power Query编辑器"对话框，显示数据表的记录列表。

在"Power Query编辑器"对话框的"主页"功能区中，点击"查询"选

图 2-5 加载后效果

项下的"高级编辑器"选项，在"高级编辑器"对话框中输入记录转换为表的代码，具体如下：

```
let
    源 = Json.Document(File.Contents("D:\Excel数据分析从小白到高手
\ch02\客服中心话务员个人信息表.json")),
    转到表 = Table.FromRecords(源)
in
    转到表
```

如果代码没有错误，在"高级编辑器"页面左下方会显示"未检测到语法错误"信息，然后单击"完成"按钮，如图2-6所示。

在"Power Query编辑器"页面可以核查解析的JSON文件数据是否正常，

图 2-6 高级编辑器

如果没有出现错误，就可以单击"关闭并上载"选项，如图2-7所示，否则需要检查记录转换代码是否正确。

图 2-7　关闭并上载数据

2.2　关系型数据库

关系型数据库是指采用了关系模型来组织数据的数据库，其以行和列的形式存储数据，以便于用户理解。关系型数据库中的一系列行和列被称为表，一组表组成了数据库，典型的关系型数据库系统主要有SQL Server、Access、MySQL等。

2.2.1　SQL Server 数据库

Excel读取SQL Server数据库数据表，在Excel界面中依次选择【数据】|【获取数据】|【来自数据库】|【从SQL Server数据库】，如图2-8所示。

在"SQL Server数据库"对话框中，"服务器"文本框中输入服务器地址，"数据库"文本框中输入需要连接的数据库名称，然后单击"确定"按钮，如图2-9所示。此外，如果需要设置更加复杂的数据提取条件，例如SQL语句的命令超时时间、具体的SQL语句等，那么还需要单击"高级选项"选项进行详细设置。

在连接对话框的左侧，选择"数据库"连接方式，可以使用用户名和密码登录数据库，单击"连接"按钮后，将会打开"加密支持"对话框，单击"确定"按钮，如图2-10所示。

27

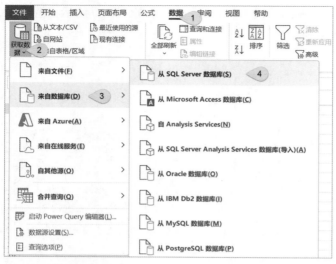

图 2-8　选择 SQL Server 数据库

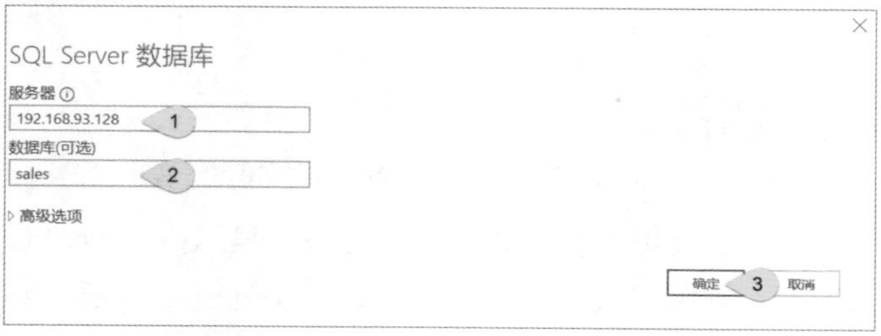

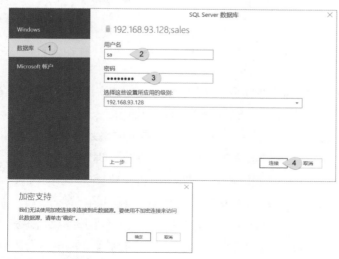

图 2-9　设置服务器和数据库

图 2-10　"加密支持"对话框

28

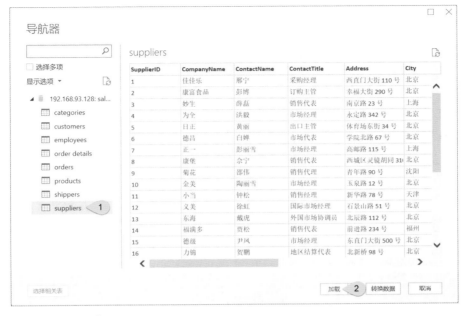

图 2-11　数据预览

在"导航器"对话框中，可以预览数据库中各个表的数据，如果是一次批量加载多张数据表，那么就需要选择"选择多项"选项，这里只加载一张数据表，例如选择供应商"suppliers"表，如图2-11所示。

单击【加载】按钮后，就可以将数据库中的"suppliers"表导入到Excel中，工作表中有29行记录，效果如图2-12所示。

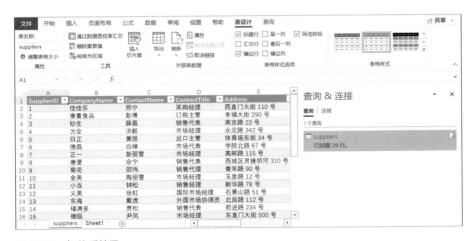

图 2-12　加载后效果

2.2.2　Access 数据库

Excel 可以读取 Access 数据库中的数据表，在 Excel 界面中依次选择【数据】|【获取数据】|【来自数据库】|【从 Microsoft Access 数据库】，这里选择"全国汽车拥有量"Access 数据库文件，然后单击"导入"按钮。

在"导航器"对话框中，显示数据表的信息，在左侧选择表，例如"私人汽车拥有量"表，右侧会出现该表的数据预览，如图 2-13 所示。

图 2-13　展示数据表信息

单击"加载"按钮后，就可以将"全国汽车拥有量"Access 数据库中的"私人汽车拥有量"表导入到 Excel 中，如图 2-14 所示。

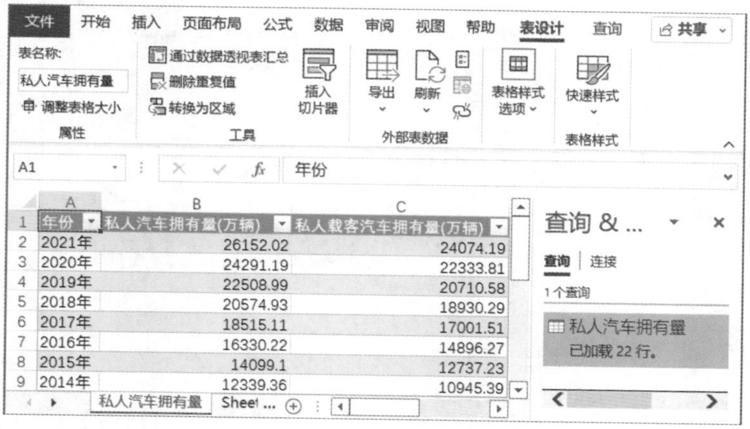

图 2-14　导入后的数据表

30

2.2.3 MySQL 数据库

MySQL是最流行的关系型数据库管理系统之一，Excel连接MySQL数据库之前，首先需要安装对应版本的驱动程序，可以到MySQL数据库的官方网站进行免费下载，驱动程序的安装过程比较简单，最后会弹出结束对话框，单击"Finish"按钮即可，如图2-15所示。

图 2-15　下载和安装驱动程序

Excel读取MySQL数据库中的数据表，在Excel界面中依次选择【数据】|【获取数据】|【来自数据库】|【从MySQL数据库】。

在"MySQL数据库"对话框中，"服务器"文本框中输入服务器地址，"数据库"文本框中输入数据库名称，然后单击"确定"按钮。

在登录方式页面的左侧选择"数据库"选项，然后输入数据库的用户名和密码，核验服务器的地址是否正确，如图2-16所示，单击"连接"按钮。

在"导航器"对话框中，可以选择需要导入Excel中的数据表，并预览表中的数据，例如选择物流运输方式

图 2-16　输入服务器用户名和密码

31

"shippers"表，如图2-17所示，单击"加载"按钮后，就将MySQL数据库中的"shippers"表导入到了Excel中。

图2-17　导入物流运输方式"shippers"表

2.3　Hadoop 集群

　　目前，各种网络应用带来了数据规模的高速增长，为了满足海量数据存储和分析需求，需要使大量计算机之间进行协同工作，从而共同完成空前复杂的任务。目前，多数企业的数据都存储在Hadoop大数据集群中，此时，如果想要获取这些数据就需要掌握如何与这些数据集群进行连接。本节介绍Excel如何连接

Cloudera Hadoop和Hadoop Spark。

2.3.1 连接 Cloudera Hadoop

在集群中，对所有Hive原数据和分区的访问都要通过Hive Metastore，启动远程元存储（Metastore）后，Hive客户端连接Metastore服务，从而可以从数据库查询到原数据信息。

启动大数据集群和Hive的相关进程，主要步骤如下。

① 启动Hadoop：

/home/dong/hadoop-2.5.2/sbin/start-all.sh

② 后台运行Hive：

nohup hive --service metastore > metastore.log 2>&1 &

③ 启动Hive的hiveserver2：

hive --service hiveserver2 &

④ 查看启动的进程，输入jps，确认已经启动了6个进程，如图2-18所示。

```
[root@master ~]# jps
3572 RunJar
2897 NameNode
3509 RunJar
3222 ResourceManager
3686 Jps
3077 SecondaryNameNode
```

图 2-18　查看启动的进程

在连接Cloudera Hadoop集群前，需要确保已经安装了对应的驱动程序。按照以下步骤安装驱动，首先到Cloudera官方网站下载对应的驱动，单击Hive的下载链接，如图2-19所示。

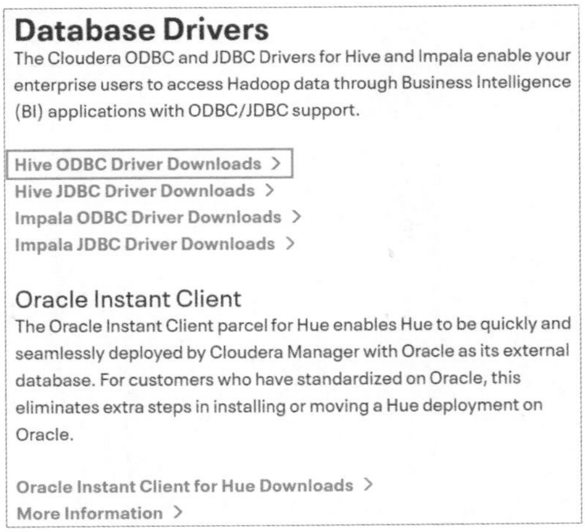

双击下载的"Cloudera Hive ODBC 64.msi"驱动程序，然后勾选"I accept the terms in the License Agreement"复选框，单击"Next"按钮，如图2-20所示，安装过程比较简单，不再详细介绍。

安装完成后，需要检查驱动

Database Drivers

The Cloudera ODBC and JDBC Drivers for Hive and Impala enable your enterprise users to access Hadoop data through Business Intelligence (BI) applications with ODBC/JDBC support.

Hive ODBC Driver Downloads >
Hive JDBC Driver Downloads >
Impala ODBC Driver Downloads >
Impala JDBC Driver Downloads >

Oracle Instant Client

The Oracle Instant Client parcel for Hue enables Hue to be quickly and seamlessly deployed by Cloudera Manager with Oracle as its external database. For customers who have standardized on Oracle, this eliminates extra steps in installing or moving a Hue deployment on Oracle.

Oracle Instant Client for Hue Downloads >
More Information >

图 2-19　下载 Cloudera Hadoop Hive

程序是否已经正常安装，在计算机"ODBC数据源管理程序（64位）"对话框中的"系统DSN"页面下，如果有"Sample Cloudera Hive DSN"，就说明安装过程没有问题，如图2-21所示。

图2-20　运行安装程序图　　　　　　　图2-21　安装完成

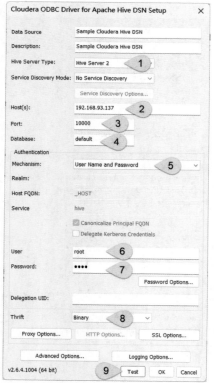

图2-22　测试连接

下面检查一下是否可以正常连接Cloudera Hive集群，连接前需要正常启动集群，单击"Test"按钮，如果测试结果出现"SUCCESS!"，说明可以正常连接，如图2-22所示。

当测试成功后，我们就可以在Excel中连接Cloudera Hive集群了，否则需要检测失败的原因，并重新进行连接，这一过程对初学者来说有一定的难度，建议咨询企业大数据平台的相关技术人员。

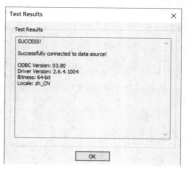

2.3.2　连接 Hadoop Spark

首先需要在计算机上下载和安装SparkSQL的ODBC驱动程序，可以在微软的官方网站下载。由于我们这里的安装环境是64位的Windows 11，因此需要选择64位的"SparkODBC64.msi"，如图2-23所示。下载完成后，双击驱动程序的安装文件进入安装过程，选择默认的选项即可，这里不再详细介绍。

Choose the download you want

File Name	Size
SparkODBC32.msi	12.9 MB
SparkODBC64.msi	15.7 MB

图 2-23　选择合适的下载文件

启动大数据集群和Spark的相关进程，主要步骤如下。

① 启动Hadoop：

/home/dong/hadoop-2.5.2/sbin/start-all.sh

② 启动Spark：

/home/dong/spark-1.4.0-bin-hadoop2.4/sbin/start-all.sh

③ 后台运行Hive：

nohup hive --service metastore > metastore.log 2>&1 &

④ 启动Spark的ThriftServer：

/home/dong/spark-1.4.0-bin-hadoop2.4/sbin/start-thriftserver.sh

⑤ 查看启动的进程，在集群中的Linux系统中输入jps，确认已经启动了以下7个进程，如图2-24所示。

下面配置SparkODBC，在电脑【控制面板】|【管理工具】|【ODBC数据源管理程序（64位）】下，如果出现"Sample Microsoft Spark DSN"，就说明正常安装，然后单击"添加"按钮，打开如图2-25所示的界面，单击"完成"按钮。

在驱动程序的配置界面，输入服务器IP、端口号、

```
[root@master ~]# jps
6192 SparkSubmit
2897 NameNode
6035 Master
3509 RunJar
3222 ResourceManager
6257 Jps
3077 SecondaryNameNode
```

图 2-24　查看启动的进程

35

图 2-25　添加驱动

账号和密码等，如果集群没有启动 SSL 服务，那么需要单击 SSL Options 按钮，取消选择 "Enable SSL" 复选框，如图 2-26 所示。根据集群的实际配置，连接方式会有所不同，这里选择 "Binary"，还可以单击 "Test" 按钮测试连接是否成功。

图 2-26　驱动程序设置界面

2.3.3　连接集群商品订单表

下面通过案例介绍如何通过 Excel 连接 Hadoop 中的订单表，具体步骤如下。

首先，打开 Excel，依次选择【数据】|【获取数据】|【自其他源】下的 "从

ODBC"选项，如图2-27所示。

在"从ODBC"页面，选择数据源名称为"Sample Cloudera Hive DSN"，如图2-28所示。

图 2-27　连接 ODBC 数据源

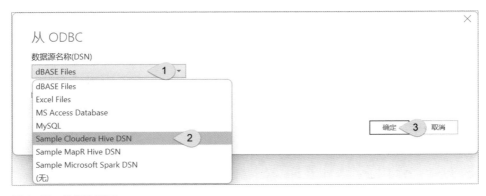

图 2-28　选择数据源

然后单击"确定"按钮，在导航器页面选择数据库及其对应的表，例如商品订单表，点击"加载"按钮后，集群中的订单表就被加载到Excel中，效果如图2-29所示，随后就可以根据数据分析的需要进行后续操作。

图 2-29　Excel 加载数据

2.4　多表合并

多表合并历来是困扰很多职场人的难题，因为用到它的场景实在太多了，例如不同部门的数据、不同月份的数据，甚至不同公司的数据报表合并，由于数据分散在不同的工作表或者不同的工作簿中，要将它们合并在同一个工作表中，难道只能一个一个机械地复制？显然这种方法是不可取的。

以前解决这类问题，基本上只能通过VBA来完成，但是VBA相对来说门槛比较高，需要编写程序，不适合大多数分析人员。现在Excel自带的Power Query查询工具允许用户连接、合并多个数据源中的数据，可以灵活使用Power Query来实现Excel多表合并。

2.4.1　不同工作簿表格

当我们要合并的工作表并不在同一个工作簿中，而是分布在不同的Excel文件中时，下面介绍如何合并这些工作簿。

在Excel界面中依次选择【数据】|【获取数据】|【来自文件】|【从文件夹】，如图2-30所示，转到文件夹所在的位置，选择"2022年第二季度上海

空气质量指数数据"文件夹。

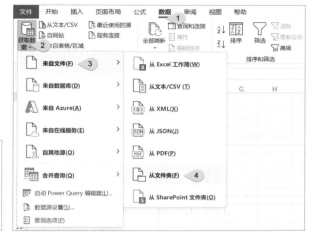

图 2-30　从文件夹

注意

要汇总的这些文件，工作簿中的数据结构必须相同，包括列数相同、列标题相同。

在文件信息页面，会显示文件的名称（Name）、类型（Extension）、访问时间（Date accessed）等，我们可以选择文件的加载方式，这里选择"合并并转换数据"，如图 2-31 所示。

图 2-31　合并并转换数据

接下来，逐一选择要从每个文件提取的工作表对象，这里选择"Sheet1"，然后单击"确定"按钮，如图2-32所示。

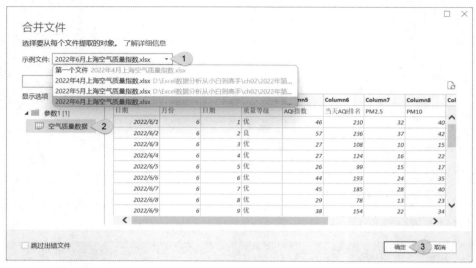

图2-32　合并文件

在Power Query编辑器，中间区域显示数据样式，右下方显示数据查询所"应用的步骤"，如果没有错误，再单击"关闭并上载"按钮，如图2-33所示。

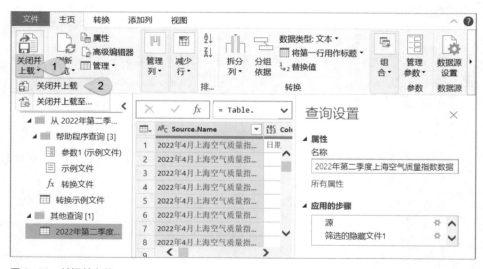

图2-33　关闭并上载

40

文件夹数据导入后的效果如图2-34所示，包括数据源名称（Source.Name）和3张工作表中的数据，右侧显示查询和连接的相关信息。

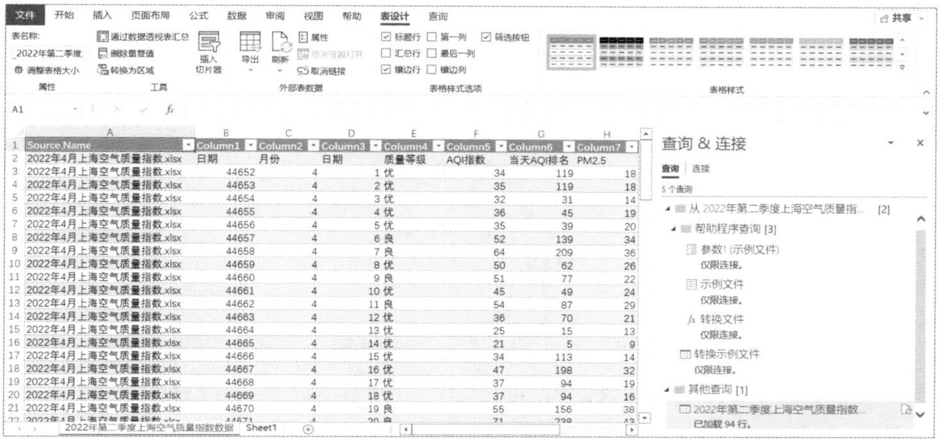

图 2-34　文件夹数据导入效果

2.4.2　同一工作簿表格

在"2022年第一季度上海空气质量指数数据"工作簿中，有1月份、2月份、3月份上海空气质量指数数据，下面介绍如何合并这些工作表。

首先将"2022年第一季度上海空气质量指数数据"工作簿文件导入到Excel中，在导入数据页面，选择数据在工作簿中的显示方式为"表"，如图2-35所示。

单击"确定"按钮后，就可以将3张工作表导入Excel中。下面将3张工作表合并为一张，在Excel界面中依次选择【数据】|【获取数据】|【合并查询】|【追加】，在"追加"设置页面，选择"三个或更多表"选项，通过中间的"添加"按钮，将"可用表"区域中的表添加到"要追加的表"区域中，如图2-36所示。

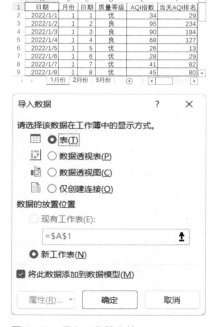

图 2-35　导入工作簿文件

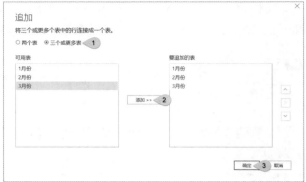

图 2-36　追加数据

单击"确定"按钮，弹出Power Query编辑器，左侧列表显示数据表的名称，其中合并后的数据表名称为"追加1"，中间区域显示数据样式，单击"关闭并上载"按钮，如图2-37所示，这一步的目的是将处理过的数据上传到Excel中。

图 2-37　关闭并上载

这样就将"2022年第一季度上海空气质量指数数据"工作簿中的1月份、2月份、3月份工作表追加到了Excel同一张工作表中，如图2-38所示。

如果三个单独的表中有更新，则在总表的Excel界面中依次单击【数据】|【连接】|【全部刷新】，即可获取最新状态数据。

通过Power Query合并起来的工作表的另一个好处是，这是一个动态

42

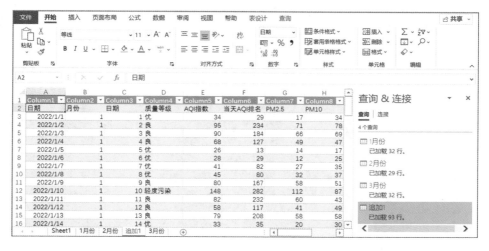

图 2-38　工作簿数据追加效果

的合并关系，如果原始表中的数据发生变化，只需要刷新即可完成新数据的
合并。

3

M 语言与数据爬虫

▼

从数据处理上来看，Power Query 面对业务用户来说是成功的，因为它解决了低代码开发问题，使用 Power Query 菜单的操作过程都会被记录成一个公式，这种公式被称为 M 语言公式。在实际工作中，难免会遇到从网页提取数据信息的需求，也就是向网络服务器发送请求以便将网络资源从网页中读取出来，保存到本地，并对这些信息做一些简单提取。本章介绍如何使用 M 语言从国家统计局网站读取和清洗数据。

扫码观看本章视频

3.1 M 语言基础

3.1.1 M 语言概述

M语言通过函数公式将结果传递给变量，每个变量对应一个步骤，每个变量的步骤环环相扣；这些公式可以使用现成的函数，也可以使用自定义函数。但需要注意的是，公式中的函数和参数对大小写都非常敏感。

M语言的每个查询公式都指向前一个步骤的变量名称，前一个步骤的变量名称就是一个实际的结果，这个结果可以是Value、Record、List、Table。如果公式太长，则可以在中间任意地方强制换行；但是每个公式在最后都应该输入一个逗号。然后换行到第二个步骤；直到最后一个步骤时，才不需要输入逗号。将最后一个查询步骤作为最终的结果，使用in语句把这个步骤传递回Power Query编辑器。

下面通过删除重复值的简单案例来介绍M语言的基本使用步骤。首先，选择数据区域，然后依次单击【数据】|【来自表格/区域】，如图3-1所示。

图 3-1　来自表格 / 区域

这样就可以将数据导入到Power Query编辑器中，如图3-2所示，【订单编号】代表订单的唯一性，是订单表中的主键，然而其存在重复值，例如S10003382，因此需要在编辑器中删除重复项。

下面介绍如何删除重复项，首先选择【订单编号】字段，然后鼠标右键，在

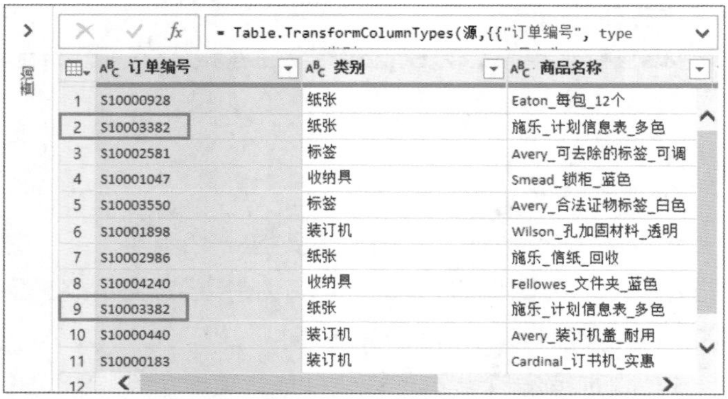

图 3-2　数据导入 Power Query 编辑器

弹出的菜单中选择【删除重复项】选项，如图3-3所示。

　　打开【高级编辑器】，可以看到M语言公式的代码，如图3-4所示。

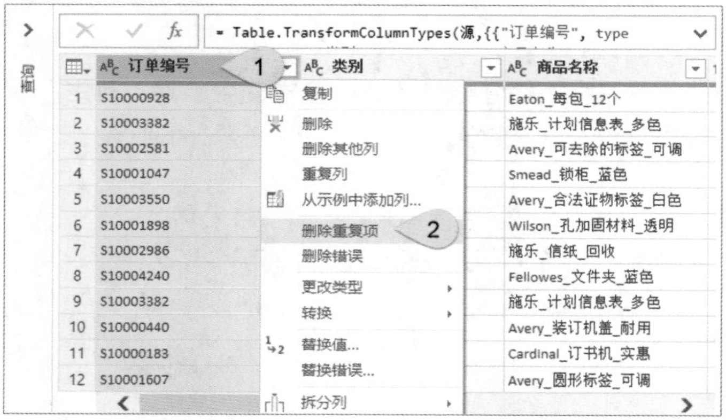

图 3-3　删除重复项

图 3-4　M 语言公式代码

具体公式如下：

```
let
    源 = Excel.CurrentWorkbook(){[Name="表1"]}[Content],
    更改的类型 = Table.TransformColumnTypes(源,{{"订单编号", type
text}, {"类别", type text}, {"商品名称", type text}, {"数量",
Int64.Type}, {"销售额", type number}}),
    删除的副本 = Table.Distinct(更改的类型, {"订单编号"})
in
    删除的副本
```

对于初学者来说，上面的公式不太好理解，下面进行详细说明，如表3-1所示。

表3-1　公式说明

步骤	描述
let	表示一个查询的开始
源	创建输入一个查询表
更改的类型	变量名称，这个变量通过Table.TransformColumnTypes函数更改表中所有字段的类型
删除的副本	变量名称，这个变量通过Table.Distinct函数删除上一步骤中【订单编号】字段的重复项
in	表示一个查询的结束，查询结束后，将使用删除的副本这个步骤的结果输出到【查询编辑器】中

在M语言中，也可以像Excel一样使用运算符。我们知道Excel工作表函数仅对单元格进行操作运算，在M语言中，运算符可以对记录（Record）、列表（List）、表格（Table）进行操作运算。

注意

不同数据类型的数据不可以直接进行计算，比如数值不能与文本类型的数值直接计算，否则会发生错误。因此，如果需要对不同数据类型的数据进行计算，一定要先使用转换函数将数据转换成相同类型。

○ **（1）组合运算符**

M语言中，组合运算符＆适用于文本、列表、记录、表格等连接，例如：

= "四川" & "成都" & "宽窄巷子"，输出"四川成都宽窄巷子"。

（2）比较运算符

适用于逻辑值数字、时间、日期、日期时间时区、文本，比较运算符如表3-2所示。

表3-2　比较运算符

运算符	含义
>	大于
> =	大于或等于
<	小于
< =	小于或等于
=	等于
< >	不等于

（3）逻辑运算符

逻辑运算符主要有三种：and、or、not（都是关键字），也就是与、或、非，如表3-3所示。

表3-3　逻辑运算符

运算符	含义
and	与
or	或
not	非

（4）算术运算符

算术运算符主要有：+（加号）、−（减号）、*（乘号）、/（除号），用于各种常规算术运算，返回数值，如表3-4所示。

表3-4　算术运算符

运算符	含义
+	加
−	减
*	乘
/	除

（5）表级运算符

表级运算符有：记录查找运算符[]、列表索引器运算符{}，如表3-5所示。

表3-5　表级运算符

运算符	含义
[]	记录
{}	列表

3.1.2　M语言函数

M语言的函数体系非常庞大，包含了大约90个函数类别，总共涉及超过600个函数，要完全掌握M语言的所有函数几乎是不可能完成的任务，就像Excel工作表函数，能够熟练应用常用的几十个函数就已经非常了不起了，下面介绍数据清洗过程中使用的主要函数。

（1）Table.MinN

· 函数：Table.MinN

· 语法：Table.MinN(table as table, comparisonCriteria as any ,optional COUNT()rCondition as any) as table

· 说明：在给定comparisonCriteria的条件下，返回table中的若干个最小值的行；如果COUNT()rCondition是数字，则从结束端开始返回指定行数，若COUNT()rCondition是一个条件，则返回满足此条件的行，直到不满足条件为止。例如：显示数量小于等于2的订单。

```
let
    源 = Excel.CurrentWorkbook(){[Name="表1"]}[Content],
    MinN=Table.MinN(源,"数量",each[数量]<=2)
in
    MinN
```

结果如图3-5所示。

（2）Table.MaxN

· 函数：Table.MaxN

	ABC 123 订单编号	ABC 123 类别	ABC 商品名称	ABC 123 数量	ABC 123 销售额
1	S10000183	装订机	Cardinal_订书机_实惠	1	139.356
2	S10003550	标签	Avery_合法证物标签_白色	1	52.92
3	S10004240	收纳具	Fellowes_文件夹_蓝色	2	246.4
4	S10001607	标签	Avery_圆形标签_可调	2	47.04
5	S10000440	装订机	Avery_装订机盖_耐用	2	117.32

图3-5 函数结果（1）

· 语法：Table.MaxN(table as table, comparisonCriteria as any ,optional COUNT()rCondition as any) as table

· 说明：在给定comparisonCriteria的条件下，返回table中的若干个最大值的行；如果COUNT()rCondition是数字，则从结束端开始返回指定行数，若COUNT()rCondition是一个条件，则返回满足此条件的行，直到不满足条件为止。例如：显示销售额排名前3的订单。

```
let
    源 = Excel.CurrentWorkbook(){[Name="表1"]}[Content],
    MaxN=Table.MaxN(源,"销售额",3)
in
    MaxN
```

结果如图3-6所示。

	ABC 123 订单编号	ABC 123 类别	ABC 商品名称	ABC 123 数量	ABC 123 销售额
1	S10001047	收纳具	Smead_锁柜_蓝色	3	2777.88
2	S10002986	纸张	施乐_信纸_回收	3	628.32
3	S10000928	纸张	Eaton_每包_12个	4	572.88

图3-6 函数结果（2）

 （3）Table.FindText

· 函数：Table.FindText

· 语法：Table.FindText(table as table, text as text) as table

· 说明：返回table查询表中包含文本text的行；如果找不到text，则返回空表。此函数只支持文本数据，例如：显示表中包含"标签"的行。

```
let
    源 = Excel.CurrentWorkbook(){[Name="表1"]}[Content],
```

```
    FindText=Table.FindText(源,"标签")
in
    FindText
```

结果如图3-7所示。

	ABC 123 订单编号		ABC 123 类别		ABC 123 商品名称		ABC 123 数量		ABC 123 销售额	
1	S10002581		标签		Avery_可去除的标签_可调			4		161.28
2	S10003550		标签		Avery_合法证物标签_白色			1		52.92
3	S10001607		标签		Avery_圆形标签_可调			2		47.04

图3-7　函数结果（3）

（4）Table.Distinct

·函数：Table.Distinct

· 语 法：Table.Distinct(table as table, optional equationCriteria as any) as table

·说明：从table查询表中删除重复的行；如果指定equationCriteria中的列字段名称，则仅按指定的列字段测试删除重复项。例如：删除表中重复的行。

```
let
    源 = Excel.CurrentWorkbook(){[Name="表1"]}[Content],
    Distinct=Table.Distinct(源,"订单编号")
in
    Distinct
```

结果如图3-8所示。

	ABC 123 订单编号		ABC 123 类别		ABC 123 商品名称		ABC 123 数量		ABC 123 销售额	
1	S10000928		纸张		Eaton_每包_12个			4		572.88
2	S10003382		纸张		施乐_计划信息表_多色			3		304.92
3	S10002581		标签		Avery_可去除的标签_可调			4		161.28
4	S10001047		收纳具		Smead_锁柜_蓝色			3		2777.88
5	S10003550		标签		Avery_合法证物标签_白色			1		52.92
6	S10001898		装订机		Wilson_孔加固材料_透明			3		55.86
7	S10002986		纸张		施乐_信纸_回收			3		628.32
8	S10004240		收纳具		Fellowes_文件夹_蓝色			2		246.4
9	S10000440		装订机		Avery_装订机盖_耐用			2		117.32
10	S10000183		装订机		Cardinal_订书机_实惠			1		139.356
11	S10001607		标签		Avery_圆形标签_可调			2		47.04

图3-8　函数结果（4）

（5）Table.ReplaceValue

· 函数：Table.ReplaceValue

· 语法：Table.ReplaceValue(table as table, oldValue as any, newValue as any, replacer as function, columnsToSearch as list) as table

· 说明：在table查询表中，将oldValue替换为newValue，其中，table：输入表；oldValue：等替换的旧值；newValue：替换结果的新值；replacer：替换规则；Replacer.ReplaceValue：替换完整值；Replacer.ReplaceText：替换字符串；columnsToSearch：每次迭代中要保留的行数。例如：删除表中重复的行。

```
let
    源 = Excel.CurrentWorkbook(){[Name="表1"]}[Content],
    ReplaceValue=Table.ReplaceValue(源,"施乐","Xerox", Replacer.
ReplaceText,{"商品名称"})
in
    ReplaceValue
```

结果如图3-9所示。

	ABC 123 订单编号	ABC 123 类别	ABC 123 商品名称	ABC 123 数量	ABC 123 销售额
1	S10000928	纸张	Eaton_每包_12个	4	572.88
2	S10003382	纸张	施乐_计划信息表_多色	3	304.92
3	S10002581	标签	Avery_可去除的标签_可调	4	161.28
4	S10001047	收纳具	Smead_锁柜_蓝色	3	2777.88
5	S10003550	标签	Avery_合法证物标签_白色	1	52.92
6	S10001898	装订机	Wilson_孔加固材料_透明	3	55.86
7	S10002986	纸张	施乐_信纸_回收	3	628.32
8	S10004240	收纳具	Fellowes_文件夹_蓝色	2	246.4
9	S10000440	装订机	Avery_装订机盖_耐用	2	117.32
10	S10000183	装订机	Cardinal_订书机_实惠	1	139.356
11	S10001607	标签	Avery_圆形标签_可调	2	47.04

图3-9　函数结果（5）

（6）Table.RemoveRows

· 函数：Table.RemoveRows

· 语法：Table.RemoveRows(table as table, offset as number, optional count as nullable number) as table

· 说明：从table查询表中从偏移位置offset开始删除count指定的行数；如

果不指定count，则默认删除offset位置的1行。例如：删除表中从第三行后共5行的数据。

```
let
    源 = Excel.CurrentWorkbook(){[Name="表1"]}[Content],
    RemoveRows=Table.RemoveRows(源,3,5)
in
    RemoveRows
```

结果如图3-10所示。

	ABC 123 订单编号	ABC 123 类别	ABC 123 商品名称	ABC 123 数量	ABC 123 销售额
1	S10000928	纸张	Eaton_每包_12个	4	572.88
2	S10003382	纸张	施乐_计划信息表_多色	3	304.92
3	S10002581	标签	Avery_可去除的标签_可调	4	161.28
4	S10000440	装订机	Avery_装订机盖_耐用	2	117.32
5	S10000183	装订机	Cardinal_订书机_实惠	1	139.356
6	S10001607	标签	Avery_圆形标签_可调	2	47.04

图3-10 函数结果（6）

（7）Table.RemoveColumns

·函数：Table.RemoveColumns

·语法：Table.RemoveColumns(table as table, columns as any, optional missingField as nullable MissingField.Type) as table

·说明：从table查询表中删除指定的列。

MissingField.Type参数说明如表3-6所示，缺省时为MissingField.Error。

表3-6 MissingField.Type参数说明

参数	说明	值
MissingField.Error	若无此字段，则错误警告	0
MissingField.Ignore	若无此字段，则忽略错误	1
MissingField.null	若无此字段，则返回 null	2

·例如：删除表中"类别"和"数量"两个字段。

```
let
    源 = Excel.CurrentWorkbook(){[Name="表1"]}[Content],
```

```
    RemoveColumns = Table.RemoveColumns(源,{"类别","数量"})
in

    RemoveColumns
```

结果如图3-11所示。

	ABC 123 订单编号		ABC 123 商品名称		ABC 123 销售额	
1	S10000928		Eaton_每包_12个		572.88	
2	S10003382		施乐_计划信息表_多色		304.92	
3	S10002581		Avery_可去除的标签_可调		161.28	
4	S10001047		Smead_锁柜_蓝色		2777.88	
5	S10003550		Avery_合法证物标签_白色		52.92	
6	S10001898		Wilson_孔加固材料_透明		55.86	
7	S10002986		施乐_信纸_回收		628.32	
8	S10004240		Fellowes_文件夹_蓝色		246.4	
9	S10000440		Avery_装订机盖_耐用		117.32	
10	S10000183		Cardinal_订书机_实惠		139.356	
11	S10001607		Avery_圆形标签_可调		47.04	

图3-11　函数结果（7）

（8）Table.AddColumn

· 函数：Table.AddColumn

· 语法：Table.AddColumn(table as table, newColumnName as text, column-Generator as function, optional columnType as nullable type) as table

· 说明：将名称为newColumnName的新列添加到table，可以使用常量，也可以指定columnGenerator函数来计算其他字段的列，支持Text、Number、Date、Time、DateTime等类别的函数应用，columnType可以指定列字段的数据类型。例如：表中增加"折扣"列。

```
let
    源 = Excel.CurrentWorkbook(){[Name="表1"]}[Content],
    AddColumn = Table.AddColumn(源,"折扣",each 0.95)
in

    AddColumn
```

结果如图3-12所示。

54

	ABC 123 类别	ABC 123 商品名称	ABC 123 数量	ABC 123 销售额	ABC 折扣
1	纸张	Eaton_每包_12个	4	572.88	0.95
2	纸张	施乐_计划信息表_多色	3	304.92	0.95
3	标签	Avery_可去除的标签_可调	4	161.28	0.95
4	收纳具	Smead_锁柜_蓝色	3	2777.88	0.95
5	标签	Avery_合法证物标签_白色	1	52.92	0.95
6	装订机	Wilson_孔加固材料_透明	3	55.86	0.95
7	纸张	施乐_信纸_回收	3	628.32	0.95
8	收纳具	Fellowes_文件夹_蓝色	2	246.4	0.95
9	装订机	Avery_装订机盖_耐用	2	117.32	0.95
10	装订机	Cardinal_订书机_实惠	1	139.356	0.95
11	标签	Avery_圆形标签_可调	2	47.04	0.95

图 3-12 函数结果（8）

 （9）Table.SplitColumn

· 函数：Table.SplitColumn

· 语法：Table.SplitColumn(table as table, sourceColumns as text, splitter as function, optional columnNamesOrNumber as any, optional default as any, optional extraColumns as any) as table

· 说明：使用指定的拆分器功能，将指定的一列拆分成一组其他列，参数说明如表3-7所示。

表3-7 参数说明

参数	说明
table	输入表
sourceColumns	待拆分的列
splitter	拆分器函数
columnNamesOrNumber	输出结果的列字段名称或返回的列数
default	如果缺失时，返回的值
extraColumns	使用额外的列字段

· 例如：按下划线 "_" 拆分表中的商品名称列为 "名称1" "名称2" "名称3" 三列。

```
let
    源 = Excel.CurrentWorkbook(){[Name="表1"]}[Content],
    SplitColumn = Table.SplitColumn(源, "商品名称", Splitter.
```

```
SplitTextByDelimiter("_", QuoteStyle.Csv), {"名称1", "名称2", "
名称3"})
  in
    SplitColumn
```

结果如图3-13所示。

	ABC 123 订单编号	ABC 123 类别	ABC 名称1	ABC 名称2	ABC 名称3
1	S10000928	纸张	Eaton	每包	12个
2	S10003382	纸张	施乐	计划信息表	多色
3	S10002581	标签	Avery	可去除的标签	可调
4	S10001047	收纳具	Smead	锁柜	蓝色
5	S10003550	标签	Avery	合法证物标签	白色
6	S10001898	装订机	Wilson	孔加固材料	透明
7	S10002986	纸张	施乐	信纸	回收
8	S10004240	收纳具	Fellowes	文件夹	蓝色
9	S10000440	装订机	Avery	装订机盖	耐用
10	S10000183	装订机	Cardinal	订书机	实惠
11	S10001607	标签	Avery	圆形标签	可调

图3-13　函数结果（9）

（10）Table.PromoteHeaders

· 函数：Table.PromoteHeaders

· 语法：Table.PromoteHeaders(table as table, optional options as nullable record) as table

· 说明：将第一行值升级为新的列标题。

· options参数说明：promoteAllScalars：如果设置为true，则使用Culture区域设置将第一行中的所有值升级为标题，对于无法转换为文本的值，将使用默认的列名；Culture：区域性名称，"en-us"表示英文地区，"zh-cn"表示中文地区。

· 例如：将表中的第一行升级为新的列标题。

```
let
    源 = Excel.CurrentWorkbook(){[Name="表1"]}[Content],
    PromoteHeaders=Table.PromoteHeaders(源)
in
    PromoteHeaders
```

结果如图3-14所示。

ABC 123 S10000928	ABC 123 纸张	ABC 123 Eaton_每包_12个	ABC 123 4	ABC 123 572.88
1 S10003382	纸张	施乐_计划信息表_多色	3	304.92
2 S10002581	标签	Avery_可去除的标签_可调	4	161.28
3 S10001047	收纳具	Smead_锁柜_蓝色	3	2777.88
4 S10003550	标签	Avery_合法证物标签_白色	1	52.92
5 S10001898	装订机	Wilson_孔加固材料_透明	3	55.86
6 S10002986	纸张	施乐_信纸_回收	3	628.32
7 S10004240	收纳具	Fellowes_文件夹_蓝色	2	246.6
8 S10000440	装订机	Avery_装订机盖_耐用	2	117.32
9 S10000183	装订机	Cardinal_订书机_实惠	1	139.356
10 S10001607	标签	Avery_圆形标签_可调	2	47.04

图3-14　函数结果（10）

3.2　案例数据采集

3.2.1　案例数据简介

住宅销售价格指数是综合反映住宅商品价格水平总体变化趋势和变化幅度的相对数，通常由70个大中城市的新建住宅销售价格指数和二手住宅销售价格指数组成。

本案例从国家统计局网站爬取2022年5月70个大中城市二手住宅销售价格指数数据，数据如图3-15所示。

3.2.2　获取网站数据

通过Excel的内置查询功能，可以轻松快速地获取和转换Web数据，在Excel界面中依次选择【数据】|【获取数据】|【自其他源】|【自网站】。在"从Web"对话框中选择"基本"方式，并输入统计数据所在的URL地址，如图3-16所示，然后单击"确定"按钮。

Excel将建立与网页的连接，弹出"导航器"对话框，显示此页面上所有的可用表，我们可以单击左侧窗格中的表名预览每张表中的数据。

这里选择"Table 2"表，由于数据无法直接满足我们的分析需求，因此需要对其进行数据清洗，单击"转换数据"按钮，如图3-17所示。

城市	环比 上月=100	同比 上年同月=100	定基 2020年=100	城市	环比 上月=100	同比 上年同月=100	定基 2020年=100
北　京	99.9	105.3	114.9	唐　山	98.8	96.9	100.0
天　津	99.1	98.0	97.7	秦皇岛	100.1	96.6	97.8
石家庄	100.1	95.1	94.2	包　头	99.9	97.0	99.7
太　原	100.6	94.7	92.3	丹　东	100.0	96.6	100.3
呼和浩特	99.5	96.6	96.3	锦　州	99.4	95.7	95.0
沈　阳	99.9	97.0	102.1	吉　林	98.2	95.9	95.2
大　连	99.5	98.6	104.3	牡丹江	98.7	89.5	84.6
长　春	98.4	97.4	95.4	无　锡	100.8	101.5	107.9
哈尔滨	99.1	92.8	91.5	徐　州	100.3	97.5	106.6
上　海	100.0	103.0	111.9	扬　州	99.7	97.1	103.3
南　京	99.1	97.6	103.0	温　州	99.4	97.8	103.8
杭　州	99.8	101.6	109.3	金　华	99.0	96.8	103.0
宁　波	99.6	99.4	107.2	蚌　埠	99.1	98.2	102.2
合　肥	99.5	97.3	102.8	安　庆	99.4	94.5	92.5
福　州	100.2	98.9	103.9	泉　州	99.5	97.3	104.2
厦　门	100.5	100.4	104.8	九　江	99.9	98.7	101.7
南　昌	99.3	98.2	98.8	赣　州	100.3	100.9	102.2
济　南	99.6	98.2	98.0	烟　台	99.2	97.5	99.9
青　岛	99.8	98.7	99.4	济　宁	99.3	97.1	102.4
郑　州	99.7	97.3	98.0	洛　阳	99.2	96.0	99.3
武　汉	99.5	97.3	99.9	平顶山	99.7	97.7	100.4
长　沙	99.8	101.4	105.3	宜　昌	99.2	96.0	95.4
广　州	100.2	101.3	112.0	襄　阳	99.1	96.5	96.5
深　圳	100.1	97.4	106.1	岳　阳	99.0	97.1	96.4
南　宁	99.4	96.1	97.7	常　德	99.3	95.2	94.6
海　口	99.9	105.1	110.4	韶　关	100.2	96.5	98.2
重　庆	99.7	100.5	104.6	湛　江	98.8	96.0	97.0
成　都	100.9	103.8	110.5	惠　州	99.6	98.6	102.7
贵　阳	99.2	95.0	94.2	桂　林	100.3	97.9	99.4
昆　明	100.2	99.5	103.4	北　海	99.0	95.8	93.5
西　安	99.6	100.4	106.6	三　亚	99.7	100.5	104.9
兰　州	98.8	96.4	100.7	泸　州	99.8	97.2	97.3
西　宁	99.8	98.7	104.8	南　充	100.6	96.6	93.0
银　川	99.6	97.8	105.3	遵　义	99.2	95.8	96.1
乌鲁木齐	99.9	97.0	100.9	大　理	99.4	93.6	95.5

图 3-15　2022 年 5 月 70 个大中城市二手住宅销售价格指数数据

图 3-16　"从 Web"对话框

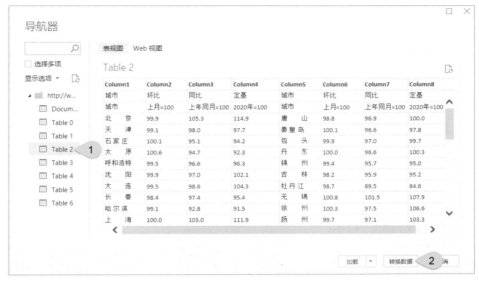

图 3-17　选择数据表

3.3　数据清洗

由于获取的数据可能存在重复或不需要的数据，因此需要对原始数据进行清洗，下面详细介绍对原始数据进行清洗的方法。

3.3.1　删除重复列

"Column1"列中的城市存在重复，这里需要删除重复值，默认保留第一行的数据，这样可以实现删除第二行相应指标的解释（上月 = 100，上年同月 = 100，2020年 = 100）。首先鼠标右键单击Column1列，在弹出的菜单中选择"删除重复项"，如图3-18所示。

3.3.2　复制数据表

由于这里70个城市的数据被分成了两列，需要将两列数据合并成一列，即追加数据，不同表之间的数据追加操作比较简单，但是这里位于同一张表中，因此需要将原数据表复制一张同样的数据表，再进行相应字段的追加。

首先，右击"Table 2"表，在下拉框中选择"复制"，如图3-19所示，并将Table 2(2)重新命名为"Table 3"。

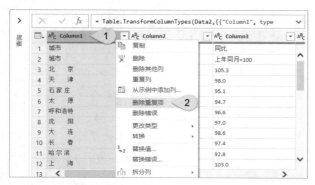

图3-18　删除重复项

图3-19　复制数据表

3.3.3　删除不需要的列

分别删除"Table 2"和"Table 3"表中不需要的列。其中"Table 2"表需要删除"Column5""Column6""Column7""Column8"列，"Table 3"表需要删除"Column1""Column2""Column3""Column4"列，如图3-20所示。

3.3.4　调整列的名称

分别在"Table 2"和"Table 3"表中调整列的名称，具体步骤如下：

单击"主页"选项卡，在"将第一行用作标题"选项的下拉框中选择"将第一行用作标题"，如图3-21所示。

60

图 3-20　删除不需要的列

图 3-21　将第一行用作标题

在"应用的步骤"中，单击"更改的类型1"左侧的 ✕，可以删除"更改的类型1"，这是为了进一步调整变量的名称，如图3-22所示。

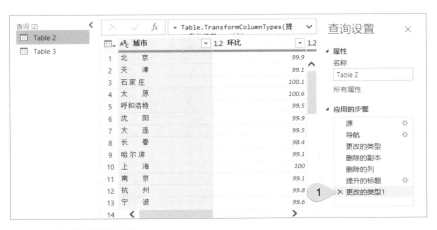

图 3-22　调整变量的名称

通过上面的操作，Table 2和Table 3表中的字段就调整为"城市""环比""同比""定基"，且Table 2表是70个大中城市中前35个城市的数据，

Table 3表是后35个城市的数据。

3.3.5 合并数据表

下面将"Table 2"和"Table 3"表中的数据进行追加合并,具体步骤如下:

单击主页"组合"选项卡,在"追加查询"选项的下拉框中选择"将查询追加为新查询",如图3-23所示,如果选择"追加查询",就在原来的表中追加数据,不生成新表。

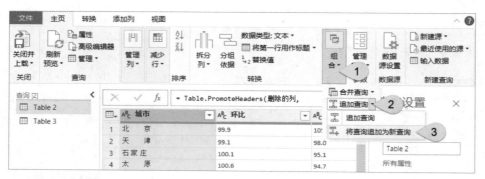

图3-23 将查询追加为新查询

弹出"追加"对话框,在"这一张表"中选择Table 2表,在要追加到主表的"第二张表"中选择Table 3表,然后单击"确定"按钮,如图3-24所示。

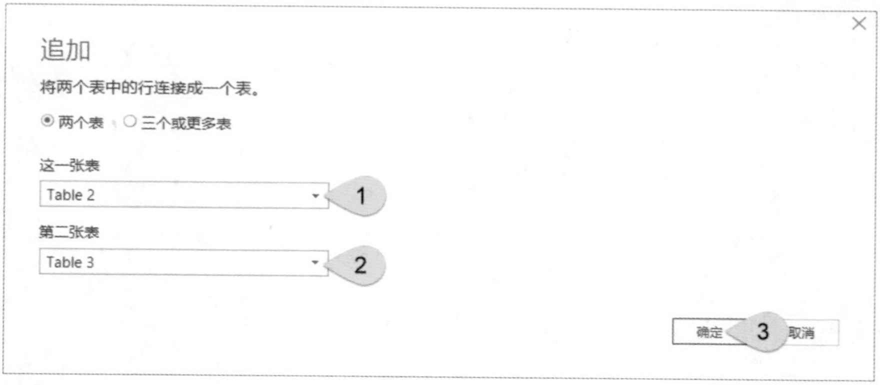

图3-24 设置"追加"

然后会弹出一张名为"追加1"的新表,它包含所有70个城市的数据,如图3-25所示,并将其重新命名为"5月二手住宅销售价格指数"。

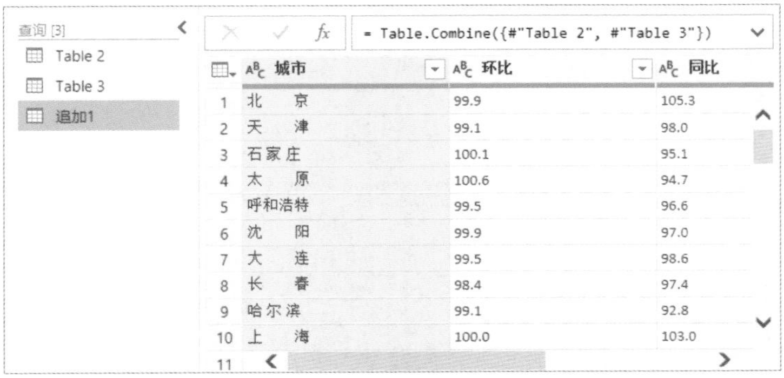

图 3-25　追加数据后的效果

3.3.6　文本处理

在"5月二手住宅销售价格指数"表的城市名称中含有很多空格,为了可视化视图的美观,需要将其删除。

单击"主页"选项卡,选择"替换值",或者右击"城市"列,在弹出的快捷菜单中选择"替换值"选项,如图3-26所示。

图 3-26　选择"替换值"

打开"替换值"对话框,在"要查找的值"文本框中输入"　　",将"替换为"文本框留空,如图3-27所示,然后单击"确定"按钮,注意这里的"要查找的值"要输入正确。

用同样的方法,对3个字中的空格再进行清理,例如"秦 皇 岛"中还存在空格,清理后的最终效果如图3-28所示。

这里的环比、同比、定基的数据类型是文本类型,还需要将其调整为小数类型,如图3-29所示。在Power Query编辑器,中间区域显示数据样式,右下

图 3-27 "替换值"对话框

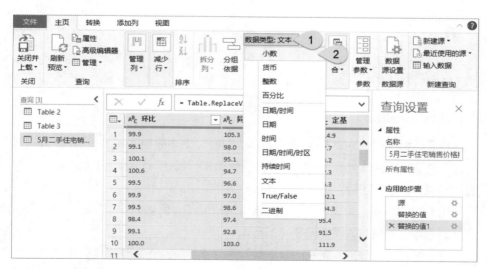

图 3-28 替换值后的数据视图

方显示数据查询所"应用的步骤",如果没有错误,再单击左上方的"关闭并上载"按钮即可。

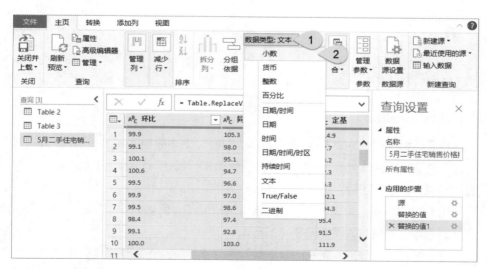

图 3-29 调整数据类型

3.4　数据可视化分析

　　截至目前，我们已经读取了国家统计局网站2022年5月70个主要城市商品住宅价格指数数据，并进行了数据清洗处理，下面对其进行可视化分析。

　　其中：70个大中城市房地产价格统计按一二三线城市划分：一线城市指北京、上海、广州、深圳等4个城市；二线城市指天津、石家庄、太原、呼和浩特、沈阳、大连、长春、哈尔滨、南京、杭州、宁波、合肥、福州、厦门、南昌、济南、青岛、郑州、武汉、长沙、南宁、海口、重庆、成都、贵阳、昆明、西安、兰州、西宁、银川、乌鲁木齐等31个城市；三线城市指唐山、秦皇岛、包头、丹东、锦州、吉林、牡丹江、无锡、徐州、扬州、温州、金华、蚌埠、安庆、泉州、九江、赣州、烟台、济宁、洛阳、平顶山、宜昌、襄阳、岳阳、常德、韶关、湛江、惠州、桂林、北海、三亚、泸州、南充、遵义、大理等35个城市。

3.4.1　二手住宅销售价格同比

　　2022年5月，70个大中城市中，二手住宅销售价格同比上升城市有13个，按同比由大到小依次是：北京、海口、成都、上海、杭州、无锡、长沙、广州、赣州、三亚、重庆、厦门、西安，如图3-30所示。

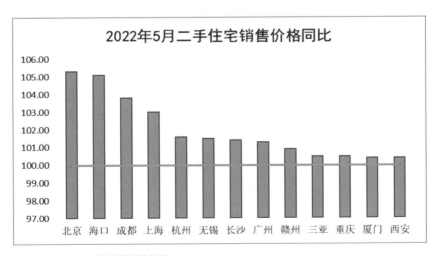

图 3-30　二手住宅销售价格同比

此外，5月份，一线城市新建商品住宅和二手住宅销售价格同比分别上涨3.5%和1.7%，涨幅比上月分别回落0.4和0.7个百分点。二线城市新建商品住宅销售价格同比上涨0.3%，涨幅比上月回落0.7个百分点；二手住宅销售价格同比下降1.7%，降幅比上月扩大0.7个百分点。三线城市新建商品住宅和二手住宅销售价格同比分别下降2.2%和3.2%，降幅比上月均扩大0.7个百分点。

3.4.2　二手住宅销售价格环比

2022年5月，70个大中城市中，二手住宅销售价格环比上升城市有15个，按环比由大到小依次是：成都、无锡、南充、太原、厦门、徐州、赣州、桂林、韶关、福州、广州、昆明、秦皇岛、石家庄、深圳，如图3-31所示。

图3-31　二手住宅销售价格环比

此外，从各线城市看，5月份，一线城市二手住宅销售价格环比由上月上涨0.4%转为持平；二线城市环比下降0.3%，降幅与上月相同；三线城市环比下降0.5%，降幅比上月扩大0.2个百分点。

3.4.3　二手住宅销售价格定基

2022年5月，70个大中城市中，二手住宅销售价格定基上升城市有37个，其中前10名按定基由大到小依次是：北京、广州、上海、成都、海口、杭州、无锡、宁波、西安、徐州，如图3-32所示。

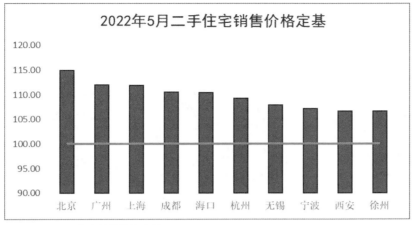

图 3-32　二手住宅销售价格定基

4

Excel 公式与函数

▼

为了满足各种数据处理的要求，Excel 2021 提供了大量函数供用户使用，函数是系统预先编制好的用于数值计算和数据处理的公式，使用函数可以简化或缩短工作表中的公式，使数据处理简单方便，下面将逐一介绍 Excel 中的每一类函数。

扫码观看本章视频

4.1 公式与函数基础

公式由在单元格中输入的特殊代码组成，它可以执行某类计算，然后返回结果，并将结果显示在单元格中。函数是Excel数据处理的核心，利用函数，可实现较复杂的数据计算、分析和管理等工作，大大提高了工作效率，下面介绍公式和函数的基础知识。

4.1.1 Excel 公式及函数

（1）Excel 公式

在Excel中，公式使用各种运算符和工作表函数来处理数值和文本，公式中使用的数值和文本位于其他单元格中，这样可以轻松地更新数据。

下面介绍如何创建计算公式：

步骤1： 在Excel工作表中，选择一个单元格，输入等号"="。

步骤2： 选择一个单元格，或在所选单元格中键入另一个单元格的地址，再输入运算符。

步骤3： 选择下一单元格，或在所选单元格中键入其地址，并按Enter键，计算结果将显示在包含公式的单元格中。

例如，计算国内专利申请受理量增长率，计算公式为：（本年国内专利申请受理量 – 上一年国内专利申请受理量）/上一年国内专利申请受理量，在F2中输入的公式为"=(B2-B3)/B3"，并设置为百分比的显示方式，如图4-1所示。

（2）Excel 函数

在Excel中，工作表函数可以极大地简化公式。例如，要计算最近10年国内专利申请受理量的平均值，即10个单元格（B2:B11）区域中数值的平均值，并且不使用函数，就必须构建一个如下所示的公式：

$$=(B2+B3+B4+B5+B6+B7+B8+B9+B10+B11)/10$$

这并不是最好的方法，如果要将另一个单元格添加到这个区域，就需要再次编辑这个公式，幸运的是，可以使用简单得多的函数来替换以上公式，即在

F2 =(B2-B3)/B3

	A	B	C	D	E	F
1	年份	国内专利申请受理量(项)	国内发明专利申请受理量(项)	国内实用新型专利申请受理量(项)	国内外观设计专利申请受理量(项)	国内专利申请受理量增长率(%)
2	2020年	5016030	1344817	2918874	752339	19.57%
3	2019年	4195104	1243568	2259765	691771	1.17%
4	2018年	4146772	1393815	2063860	689097	17.26%
5	2017年	3536333	1245709	1679807	610817	6.99%
6	2016年	3305225	1204981	1468295	631949	25.22%
7	2015年	2639446	968251	1119714	551481	19.40%
8	2014年	2210616	801135	861053	548428	-1.07%
9	2013年	2234560	704936	885226	644398	16.86%
10	2012年	1912151	535313	734437	642401	27.08%
11	2011年	1504670	415829	581303	507538	-

图4-1 输入计算公式

公式中使用Excel的内置工作表函数AVERAGE，这样销售额的平均值就等于AVERAGE(B2:B11)，如图4-2所示。

B12 =AVERAGE(B2:B11)

	A	B	C	D	E
1	年份	国内专利申请受理量(项)	国内发明专利申请受理量(项)	国内实用新型专利申请受理量(项)	国内外观设计专利申请受理量(项)
2	2020年	5016030	1344817	2918874	752339
3	2019年	4195104	1243568	2259765	691771
4	2018年	4146772	1393815	2063860	689097
5	2017年	3536333	1245709	1679807	610817
6	2016年	3305225	1204981	1468295	631949
7	2015年	2639446	968251	1119714	551481
8	2014年	2210616	801135	861053	548428
9	2013年	2234560	704936	885226	644398
10	2012年	1912151	535313	734437	642401
11	2011年	1504670	415829	581303	507538
12	平均值	3070091			

图4-2 输入内置函数

4.1.2 输入Excel函数方法

Excel函数的输入方法有两种：一种是使用输入文本的方法输入函数，另一种是使用“插入函数”对话框输入函数。

第一种输入方法

这种方法较为简单，但需要对Excel函数非常熟悉，步骤如下：

① 选择一个空单元格。

② 键入一个等号“=”，然后键入函数。例如，求和函数“=AVERAGE”

计算最近10年国内专利申请受理量的平均值。

③ 键入左括号"(",注意是英文输入法。

④ 选择单元格区域,然后再键入右括号")"。

⑤ 按Enter键获取结果。

第二种输入方法

① 选择要插入函数的单元格。打开原始文件,首先选中要插入函数的单元格,例如F12。

② 打开"插入函数"对话框。单击"公式"选项卡下"函数库"组中的"插入函数"选项,如图4-3所示。

图4-3 插入函数

③ 选择函数。弹出"插入函数"对话框,设置"或选择类别"为"统计",在"选择函数"列表框中选择要插入的函数,如选择"MAX"函数,然后单击"确定"按钮,如图4-4所示。

对于Excel的初学者,如果不了解需要插入什么类型的函数,可以在打开的"插入函数"对话框中的"搜索函数"框中,输入要插入的函数关键字,如输入"求最大值",单击"转到"按钮,系统将自动搜索出符合要求的所有函数,然后选择需要的函数插入即可。

④ 设置函数参数。弹出"函数参数"对话框，在"Number1"文本框中输入函数的参数，这里输入要参与计算的单元格区域"F2:F10"，如图4-5所示，然后单击"确定"按钮。

⑤ 查看函数结果。返回工作表中，在F12单元格中显示了计算的结果为"27.08%"，在编辑栏中显示了完整的公式"=MAX(F2:F10)"。

图 4-4　选择函数

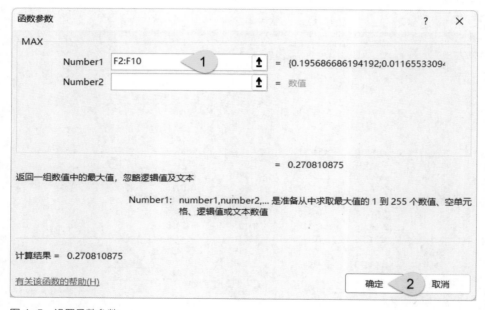

图 4-5　设置函数参数

4.2　Excel 单元格引用

在使用Excel进行数据处理时，除了使用常量数据，如数值常量考试成绩98分，文本常量如职位"数据分析师"，还可以引用单元格，例如在公式

"=A4*B4+$C$4/6" 中，就引用了单元格 A4、B4 和 C4，其中单元格 A4 和 B4 是相对引用，而 $C$4 是绝对引用。

4.2.1 单元格相对引用

相对引用包含了当前单元格与公式所在单元格的相对位置。在默认情况下，Excel 使用相对引用。在相对引用下，将公式复制到某一单元格时，单元格中公式引用的单元格地址是相对变化的，但引用的单元格与包含公式的单元格的相对位置不变。

例如，通过相对引用计算产品利润，操作步骤如下：

① 输入公式。打开原始文件，选中单元格 E2，在编辑栏中输入公式 "=(D2-C2)*B2"，按下【Enter】键。

② 将鼠标指针移到单元格 E2 右下角，按住鼠标左键不放，向下拖动填充至单元格 E10，如图 4-6 所示。

③ 相对引用结果。释放鼠标左键，此时可以看到系统自动为单元格区域 E3:E10，计算出了每种商品的利润，如图 4-7 所示，同时单元格区域 E3:E10 的公式也发生了变化。

	A	B	C	D	E
1	商品名称	商品数量	进货价	销售价	利润
2	方便面(大)	1	2.5	5.0	2.5
3	夹子(金属)	2	2.0	8.0	
4	毛巾(大)	2	5.0	8.5	
5	宁化府降糖醋	4	21.5	28.0	
6	宁化府降脂醋	1	21.5	28.0	
7	宁化府十二珍醋	1	123.2	158.0	
8	牛肉礼盒	5	51.0	85.0	
9	水杯(金属)	1	8.0	20.0	
10	洗发水(小)	2	10.0	15.0	

图 4-6 拖动填充单元格

	A	B	C	D	E
1	商品名称	商品数量	进货价	销售价	利润
2	方便面(大)	1	2.5	5.0	2.5
3	夹子(金属)	2	2.0	8.0	12.0
4	毛巾(大)	2	5.0	8.5	7.0
5	宁化府降糖醋	4	21.5	28.0	26.2
6	宁化府降脂醋	1	21.5	28.0	6.6
7	宁化府十二珍醋	1	123.2	158.0	34.8
8	牛肉礼盒	5	51.0	85.0	170.0
9	水杯(金属)	1	8.0	20.0	12.0
10	洗发水(小)	2	10.0	15.0	10.0

图 4-7 相对引用结果

4.2.2 单元格绝对引用

绝对引用是指将公式复制到新位置后，公式中引用的单元格地址固定不变。在公式中相对引用的单元格的列号和行号之前添加 "$" 符号，便可成为绝对引用。在复制使用了绝对引用的公式时，将固定引用指定位置的单元格。

通常在使用公式进行计算时，如果某一固定单元格需要同其他单元格进行多次计算，该单元格就可设置为绝对引用。

例如，通过绝对引用计算产品利润，操作步骤如下：

① 输入公式。打开原始文件，在单元格E2中输入公式"＝D2*B2*G2"，选中"G2"，按【F4】键，将"G2"转换为绝对引用"$G$2"。引用方式转换过后，按【Enter】键，得到的计算结果如图4-8所示。

	A	B	C	D	E	F	G
1	商品名称	商品数量	进货价	销售价	利润		利润率
2	方便面(大)	1	2.5	5.0	0.5		10%
3	夹子(金属)	2	2.0	8.0			
4	毛巾(大)	2	5.0	8.5			
5	宁化府降糖醋	4	21.5	28.0			
6	宁化府降脂醋	1	21.5	28.0			
7	宁化府十二珍醋	1	123.2	158.0			
8	牛肉礼盒	5	51.0	85.0			
9	水杯(金属)	1	8.0	20.0			
10	洗发水(小)	2	10.0	15.0			

图4-8 输入公式

② 拖动填充柄。将鼠标指针移动至单元格E2右下角，当鼠标指针变为黑色十字形状时，向下拖动至单元格E10，查看绝对引用后的效果，如图4-9所示。

	A	B	C	D	E	F	G
1	商品名称	商品数量	进货价	销售价	利润		利润率
2	方便面(大)	1	2.5	5.0	0.5		10%
3	夹子(金属)	2	2.0	8.0	1.6		
4	毛巾(大)	2	5.0	8.5	1.7		
5	宁化府降糖醋	4	21.5	28.0	11.2		
6	宁化府降脂醋	1	21.5	28.0	2.8		
7	宁化府十二珍醋	1	123.2	158.0	15.8		
8	牛肉礼盒	5	51.0	85.0	42.5		
9	水杯(金属)	1	8.0	20.0	2.0		
10	洗发水(小)	2	10.0	15.0	3.0		

图4-9 绝对引用结果

释放鼠标，可以看到计算结果。此时单击单元格区域E2:E10中任一单元格，如单元格E6，公式为"=D6*B6*$G$2"，可以看到单元格G2的引用保持不变。

4.2.3 单元格混合引用

混合引用是在一个单元格地址引用中，既有绝对引用，又有相对引用。如果公式所在单元格的位置改变，则相对引用改变，而绝对引用不变。混合引用常常发生在某一行或某一列同其他几列或其他几行进行计算时，需要将该行或该列进行绝对引用，而不是针对某一个单元格进行绝对引用。

例如，通过混合引用计算银行不同金额的资金在不同期限下的利息收入，操作步骤如下：

① 输入公式并转换为混合引用。打开原始文件，在单元格B3中输入公式

"＝A3*B2"，按【F4】键，分别将"A3"和"B2"转换为混合引用"$A3"和"B$2"，如图4-10所示。

　　② 显示结果。按【Enter】键后会显示结果，然后拖动填充至单元格G3，得出一行的计算结果，如图4-11所示。

	A	B	C	D	E	F	G
1	利率	3个月	6个月	1年	2年	3年	5年
2	本金	1.35%	1.55%	1.75%	2.25%	2.75%	2.75%
3	10000	=$A3*B$2					
4	20000						
5	50000						
6	100000						
7	200000						
8	500000						
9	1000000						

图4-10　输入公式

	A	B	C	D	E	F	G
1	利率	3个月	6个月	1年	2年	3年	5年
2	本金	1.35%	1.55%	1.75%	2.25%	2.75%	2.75%
3	10000	135	155	175	225	275	275
4	20000						
5	50000						
6	100000						
7	200000						
8	500000						
9	1000000						

图4-11　拖动填充单元格

　　③ 完成数据计算。得出一行的计算结果后，再次拖动填充至单元格G9，即可计算出所有数据，如图4-12所示。

	A	B	C	D	E	F	G
1	利率	3个月	6个月	1年	2年	3年	5年
2	本金	1.35%	1.55%	1.75%	2.25%	2.75%	2.75%
3	10000	135	155	175	225	275	275
4	20000	270	310	350	450	550	550
5	50000	675	775	875	1125	1375	1375
6	100000	1350	1550	1750	2250	2750	2750
7	200000	2700	3100	3500	4500	5500	5500
8	500000	6750	7750	8750	11250	13750	13750
9	1000000	13500	15500	17500	22500	27500	27500

图4-12　混合引用结果

　　当需要对相对引用、绝对引用、混合引用三种不同的引用进行切换时，只需要按键盘上的【F4】键即可。

4.3 数学和三角函数

4.3.1 数学和三角函数案例

（1）ABS

- 用途：返回某一参数的绝对值。
- 语法：ABS(number)。
- 参数：number 是需要计算其绝对值的一个实数。
- 实例：如果 A1=-86，则公式"=ABS(A1)"返回 86。

（2）ACOS

- 用途：返回以弧度表示的参数的反余弦值，范围是 0~π。
- 语法：ACOS(number)。
- 参数：number 是某一角度的余弦值，大小在-1～1之间。
- 实例：如果 A1=0.5，则公式"=ACOS(A1)"返回 1.047197551（即 π/3 弧度，也就是 600），而公式"=ACOS(-0.5)*180/PI"返回 120°。

（3）ACOSH

- 用途：返回参数的反双曲余弦值。
- 语法：ACOSH(number)。
- 参数：number 必须大于或等于 1。
- 实例：公式"=ACOSH(1)"的计算结果等于 0，"=ACOSH(10)"的计算结果等于 2.993223。

（4）ACOT

- 用途：返回 number 的反余切值。
- 语法：ACOT(number)。
- 参数：number 目标角的余弦值，必须为实数。
- 实例：公式"=ACOT(1)"的计算结果等于 0.785398163，"=ACOT(-1)"的计算结果等于 2.35619449。

（5）ACOTH

- 用途：返回某一数字的反双曲余切值。
- 语法：ACOTH(number)。
- 参数：number 的绝对值必须大于1。
- 实例：公式"=ACOTH(45)"的计算结果等于0.022225881。

（6）ASIN

- 用途：返回参数的反正弦值。
- 语法：ASIN(number)。
- 参数：number 为某一角度的正弦值，其大小介于 −1 ~ 1之间。
- 实例：如果A1=−0.5，则公式"=ASIN(A1)"返回 −0.5236(−π/6弧度)，而公式"=ASIN(A1)*180/PI"返回 −300。

（7）ASINH

- 用途：返回参数的反双曲正弦值。
- 语法：ASINH(number)。
- 参数：number 为任意实数。
- 实例：公式"=ASINH(−2.5)"返回 −1.64723，"=ASINH(10)"返回2.998223。

（8）ATAN

- 用途：返回参数的反正切值。返回的数值以弧度表示，大小在 −π/2 ~ π/2之间。
- 语法：ATAN(number)。
- 参数：number 为某一角度的正切值。如果要用度表示返回的反正切值，需将结果乘以180/PI。
- 实例：公式"=ATAN(1)"返回0.785398(π/4弧度)，"=ATAN(1)*180/PI"返回450。

（9）ATANH

- 用途：返回参数的反双曲正切值，参数必须在 −1 ~ 1之间(不包括 −1和1)。
- 语法：ATANH(number)。
- 参数：number 是 −1。

・实例：公式"=ATANH(0.5)"返回0.549306144，"=ATANH(−0.1)"返回−0.10034。

（10）CEILING.MATH

・用途：函数将数字向上舍入到整数或者以指定基数的倍数向上舍入。对于负数，可以控制舍入方向。

・语法：CEILING.MATH(number，significance，mode)。

・参数：number为待返回的数值。significance为舍入到的倍数，如果省略，对于正数为1,对于负数为−1；带有小数部分的正数将向上舍入到最接近的整数，例如，6.3将向上舍入到7；带有小数部分的负数将向上舍入（朝向0）到最接近的整数，例如，−6.7将向上舍入到−6。mode可选，对于负数，控制number是按朝向0还是远离0的方向舍入，如果省略，负数向0舍入，如果为其他值，负数向远离0的方向舍入。

・实例：如果A1=3.1416，则公式"=CEILING.MATH(A1，1)"返回的结果是4，"=CEILING(−2.5，−1)"返回的结果为−3。

（11）COS

・用途：返回某一角度的余弦值。

・语法：COS(number)。

・参数：number为需要求余弦值的一个角度，必须用弧度表示。如果number的单位是度，可以乘以PI/180转换为弧度。

・实例：如果A1=1，则公式"=COS(A1)"返回0.540302，若A2=60，则公式"=COS(A2*PI/180)"返回0.5。

（12）COSH

・用途：返回参数的双曲余弦值。

・语法：COSH(number)。

・参数：number为任意实数。

・实例：如果A1=5、A3=6，则公式"=COSH(A1+A3)"返回29937.07087，若C1=60，则公式"=COSH(COS(C1*PI/180))"返回1.127625965。

（13）COT

・用途：返回以弧度为单位的指定角度的余切值。

・语法：COT(number)。

・参数：number为要计算其余切值的角度（以弧度为单位）。

・实例：公式“=COT(RADIANS(45))”返回1。

（14）COTH

・用途：返回双曲角的双曲余切值。

・语法：COTH(number)。

・参数：number为要计算其双曲余切值的双曲角（以弧度为单位）。

・实例：公式“=COTH(2)”返回1.037315。

（15）EVEN

・用途：返回沿绝对值增大方向，将一个数值取整为最接近的偶数。

・语法：EVEN(number)。

・参数：number是要取整的一个数值。

・实例：如果A1=-2.6，则公式“=EVEN(A1)”返回-4，“=EVEN(-4.56+6.87)”返回4。

（16）EXP

・用途：返回e的n次幂。

・语法：EXP(number)。

・参数：number为底数e的指数。

・注意：EXP函数是计算自然对数的LN函数的反函数。

・实例：如果A1=3，则公式“=EXP(A1)”返回20.085537，即e^3。

（17）FACT

・用途：返回一个数的阶乘，即1*2*3*…*该数。

・语法：FACT(number)。

・注意：number是计算其阶乘的非负数。如果输入的number不是整数，则截去小数部分取整数。

・实例：如果A1=3，则公式“=FACT(A1)”返回6，“=FACT(5.5)”返回1*2*3*4*5.5，即120。

（18）FACTDOUBLE

· 用途：返回参数 number 的半阶乘。

· 语法：FACTDOUBLE(number)。number 为要计算其半阶乘的数值，如果参数 number 为非整数，则截尾取整。

· 注意：如果该函数不存在，应当运行"安装"程序，加载"分析工具库"。

· 实例：公式"=FACTDOUBLE(4)"返回8。

（19）FLOOR.MATH

· 用途：函数将数字向下舍入（沿绝对值减小的方向）到最近的指定基数的倍数，可以指定负数舍入方向。

· 语法：FLOOR.MATH(number，significance，mode)。

· 参数：number 为要舍入的某一数值。significance 为舍入到的倍数，如果省略，对于正数为1，对于负数为−1；带有小数部分的正数将向下舍入到最接近的整数，例如，6.3将向上舍入到6；带有小数部分的负数将向下舍入（远离0）到最接近的整数，例如，−6.7将向上舍入到−7。mode可选。对于负数，控制 number 是按朝向0还是远离0的方向舍入，如果省略，负数向远离0的方向舍入，如果为其他值时，负数向朝向0的方向舍入。

· 实例：如果A1=22.5，则公式"=FLOOR.MATH(A1，1)"返回22，"=FLOOR.MATH(−2.5，−2)"返回−3。

（20）GCD

· 用途：返回两个或多个整数的最大公约数。

· 语法：GCD(number1，number2，…)。

· 参数：number1，number2，…为1 ~ 29个数值，如果数值为非整数，则截尾取整。

· 注意：如果该函数不存在，必须运行"安装"程序，加载"分析工具库"。

· 实例：如果A1=16、A2=28、A3=46，则公式"=GCD(A1:A3)"返回2。

（21）INT

· 用途：将任意实数向下取整为最接近的整数。

· 语法：INT(number)。

· 参数：number 为需要处理的任意一个实数。

· 实例：如果 A1=16.24、A2=−28.389，则公式"=INT(A1)"返回 16，"=INT(A2)"返回 −29。

（22）LCM

· 用途：返回整数的最小公倍数。最小公倍数是所有整数参数 number1，number2，…的最小正整数倍数。用函数 LCM 可以将分母不同的分数相加。

· 语法：LCM(number1，number2，…)。

· 参数：number1，number2，…是要计算最小公倍数的 1 ~ 29 个参数。如果参数不是整数，则自动截去小数部分取整。

· 注意：该函数需要加载"分析工具库"才能使用。

· 实例：如果 A1=4、A2=16、A3=8，则公式"=LCM(A1:A3)"返回 16。

（23）LN

· 用途：返回一个数的自然对数，即以 e(2.71828182845904) 为底的对数 (LN 函数是 EXP 函数的反函数)。

· 语法：LN(number)。

· 参数：number 是待计算其自然对数的正实数。

· 实例：如果 A1=100、A2=67，则公式"=LN(A1+A2)"返回 5.117993812，"=LN(EXP(3))"返回 3，"=EXP(LN(4))"返回 4。

（24）LOG

· 用途：按所指定的底数，返回某个数的对数。

· 语法：LOG(number，base)。

· 参数：number 是计算对数的任意实数,base 是对数的底数。如果省略底数，则默认它的值为 10。

· 实例：如果 A1=8，则公式"=LOG(A1，2)"返回 3，"=LOG(100，10)"返回 2。

（25）LOG10

· 用途：返回以 10 为底的对数。

· 语法：LOG10(number)。

· 参数：number 是待计算常用对数的一个正实数。

· 实例：如果A1=1000，则公式"=LOG10(A1)"返回3，"=LOG10(10^5)"返回5。

（26）MOD

· 用途：返回两数相除的余数，其结果的正负号与除数相同。

· 语法：MOD(number，divisor)。

· 参数：number为被除数，divisor为除数(divisor不能为零)。

· 实例：如果A1=51，则公式"=MOD(A1，4)"返回3，"=MOD(-101，-2)"返回-1。

（27）MROUND

· 用途：返回参数按指定基数舍入后的数值。

· 语法：MROUND(number，significance)。

· 参数：number是将要舍入的数值，significance是要对参数number进行舍入运算的基数。

· 注意：如果参数number除以基数significance的余数大于或等于基数significance的一半，则函数MROUND向远离零的方向舍入。另外，该函数只有加载了"分析工具库"方可使用。

· 实例：如果A1=6.6876，则公式"=MROUND(A1，4)"的计算结果是8。

（28）MULTINOMIAL

· 用途：返回参数和的阶乘与各参数阶乘乘积的比值，例如MULTINOMIAL(2，3,4)执行的运算为9!/2!*3!*4!。

· 语法：MULTINOMIAL(number1，number2，…)。

· 参数：number1，number2，…是用于进行函数MULTINOMIAL运算的1～29个数值参数。

· 注意：该函数只有加载"分析工具库"方可使用。

· 实例："=MULTINOMIAL(2，3，4)"返回的结果为1260。

（29）ODD

· 用途：将一个正（负）数向上（向下）舍入为最接近的奇数。

· 语法：ODD(number)。

· 参数：number是待计算的一个数值。

- 注意：参数 number 必须是一个数值参数，不论它的正负号如何，其结果均按远离 0 的方向舍入。如果 number 恰好是奇数，则保持原来的数值不变。
- 实例：如果 A1=31.5，则公式"=ODD(A1)"返回 33，"=ODD(3)"返回 3，"=ODD(-26.38)"返回 -27。

（30）PI

- 用途：返回圆周率 π，精确到小数点后 14 位。
- 语法：PI。
- 参数：不需要。
- 实例：公式"=PI"返回 3.14159265358979。

（31）POWER

- 用途：返回给定数字的乘幂。
- 语法：POWER(number, power)。
- 参数：其中 number 为底数，power 为指数，均可以为任意实数。
- 注意：可以用"^"运算符代替 POWER 函数执行乘幂运算，例如公式"=5^2"与"=POWER(5, 2)"等价。
- 实例：如果 A1=25.37，则公式"=POWER(A1, 7)"返回 6764617901，"=POWER(4, 5/4)"返回 5.656854。

（32）PRODUCT

- 用途：将所有数字形式给出的参数相乘，然后返回乘积值。
- 语法：PRODUCT(number1, number2, …)。
- 参数：number1, number2, …为 1 ~ 30 个需要相乘的数字参数。
- 实例：如果单元格 A1=24、A2=36、A3=80，则公式"=PRODUCT(A1:A3)"返回 69120，"=PRODUCT(12, 26, 39)"返回 12168。

（33）QUOTIENT

- 用途：返回商的整数部分，即舍去商的小数部分。
- 语法：QUOTIENT(numerator, denominator)。
- 参数：numerator 为被除数，denominator 为除数。
- 注意：该函数只有加载"分析工具库"方可使用。

·实例: 如果A1=86、A2=9, 则 公 式 "=QUOTIENT(A1, A2)" 返 回9, "=QUOTIENT(-10, 3)" 返回 - 3。

（34）RADIANS

·用途: 将一个表示角度的数值或参数转换为弧度。

·语法: RADIANS(angle)。

·参数: angle为需要转换成弧度的角度。

·实例: 如果A1=90, 则公式 "=RADIANS(A1)" 返回1.57, "=RADIANS(360)" 返回6.28(均取两位小数)。

（35）RAND

·用途: 返回一个大于等于0小于1的随机数, 每次计算工作表(按【F9】键)都将返回一个新的数值。

·语法: RAND。

·参数: 不需要。

·注意: 如果要生成a、b之间的随机实数, 可以使用公式 "=RAND*(b-a)+a"。如果在某一单元格内应用公式 "=RAND", 然后在编辑状态下按住【F9】键, 将会产生一个变化的随机数。

·实例: 公式 "=RAND*1000" 返回一个大于等于0、小于1000的随机数。

（36）RANDBETWEEN

·用途: 产生位于两个指定数值之间的一个随机数, 每次重新计算工作表(按【F9】键)都将返回新的数值。

·语法: RANDBETWEEN(bottom, top)。

·参数: bottom是RANDBETWEEN函数可能返回的最小随机数, top是RANDBETWEEN函数可能返回的最大随机数。

·注意: 该函数只有在加载了 "分析工具库" 以后才能使用。

·实例: 公式 "=RANDBETWEEN(1000, 9999)" 将返回一个大于等于1000、小于等于9999的随机数。

（37）ROMAN

·用途: 将阿拉伯数字转换为文本形式的罗马数字。

·语法：ROMAN(number，form)。

·参数：number为需要转换的阿拉伯数字，form则是一个数字，它指定要转换的罗马数字样式，可以从经典到简化，随着form值的增加趋于简单。

·实例：公式"=ROMAN(499，0)"返回"CDXCIX"，"=ROMAN(499，1)"返回"LDVLIV"。

（38）ROUND

·用途：按指定位数四舍五入某个数字。

·语法：ROUND(number，num_digits)。

·参数：number是需要四舍五入的数字，num_digits为指定的位数，number按此位数进行处理。

·注意：如果num_digits大于0，则四舍五入到指定的小数位，如果num_digits等于0，则四舍五入到最接近的整数，如果num_digits小于0，则在小数点左侧按指定位数四舍五入。

·实例：如果A1=65.25，则公式"=ROUND(A1，1)"返回65.3，"=ROUND(82.149，2)"返回82.15，"=ROUND(21.5，-1)"返回20。

（39）ROUNDDOWN

·用途：按绝对值减小的方向舍入某一数字。

·语法：ROUNDDOWN(number，num_digits)。

·参数：number是需要向下舍入的任意实数，num_digits指定计算的小数位数。

·注意：ROUNDDOWN函数和ROUND函数的用途相似，不同之处是ROUNDDOWN函数总是向下舍入数字。

·实例：如果A1=65.251，则公式"=ROUNDDOWN(A1，0)"返回65，"=ROUNDDOWN(A1，2)"返回65.25，"=ROUNDDOWN(3.14159，3)"返回3.141，"=ROUNDDOWN(-3.14159，1)"返回-3.1，"=ROUNDDOWN(31415.92654，-2)"返回31400。

（40）ROUNDUP

·用途：按绝对值增大的方向舍入一个数字。

·语法：ROUNDUP(number，num_digits)。

· 参数：number 为需要舍入的任意实数，num_digits 指定舍入的数字位数。

· 注意：如果num_digits 为0或省略，则将数字向上舍入到最接近的整数。如果num_digits 小于0，则将数字向上舍入到小数点左边的相应位数。

· 实例：如果A1=65.251，则公式"=ROUNDUP(A1，0)"返回66，"=ROUNDUP(A1，1)"返回66，"=ROUNDUP(A1,2)"返回65.26，"=ROUNDUP(−3.14159，1)"返回−3.2，"=ROUNDUP(31415.92654，−2)"返回31500。

（41）SIGN

· 用途：返回数字的符号。正数返回1，零返回0，负数返回−1。

· 语法：SIGN(number)。

· 参数：number 是需要返回符号的任意实数。

· 实例：如果A1=65.25，则公式"=SIGN(A1)"返回1，"=SIGN(6−12)"返回−1，"=SIGN(9−9)"返回0。

（42）SIN

· 用途：返回某一角度的正弦值。

· 语法：SIN(number)。

· 参数：number 是待求正弦值的一个角度（采用弧度单位），如果它的单位是度，则必须乘以PI/180转换为弧度。

· 实例：如果A1=60，则公式"=SIN(A1*PI/180)"返回0.866，即60°角的正弦值。

（43）SINH

· 用途：返回任意实数的双曲正弦值。

· 语法：SINH(number)。

· 参数：number 为任意实数。

· 实例：公式"=SINH(10)"返回11013.23287，"=SINH(−6)"返回−201.7131574。

（44）SQRT

· 用途：返回某一正数的算术平方根。

· 语法：SQRT(number)。

· 参数：number 为需要求平方根的一个正数。

·实例：如果A1=81，则公式"=SQRT(A1)"返回9，"=SQRT(4+12)"返回4。

（45）SQRTPI

·用途：返回一个正实数与 π 的乘积的平方根。

·语法：SQRTPI(number)。

·参数：number 是用来与 π 相乘的正实数。

·注意：SQRTPI 函数只有加载"分析工具库"以后方能使用。如果参数 number<0，则函数 SQRTPI 返回错误值 #NUM!。

·实例：公式"=SQRTPI(1)"返回1.772454，"=SQRTPI(2)"返回2.506628。

（46）SUM

·用途：对指定的区域或数值进行求和。

·语法：=SUM(数值或区域1，数值或区域2，…，数值或区域N)。

·实例：计算总"销量"，数据如图4-13所示。

·方法：在目标单元格中输入公式"=SUM(C3:C11)"。

2022年1月销售业绩							总销量
序号	产品	销量	价格	省市	地区		631
1	收纳具	97	28.73	辽宁	东北		
2	纸张	59	66.99	内蒙古	华北		
3	收纳具	82	95.18	山东	华东		
4	纸张	75	42.58	重庆	西南		
5	系固件	88	31.77	吉林	东北		
6	椅子	54	30.91	河北	华北		
7	书架	58	32.73	四川	西南		
8	美术	67	76.64	广东	中南		
9	标签	51	18.24	四川	西南		

图4-13 SUM 函数

（47）SUMIF

·用途：对符合条件的值进行求和。

·语法：=SUMIF(条件范围,条件,[求和范围])，当条件范围和求和范围相同时，可以省略求和范围。

·实例：按销售地区统计销量和，数据如图4-14所示。

· 方法：在目标单元格中输入公式"=SUMIF(E3:E11,H3,C3:C11)"。

· 解读：由于条件区域E3:E11和求和区域C3:C11范围不同，所以求和区域C3:C11不能省略。

2022年1月销售业绩							省市	总销量
序号	产品	销量	价格	省市	地区		四川	109
1	收纳具	97	28.73	辽宁	东北			
2	纸张	59	66.99	内蒙古	华北			
3	收纳具	82	95.18	山东	华东			
4	纸张	75	42.58	重庆	西南			
5	系固件	88	31.77	吉林	东北			
6	椅子	54	30.91	河北	华北			
7	书架	58	32.73	四川	西南			
8	美术	67	76.64	广东	中南			
9	标签	51	18.24	四川	西南			

图 4-14 SUMIF 函数

 （48）SUMIFS

· 用途：用于计算满足多个条件的全部参数的总量。

· 语法：=SUMIFS(求和区域,条件1区域,条件1,[条件2区域],[条件2],…,[条件N区域],[条件N])。

· 实例：按地区统计销量大于指定值的销量和，数据如图4-15所示。

· 方法：在目标单元格中输入公式"=SUMIFS(C3:C11,C3:C11, ">"&I3,E3:E11,H3)"。

公式中第一个C3:C11为求和范围，第二个C3:C11为条件范围，所以数据是相对的，而不是绝对的。

利用多条件求和函数SUMIFS可以完成单条件求和函数SUMIFS的功能，可以理解为只有一个条件的多条件求和。

2022年1月销售业绩							省市	销量	总销量
序号	产品	销量	价格	省市	地区		四川	55	58
1	收纳具	97	28.73	辽宁	东北				
2	纸张	59	66.99	内蒙古	华北				
3	收纳具	82	95.18	山东	华东				
4	纸张	75	42.58	重庆	西南				
5	系固件	88	31.77	吉林	东北				
6	椅子	54	30.91	河北	华北				
7	书架	58	32.73	四川	西南				
8	美术	67	76.64	广东	中南				
9	标签	51	18.24	四川	西南				

图 4-15 SUMIFS 函数

4.3.2 数学和三角函数列表

通过数学和三角函数，可以处理简单的计算，例如对数字取整、计算单元格区域中的数值总和或复杂计算。数学和三角函数列表如表 4-1 所示。

表 4-1 数学和三角函数列表

序号	函数	说明
1	ABS	返回数字的绝对值
2	ACOS	返回数字的反余弦值
3	ACOSH	返回数字的反双曲余弦值
4	ACOT	返回一个数的反余切值，适用 Excel 2013 以上版本
5	ACOTH	返回一个数的双曲反余切值，适用 Excel 2013 以上版本
6	AGGREGATE	返回列表或数据库中的聚合
7	ARABIC	将罗马数字转换为阿拉伯数字
8	ASIN	返回数字的反正弦值
9	ASINH	返回数字的反双曲正弦值
10	ATAN	返回数字的反正切值
11	ATAN2	返回 X 和 Y 坐标的反正切值
12	ATANH	返回数字的反双曲正切值
13	BASE	将一个数转换为具有给定基数的文本表示，适用 Excel 2013 以上版本
14	CEILING	将数字舍入为最接近的整数或最接近的指定基数的倍数
15	CEILING.MATH	将数字向上舍入为最接近的整数或最接近的指定基数的倍数，适用 Excel 2013 以上版本
16	CEILING.PRECISE	将数字舍入为最接近的整数或最接近的指定基数的倍数。无论该数字的符号如何，该数字都向上舍入
17	COMBIN	返回给定数目对象的组合数
18	COMBINA	返回给定数目对象具有重复项的组合数，适用 Excel 2013 以上版本
19	COS	返回数字的余弦值
20	COSH	返回数字的双曲余弦值
21	COT	返回角度的余弦值，适用 Excel 2013 以上版本
22	COTH	返回数字的双曲余切值，适用 Excel 2013 以上版本
23	CSC	返回角度的余割值，适用 Excel 2013 以上版本
24	CSCH	返回角度的双曲余割值，适用 Excel 2013 以上版本
25	DECIMAL	将给定基数内的数的文本表示转换为十进制数，适用 Excel 2013 以上版本

序号	函数	说明
26	DEGREES	将弧度转换为度
27	EVEN	将数字向上舍入到最接近的偶数
28	EXP	返回 e 的 n 次方
29	FACT	返回数字的阶乘
30	FACTDOUBLE	返回数字的双倍阶乘
31	FLOOR	向绝对值减小的方向舍入数字
32	FLOOR.MATH	将数字向下舍入为最接近的整数或最接近的指定基数的倍数，适用 Excel 2013 以上版本
33	FLOOR.PRECISE	将数字向下舍入为最接近的整数或最接近的指定基数的倍数。无论该数字的符号如何，该数字都向下舍入
34	GCD	返回最大公约数
35	INT	将数字向下舍入到最接近的整数
36	ISO.CEILING	返回一个数字，该数字向上舍入为最接近的整数或最接近的有效位的倍数，适用 Excel 2013 以上版本
37	LCM	返回最小公倍数
38	LET	将名称分配给计算结果，以允许将中间计算、值或定义名称存储在公式内，适用 Office365
39	LN	返回数字的自然对数
40	LOG	返回数字的以指定底为底的对数
41	LOG10	返回数字的以 10 为底的对数
42	MDETERM	返回数组的矩阵行列式的值
43	MINVERSE	返回数组的逆矩阵
44	MMULT	返回两个数组的矩阵乘积
45	MOD	返回除法的余数
46	MROUND	返回一个舍入到所需倍数的数字
47	MULTINOMIAL	返回一组数字的多项式
48	MUNIT	返回单位矩阵或指定维度，适用 Excel 2013 以上版本
49	ODD	将数字向上舍入为最接近的奇数
50	PI	返回 PI 的值
51	POWER	返回数的乘幂
52	PRODUCT	将其参数相乘
53	QUOTIENT	返回除法的整数部分
54	RADIANS	将度转换为弧度

序号	函数	说明
55	RAND	返回0和1之间的一个随机数
56	RANDARRAY	函数返回0和1之间的随机数字数组。但是可以指定要填充的行数和列数、最小值和最大值，以及是否返回整个数字或小数值，适用Office365
57	RANDBETWEEN	返回位于两个指定数之间的一个随机数
58	ROMAN	将阿拉伯数字转换为文本式罗马数字
59	ROUND	将数字按指定位数舍入
60	ROUNDDOWN	向绝对值减小的方向舍入数字
61	ROUNDUP	向绝对值增大的方向舍入数字
62	SEC	返回角度的正割值，适用Excel 2013以上版本
63	SECH	返回角度的双曲正切值，适用Excel 2013以上版本
64	SERIESSUM	返回基于公式的幂级数的和
65	SEQUENCE	在数组中生成一系列连续数字，例如，1、2、3、4，适用Office365
66	SIGN	返回数字的符号
67	SIN	返回给定角度的正弦值
68	SINH	返回数字的双曲正弦值
69	SQRT	返回正平方根
70	SQRTPI	返回某数与PI的乘积的平方根
71	SUBTOTAL	返回列表或数据库中的分类汇总
72	SUM	求参数的和
73	SUMIF	按给定条件对指定单元格求和
74	SUMIFS	在区域中添加满足多个条件的单元格，适用Excel 2019以上版本
75	SUMPRODUCT	返回对应的数组元素的乘积和
76	SUMSQ	返回参数的平方和
77	SUMX2MY2	返回两数组中对应值的平方差之和
78	SUMX2PY2	返回两数组中对应值的平方和之和
79	SUMXMY2	返回两数组中对应值的差的平方和
80	TAN	返回数字的正切值
81	TANH	返回数字的双曲正切值
82	TRUNC	将数字截尾取整

4

Excel 公式与函数

4.4 统计函数

4.4.1 统计函数案例

Excel的功能在于对数据进行统计和计算，其自带了很多函数，利用这些函数可以完成很多实际需求，下面介绍常用的3类Excel统计函数，分别为平均值类、计数类、条件统计类。

4.4.1.1 平均值类

（1）AVERAGE

- 用途：返回参数的平均值。
- 语法：=AVERAGE(值或引用)。
- 实例：计算"语文"学科的平均分，数据如图4-16所示。
- 方法：在目标单元格中输入公式"=AVERAGE(C3:C52)"。

2022年上半年考试成绩					语文平均分
序号	姓名	语文	数学	英语	77.2
1	林丹	88	88	52	
2	苏冬露	98	57	90	
3	薛光	88	52	91	
4	谢君	97	62	52	
5	徐关茵	70	51	91	
6	袁松	74	97	77	
7	苏江丽	72	79	57	
8	何娇	70	90	73	
9	丁崆	93	58	58	

图4-16　AVERAGE 函数

图片未截全，下同

（2）AVERAGEIF

- 用途：计算符合条件的平均值。
- 语法：=AVERAGEIF(条件范围,条件,[数值范围])，当条件范围和数值范围相同时，可以省略数值范围。
- 实例：计算语文学科及格人的平均分，数据如图4-17所示。
- 方法：在目标单元格中输入公式"=AVERAGEIF(C3:C52, ">=60")"。
- 解读：依据目的，条件范围为C3:C52,数值范围也为C3:C52，所以可以省略

2022年上半年考试成绩						语文及格平均分
序号	姓名	语文	数学	英语		81.762
1	林丹	88	88	52		
2	苏冬露	98	57	90		
3	薛光	88	52	91		
4	谢君	97	62	52		
5	徐关茵	70	51	91		
6	袁松	74	97	77		
7	苏江丽	72	79	57		
8	何娇	70	90	73		
9	丁崆	93	58	58		

图 4-17 AVERAGEIF 函数

数值范围的 C3:C52。

 （3）AVERAGEIFS

- 用途：多条件平均值。
- 语法：=AVERAGEIFS(数值范围,条件1范围,条件1,…,条件N范围,条件N)。
- 实例：统计语文、数学和英语成绩都及格人的语文成绩的平均分，数据如图 4-18 所示。
- 方法：在目标单元格中输入公式"=AVERAGEIFS(C3:C52,C3:C52,">=60",D3:D52,">=60",E3:E52,">=60")"。
- 解读：公式中第一个 C3:C52 为数值范围，第二个 C3:C52 为条件区域。

2022年上半年考试成绩						语文平均分
序号	姓名	语文	数学	英语		80.92
1	林丹	88	88	52		
2	苏冬露	98	57	90		
3	薛光	88	52	91		
4	谢君	97	62	52		
5	徐关茵	70	51	91		
6	袁松	74	97	77		
7	苏江丽	72	79	57		
8	何娇	70	90	73		
9	丁崆	93	58	58		

图 4-18 AVERAGEIFS 函数

4.4.1.2 计数类

（1）COUNT

- 用途：统计指定的值或区域中数字类型值的个数。
- 语法：=COUNT(值或区域1,[值或区域2],…,[值或区域N])。
- 实例：计算"语文"学科的实考人数，数据如图 4-19 所示。

2022年上半年考试成绩						实考人数
序号	姓名	语文	数学	英语		47
1	林丹	88	88	52		
2	苏冬露	98	57	90		
3	薛光	88	52	91		
4	谢君	97	62	52		
5	徐关茵	缺考	51	91		
6	袁松	74	97	77		
7	苏江丽	72	79	57		
8	何娇	缺考	90	73		
9	丁崆	93	58	58		

图 4-19　COUNT 函数

· 方法：在目标单元格中输入公式 "=COUNT(C3:C52)"。

· 解读：COUNT 函数的统计对象为数值，在 C3:C9 区域中，"缺考" 为文本类型，所以统计结果为 6。

 （2）COUNTA

· 用途：统计指定区域中非空单元格的个数。

· 语法：=COUNTA(区域 1,[区域 2],…,[区域 *N*])。

· 实例：统计应考人数，数据如图 4-20 所示。

· 方法：在目标单元格中输入公式 "=COUNTA(C3:C52)"。

· 解读：应考人数就是所有的人数，也就是姓名的个数。

2022年上半年考试成绩						实考人数
序号	姓名	语文	数学	英语		50
1	林丹	88	88	52		
2	苏冬露	98	57	90		
3	薛光	88	52	91		
4	谢君	97	62	52		
5	徐关茵	缺考	51	91		
6	袁松	74	97	77		
7	苏江丽	72	79	57		
8	何娇	缺考	90	73		
9	丁崆	93	58	58		

图 4-20　COUNTA 函数

（3）COUNTBLANK

· 用途：统计指定区域中空单元格的个数。

· 语法：=COUNTBLANK(区域 1,[区域 2],…,[区域 *N*])。

· 实例：统计 "语文" 缺考人数，数据如图 4-21 所示。

- 方法：在目标单元格中公式"=COUNTBLANK(C3:C52)"。

- 解读：此处的空白单元格表示没有成绩，即为缺考。COUNTBLANK 函数的统计对象为空白单元格，所以公式"=COUNTBLANK(C3:C9)"的统计结果为1。

2022年上半年考试成绩					语文缺考人数
序号	姓名	语文	数学	英语	3
1	林丹	88	88	52	
2	苏冬露	98	57	90	
3	薛光	88	52	91	
4	谢君	97	62	52	
5	徐关茵		51	91	
6	袁松	74	97	77	
7	苏江丽	72	79	57	
8	何娇		90	73	
9	丁崆	93	58	58	

图 4-21 COUNTBLANK 函数

（4）COUNTIF

- 用途：计算指定区域中满足条件的单元格个数。

- 语法：=COUNTIF(范围, 条件)。

- 实例：统计"语文"学科的及格人数，数据如图 4-22 所示。

- 方法：在目标单元格中输入公式"=COUNTIF(C3:C9, ">"&G3)"。

- 解读："及格"就是分数≥60分。

2022年上半年考试成绩					成绩	语文及格人数
序号	姓名	语文	数学	英语	60	7
1	林丹	88	88	52		
2	苏冬露	98	57	90		
3	薛光	88	52	91		
4	谢君	97	62	52		
5	徐关茵	70	51	91		
6	袁松	74	97	77		
7	苏江丽	72	79	57		
8	何娇	70	90	73		
9	丁崆	93	58	58		

图 4-22 COUNTIF 函数

（5）COUNTIFS

- 用途：多条件计数。

- 语法：=COUNTIFS(条件范围1, 条件1, …, 条件范围N, 条件N)。

- 实例：统计语文、数学和英语都及格的人数，数据如图 4-23 所示。

- 方法：在目标单元格中输入公式："=COUNTIFS(C3:C52, ">=60",D3:D52,">=

60",E3:E52, ">=60")"。

• 解读：多条件计数COUNTIFS函数也可以完成COUNTIF的功能，即符合一个条件的多条件计数。

2022年上半年考试成绩						三科及格人数
序号	姓名	语文	数学	英语		24
1	林丹	88	88	52		
2	苏冬露	98	57	90		
3	薛光	88	52	91		
4	谢君	97	62	52		
5	徐关茵	70	51	91		
6	袁松	74	97	77		
7	苏江丽	72	79	57		
8	何娇	70	90	73		
9	丁崆	93	58	58		

图 4-23　COUNTIFS 函数

4.4.1.3　条件统计类

（1）IFS

• 用途：多条件判断，条件不同返回值不同。

• 语法：=IFS(条件1，返回值1，条件2，返回值2,…,条件N，返回值N)。

• 实例：如图4-24所示，下面针对此图介绍 IFS 函数的使用。

• 方法：在目标单元格中输入公式"=IFS(C3=100,"满分"，C3>=95,"优秀"，C3>=80," 良好",C3>=60," 及格",C3<60,"不及格")"。

2022年上半年业绩考核表						等级
序号	姓名	业绩	性别	城市	手机号	
1	林丹	97	男	湖州	151****0139	优秀
2	苏冬露	59	男	义乌	132****0174	不及格
3	薛光	98	男	湖州	185****0117	优秀
4	谢君	95	女	湖州	155****0164	优秀
5	徐关茵	92	男	湖州	145****0190	良好
6	袁松	93	女	湖州	152****0117	良好
7	苏江丽	51	女	杭州	147****0188	不及格
8	何娇	92	女	绍兴	137****0151	良好
9	丁崆	57	女	绍兴	166****0173	不及格

图 4-24　IFS 函数

（2）MINIFS

• 用途：返回多个条件下的最小值。

• 语法：=MINIFS(返回值所在的区域，条件区域1，条件1，…，条件区域N，条件N)。

· 实例：如图4-25所示，下面针对此图介绍MINIFS函数的使用。

· 方法：返回男生或女生在指定城市条件下的业绩最小值，在J3目标单元格中输入公式"= MINIFS(C3:C52,D3:D52,H3,E3:E52,I3)"。

2022年上半年业绩考核表							性别	城市	业绩
序号	姓名	业绩	性别	城市	手机号		男	杭州	61
1	林丹	97	男	湖州	151****0139				
2	苏冬露	59	男	义乌	132****0174				
3	薛光	98	男	湖州	185****0117				
4	谢君	95	女	湖州	155****0164				
5	徐关茵	92	男	湖州	145****0190				
6	袁松	93	女	湖州	152****0117				
7	苏江丽	51	女	杭州	147****0188				
8	何娇	92	女	绍兴	137****0151				
9	丁崆	57	女	绍兴	166****0173				

图4-25 MINIFS函数

 （3）MAXIFS

· 用途：返回指定条件下的最大值。

· 语法：=MAXIFS(返回值所在的区域，条件区域1，条件1，…，条件区域N，条件N)。

· 实例：如图4-26所示，下面针对此图介绍MAXIFS函数的使用。

· 方法：返回男生或女生的业绩最大值，在J3目标单元格中输入公式"=MAXIFS(C3:C52,D3:D52,H3)"。

MAXIFS函数的用法和MINIFS函数的用法相同。

2022年上半年业绩考核表							性别	业绩
序号	姓名	业绩	性别	城市	手机号		女	98
1	林丹	97	男	湖州	151****0139			
2	苏冬露	59	男	义乌	132****0174			
3	薛光	98	男	湖州	185****0117			
4	谢君	95	女	湖州	155****0164			
5	徐关茵	92	男	湖州	145****0190			
6	袁松	93	女	湖州	152****0117			
7	苏江丽	51	女	杭州	147****0188			
8	何娇	92	女	绍兴	137****0151			
9	丁崆	57	女	绍兴	166****0173			

图4-26 MAXIFS函数

4.4.2 统计函数列表

统计工作表函数用于对数据区域进行统计分析。例如，统计工作表函数可以提供由一组给定值绘制出的直线的相关信息，如直线的斜率和y轴截距，或构成直线的实际点数值。统计函数列表如表4-2所示。

表4-2　统计函数列表

序号	函数	说明
1	AVEDEV	返回数据点与它们的平均值的绝对偏差平均值
2	AVERAGE	返回其参数的平均值
3	AVERAGEA	返回其参数的平均值，包括数字、文本和逻辑值
4	AVERAGEIF	返回区域中满足给定条件的所有单元格的平均值（算术平均值）
5	AVERAGEIFS	返回满足多个条件的所有单元格的平均值（算术平均值），适用Excel 2019以上版本
6	BETA.DIST	返回BETA累积分布函数，适用Excel 2010以上版本
7	BETA.INV	返回指定BETA分布的累积分布函数的反函数，适用Excel 2010以上版本
8	BINOM.DIST	返回一元二项式分布的概率，适用Excel 2010以上版本
9	BINOM.DIST.RANGE	使用二项式分布返回试验结果的概率，适用Excel 2013以上版本
10	BINOM.INV	返回使累积二项式分布小于或等于临界值的最小值，适用Excel 2010以上版本
11	CHISQ.DIST	返回χ^2分布的右尾概率的反函数，适用Excel 2010以上版本
12	CHISQ.DIST.RT	返回χ^2分布的单尾概率，适用Excel 2010以上版本
13	CHISQ.INV	返回χ^2分布的左尾概率的反函数，适用Excel 2010以上版本
14	CHISQ.INV.RT	返回χ^2分布的单尾概率的反函数，适用Excel 2010以上版本
15	CHISQ.TEST	返回独立性检验值，适用Excel 2010以上版本
16	CONFIDENCE.NORM	返回总体平均值的置信区间，适用Excel 2010以上版本
17	CONFIDENCE.T	返回总体平均值的置信区间（使用学生t-分布），适用Excel 2010以上版本
18	CORREL	返回两个数据集之间的相关系数
19	COUNT	计算参数列表中数字的个数
20	COUNTA	计算参数列表中值的个数
21	COUNTBLANK	计算区域内空白单元格的数量
22	COUNTIF	计算区域内符合给定条件的单元格的数量
23	COUNTIFS	计算区域内符合多个条件的单元格的数量，适用Excel 2019以上版本
24	COVARIANCE.P	返回协方差（成对偏差乘积的平均值），适用Excel 2010以上版本
25	COVARIANCE.S	返回样本协方差，即两个数据集中每对数据点的偏差乘积的平均值，适用Excel 2010以上版本

序号	函数	说明
26	DEVSQ	返回偏差的平方和
27	EXPON.DIST	返回指数分布，适用Excel 2010以上版本
28	F.DIST	返回F概率分布，适用Excel 2010以上版本
29	F.DIST.RT	返回F概率分布，适用Excel 2010以上版本
30	F.INV	返回F概率分布的反函数，适用Excel 2010以上版本
31	F.INV.RT	返回F概率分布的反函数，适用Excel 2010以上版本
32	F.TEST	返回F检验的结果，适用Excel 2010以上版本
33	FISHER	返回Fisher变换值
34	FISHERINV	返回Fisher变换的反函数值
.35	FORECAST	返回线性趋势值
36	FORECAST.ETS	通过使用指数平滑(ETS)算法的AAA版本，返回基于现有（历史）值的未来值，适用Excel 2016以上版本
37	FORECAST.ETS.CON-FINT	返回指定目标日期预测值的置信区间，适用Excel 2016以上版本
38	FORECAST.ETS.SEA-SONALITY	返回Excel针对指定时间系列检测到的重复模式的长度，适用Excel 2016以上版本
39	FORECAST.ETS.STAT	返回作为时间序列预测的结果的统计值，适用Excel 2016以上版本
40	FORECAST.LINEAR	返回基于现有值的未来值，适用Excel 2016以上版本
41	FREQUENCY	以垂直数组的形式返回频率分布
42	GAMMA	返回γ函数值，适用Excel 2013以上版本
43	GAMMA.DIST	返回γ分布，适用Excel 2010以上版本
44	GAMMA.INV	返回γ累积分布函数的反函数，适用Excel 2010以上版本
45	GAMMALN	返回γ函数的自然对数，$\Gamma(x)$
46	GAMMALN.PRECISE	返回γ函数的自然对数，$\Gamma(x)$，适用Excel 2010以上版本
47	GAUSS	返回小于标准正态累积分布0.5的值，适用Excel 2013以上版本
48	GEOMEAN	返回几何平均值
49	GROWTH	返回指数趋势值
50	HARMEAN	返回调和平均值
51	HYPGEOM.DIST	返回超几何分布
52	INTERCEPT	返回线性回归线的截距
53	KURT	返回数据集的峰值
54	LARGE	返回数据集中第k个最大值

序号	函数	说明
55	LINEST	返回线性趋势的参数
56	LOGEST	返回指数趋势的参数
57	LOGNORM.DIST	返回对数累积分布函数，适用Excel 2010以上版本
58	LOGNORM.INV	返回对数累积分布的反函数，适用Excel 2010以上版本
59	MAX	返回参数列表中的最大值
60	MAXA	返回参数列表中的最大值，包括数字、文本和逻辑值
61	MAXIFS	返回一组给定条件或标准指定的单元格之间的最大值，适用Excel 2019以上版本
62	MEDIAN	返回给定数值集合的中值
63	MIN	返回参数列表中的最小值
64	MINA	返回参数列表中的最小值，包括数字、文本和逻辑值
65	MINIFS	返回一组给定条件或标准指定的单元格之间的最小值，适用Excel 2019以上版本
66	MODE.MULT	返回一组数据或数据区域中出现频率最高或重复出现的数值的垂直数组，适用Excel 2010以上版本
67	MODE.SNGL	返回在数据集内出现次数最多的值，适用Excel 2010以上版本
68	NEGBINOM.DIST	返回负二项式分布，适用Excel 2010以上版本
69	NORM.DIST	返回正态累积分布，适用Excel 2010以上版本
70	NORM.INV	返回正态累积分布的反函数，适用Excel 2010以上版本
71	NORM.S.DIST	返回标准正态累积分布，适用Excel 2010以上版本
72	NORM.S.INV	返回标准正态累积分布函数的反函数，适用Excel 2010以上版本
73	PEARSON	返回Pearson乘积矩相关系数
74	PERCENTILE.EXC	返回某个区域中的数值的第k个百分点值，此处k的范围为0～1（不含0和1），适用Excel 2010以上版本
75	PERCENTILE.INC	返回区域中数值的第k个百分点的值，适用Excel 2010以上版本
76	PERCENTRANK.EXC	将某个数值在数据集中的排位作为数据集的百分点值返回，此处的百分点值的范围为0～1（不含0和1），适用Excel 2010以上版本
77	PERCENTRANK.INC	返回数据集中值的百分比排位，适用Excel 2010以上版本
78	PERMUT	返回给定数目对象的排列数
79	PERMUTATIONA	返回可从总计对象中选择的给定数目对象（含重复）的排列数，适用Excel 2013以上版本
80	PHI	返回标准正态分布的密度函数值，适用Excel 2013以上版本

序号	函数	说明
81	POISSON.DIST	返回泊松分布，适用Excel 2010以上版本
82	PROB	返回区域中的数值落在指定区间内的概率
83	QUARTILE.EXC	基于百分点值返回数据集的四分位，此处的百分点值的范围为0～1（不含0和1），适用Excel 2010以上版本
84	QUARTILE.INC	返回一组数据的四分位点，适用Excel 2010以上版本
85	RANK.AVG	返回一列数字的数字排位，适用Excel 2010以上版本
86	RANK.EQ	返回一列数字的数字排位，适用Excel 2010以上版本
87	RSQ	返回Pearson乘积矩相关系数的平方
88	SKEW	返回分布的不对称度
89	SKEW.P	返回一个分布的不对称度：用来体现某一分布相对其平均值的不对称程度，适用Excel 2013以上版本
90	SLOPE	返回线性回归线的斜率
91	SMALL	返回数据集中的第k个最小值
92	STANDARDIZE	返回正态化数值
93	STDEV.P	基于整个样本总体计算标准偏差，适用Excel 2010以上版本
94	STDEV.S	基于样本估算标准偏差，适用Excel 2010以上版本
95	STDEVA	基于样本（包括数字、文本和逻辑值）估算标准偏差
96	STDEVPA	基于样本总体（包括数字、文本和逻辑值）计算标准偏差
97	STEYX	返回通过线性回归法预测每个x的y值时所产生的标准误差
98	T.DIST	返回学生t-分布的百分点（概率），适用Excel 2010以上版本
99	T.DIST.2T	返回学生t-分布的百分点（概率），适用Excel 2010以上版本
100	T.DIST.RT	返回学生t-分布，适用Excel 2010以上版本
101	T.INV	返回作为概率和自由度函数的学生t-分布的t值，适用Excel 2010以上版本
102	T.INV.2T	返回学生t-分布的反函数，适用Excel 2010以上版本
103	T.TEST	返回与学生t-检验相关的概率，适用Excel 2010以上版本
104	TREND	返回线性趋势值
105	TRIMMEAN	返回数据集的内部平均值
106	VAR.P	计算基于样本总体的方差，适用Excel 2010以上版本
107	VAR.S	基于样本估算方差，适用Excel 2010以上版本
108	VARA	基于样本（包括数字、文本和逻辑值）估算方差
109	VARPA	基于样本总体（包括数字、文本和逻辑值）计算标准偏差
110	WEIBULL.DIST	返回Weibull分布，适用Excel 2010以上版本
111	Z.TEST	返回z检验的单尾概率值，适用Excel 2010以上版本

4.5 逻辑函数

4.5.1 逻辑函数案例

　　用来判断真假值，或者进行复合检验的Excel函数，称为逻辑函数，在Excel中提供了AND、OR、NOT、IF等函数。

◯（1）AND

　　·用途：所有参数的逻辑值为真时返回TRUE，只要一个参数的逻辑值为假即返回FALSE。简言之，就是当AND的参数全部满足某一条件时，返回结果为TRUE，否则为FALSE。

　　·语法：AND(logical1,logical2,…)。

　　·参数：logical1,logical2,…表示待检测的1～30个条件值，各条件值可能为TRUE，可能为FALSE。参数必须是逻辑值，或者包含逻辑值的数组或引用。

　　·实例：在B2单元格中输入数字50，在C2中写公式"=AND(B2 > 30,B2 < 60)"，由于B2等于50，的确大于30、小于60，所以两个条件值均为真，则返回结果为TRUE。

◯（2）OR

　　·用途：OR函数指在其参数组中，任何一个参数逻辑值为TRUE，即返回TRUE。

　　·语法：OR()。

　　·参数：它与AND函数的区别在于，AND函数要求所有函数逻辑值均为真，结果方为真。而OR函数仅需其中任何一个为真即可为真。

　　·实例：条件同AND函数的实例条件，如果在B4单元格中的公式写为"=OR(B1:B3)"，则结果等于TRUE。

◯（3）NOT

　　·用途：NOT函数用于对参数值求反。

　　·语法：NOT()。

　　·参数：当要确保一个值不等于某一特定值时，可以使用NOT函数。简言之，就是当参数值为 TRUE 时，NOT 函数返回的结果恰与之相反，结果为 FALSE。

·实例：NOT(2+2=4)，由于 2+2 的结果的确为 4，该参数结果为 TRUE，由于是 NOT 函数，因此返回函数结果与之相反，为 FALSE。

○ （4）IF

·用途：IF 函数用于执行真假值判断后，根据逻辑测试的真假值返回不同的结果，因此 IF 函数也称之为条件函数。它的应用很广泛，可以使用函数 IF 对数值和公式进行条件检测。

·语法：IF(logical_test,value_if_true,value_if_false)。

·参数：logical_test 表示计算结果为 TRUE 或 FALSE 的任意值或表达式，可使用任何比较运算符。value_if_true 显示在 logical_test 为 TRUE 时返回的值，value_if_true 也可以是其他公式。value_if_false 显示在 logical_test 为 FALSE 时返回的值，value_if_false 也可以是其他公式。

如果第一个参数 logical_test 返回的结果为真的话，则执行第二个参数 value_if_true 的结果，否则执行第三个参数 value_if_false 的结果。

此外，IF 函数可以嵌套，用 value_if_false 及 value_if_true 参数可以构造复杂的检测条件。

4.5.2 逻辑函数列表

使用逻辑函数可以进行真假值判断，或者进行复合检验。例如，可以使用 IF 函数确定条件为真还是假，并由此返回不同的数值。逻辑函数列表如表 4-3 所示。

表 4-3　逻辑函数列表

序号	函数	说明
1	AND	如果其所有参数均为 TRUE，则返回 TRUE
2	FALSE	返回逻辑值 FALSE
3	IF	指定要执行的逻辑检测
4	IFERROR	如果公式的计算结果错误，则返回指定的值；否则返回公式的结果
5	IFNA	如果该表达式解析为 #N/A，则返回指定值；否则返回该表达式的结果，适用 Excel 2013 以上版本
6	IFS	检查是否满足一个或多个条件，且是否返回与第一个 TRUE 条件对应的值，适用 Excel 2019 以上版本
7	NOT	对其参数的逻辑求反

序号	函数	说明
8	OR	如果任一参数为TRUE，则返回TRUE
9	SWITCH	根据值列表计算表达式，并返回与第一个匹配值对应的结果。如果不匹配，则可能返回可选默认值，适用Excel 2016以上版本
10	TRUE	返回逻辑值TRUE
11	XOR	返回所有参数的逻辑"异或"值，适用Excel 2013以上版本

4.6　日期和时间函数

4.6.1　日期和时间函数案例

（1）NOW

- 用途：返回系统的当前日期和时间。
- 语法：NOW( )。
- 参数：该函数没有参数，只用一对括号即可。
- 实例：NOW()=2022/04/15 11:46:38。

（2）TODAY

- 用途：返回日期格式的当前日期。
- 语法：TODAY( )。
- 参数：该函数没有参数，只用一对括号即可。
- 实例：TODAY()=2022/4/15。

（3）YEAR

- 用途：返回日期的年份值，一个1900～9999之间的数字。
- 语法：YEAR(serial_number)。
- 参数：serial_number为一个日期值，带引号的文本串，其中包含要查找的年份。
- 实例：YEAR("2022/04/15 11:46:38")=2022。

（4）MONTH

- 用途：返回月份值，且返回的值是1～12之间的整数。
- 语法：MONTH（serial_number）。
- 参数：serial_number 必须存在，代表要查找的月份日期。
- 实例：MONTH("2022/04/15 11:46:38")=4。

（5）DAY

- 用途：返回一个月中的第几天的数值，介于1～31之间。
- 语法：DAY(serial_number)。
- 参数：serial_number 为要查找的天数日期，带引号的文本串。
- 实例：DAY("2022/04/15 11:46:38")=15。

（6）HOUR

- 用途：用于返回时间值中的小时数，返回的值范围是0～23。
- 语法：HOUR(serial_number)。
- 参数：serial_number 为要提取小时的时间。
- 实例：HOUR("2022/04/15 11:46:38")=11。

（7）MINUTE

- 用途：返回一个指定时间值中的分钟。
- 语法：MINUTE(serial_number)。
- 参数：serial_number 必须存在，代表一个时间值，其中包含要查找的分钟。
- 实例：MINUTE("2022/04/15 11:46:38")=46。

（8）SECOND

- 用途：返回一个时间值中的秒。
- 语法：SECOND(serial_number)。
- 参数：serial_number 为要提取秒数的时间，函数结果的取值范围是0～59。
- 实例：SECOND("2022/04/15 11:46:38")=38。

（9）WEEKDAY

- 用途：返回代表一周中的第几天的数值，是一个1～7之间的整数。

105

·语法：WEEKDAY(serial_number, return_type)。

·参数：serial_number为要返回日期数的日期，是带引号的文本串。return_type为确定返回值类型的数字，数字为1或省略则1～7代表星期天到星期六，数字为2则1～7代表星期一到星期天，数字为3则0～6代表星期一到星期天。

·实例：WEEKDAY("2022/04/15 11:46:38")=6。

（10）WEEKNUM

·用途：返回位于一年中的第几周。

·语法：WEEKNUM（serial_num, return_type）。

·参数：参数serial_num 必须存在，代表要确定它位于一年中的第几周的特定日期。参数return_type 可选，为一数字，确定星期计算从哪一天开始。

·实例：WEEKNUM("2022/04/15 11:46:38")=16。

（11）DATEDIF

·用途：以指定的方式统计两个时间段的差值。

·语法：=DATEDIF(开始时间，结束时间，返回类型)。

·参数：返回类型方面主要用到的有3个：D表示计算两个日期的天数差；M表示计算两个日期的月份差；Y表示计算两个日期的年份差。无论哪一种，公式里都必须加上双引号，否则公式报错。

·实例：如图4-27所示，下面针对此图介绍DATEDIF函数的使用。

·方法：在目标单元格中输入公式"=DATEDIF（D2,D3,返回类型)"。

订单日期	收货日期	实际配送天数
2022/4/30	2022/5/5	5
2022/4/30	2022/5/5	5
2022/4/30	2022/5/4	4
2022/4/30	2022/5/4	4
2022/4/30	2022/4/30	0
2022/4/30	2022/4/30	0
2022/4/30	2022/5/2	2
2022/4/30	2022/5/4	4

图 4-27 DATEDIF 函数

（12）NUMBERSTRING

·用途：按照指定的代码将对应的数字转换为大写。

·语法：=NUMBERSTRING（数字或单元格引用，返回类型)。

·参数：返回类型分为3种：1为汉字小写，2为汉字大写，3为汉字读数。使用时可以根据不同的要求加以选择。

· 实例：如图4-28所示，下面针对此图介绍NUMBERSTRING函数的使用。

· 方法：在目标单元格中输入公式"=NUMBERSTRING(B2,2)"。

订单日期	订单量	转换结果
2022/4/30	1622	壹仟陆佰贰拾贰
2022/4/30	919	玖佰壹拾玖
2022/4/30	284	贰佰捌拾肆
2022/4/30	920	玖佰贰拾
2022/4/30	95	玖拾伍
2022/4/30	1460	壹仟肆佰陆拾
2022/4/30	969	玖佰陆拾玖
2022/4/30	874	捌佰柒拾肆

图4-28 NUMBERSTRING函数

（13）DATESTRING

· 用途：将各种类型的日期转换为"年月日"的形式。

· 语法：=DATESTRING(时间字符串或引用)。

· 实例：如图4-29所示，下面针对此图介绍DATESTRING函数的使用。

· 方法：在目标单元格中输入公式"=DATESTRING(A2)"。

订单日期	转换结果
2022/4/30	22年04月30日
2022/4/30	22年04月30日
2022/4/30	22年04月30日
2022/4/30	22年04月30日
2022/4/30	22年04月30日
2022/4/30	22年04月30日
2022/4/30	22年04月30日
2022/4/30	22年04月30日

图4-29 DATESTRING函数

4.6.2 日期和时间函数列表

通过日期和时间函数，可以在公式中分析和处理日期值和时间值。日期和时间函数列表如表4-4所示。

表4-4 日期和时间函数列表

编号	函数	说明
1	DATE	返回特定日期的序列号
2	DATEDIF	计算两个日期之间的天数、月数或年数。此函数在用于计算年龄的公式中很有用
3	DATEVALUE	将文本格式的日期转换为序列号
4	DAY	将序列号转换为月份日期
5	DAYS	返回两个日期之间的天数，适用Excel 2013以上版本
6	DAYS360	以一年360天为基准计算两个日期间的天数
7	EDATE	返回用于表示开始日期之前或之后月数的日期的序列号
8	EOMONTH	返回指定月数之前或之后的月份的最后一天的序列号
9	HOUR	将序列号转换为小时

编号	函数	说明
10	ISOWEEKNUM	返回给定日期在全年中的ISO周数，适用Excel 2013以上版本
11	MINUTE	将序列号转换为分钟
12	MONTH	将序列号转换为月
13	NETWORKDAYS	返回两个日期间的完整工作日的天数
14	NETWORKDAYS.INTL	返回两个日期之间的完整工作日的天数（使用参数指明周末有几天并指明是哪几天），适用Excel 2010以上版本
15	NOW	返回当前日期和时间的序列号
16	SECOND	将序列号转换为秒
17	TIME	返回特定时间的序列号
18	TIMEVALUE	将文本格式的时间转换为序列号
19	TODAY	返回今天日期的序列号
20	WEEKDAY	将序列号转换为星期日期
21	WEEKNUM	将序列号转换为代表该星期为一年中第几周的数字
22	WORKDAY	返回指定的若干个工作日之前或之后的日期的序列号
23	WORKDAY.INTL	返回日期在指定的工作日天数之前或之后的序列号（使用参数指明周末有几天并指明是哪几天），适用Excel 2010以上版本
24	YEAR	将序列号转换为年
25	YEARFRAC	返回代表start_date和end_date之间整天天数的年分数

4.7 文本函数

4.7.1 文本函数案例

4.7.1.1 数据截取类

数据截取类函数主要功能为从文本中提取需要的字符串，主要包括LEFT、RIGHT、MID函数。

（1）LEFT

- 用途：从一个文本字符串的第一个字符开始，返回指定个数的字符。
- 语法：LEFT（要提取字符的字符串，提取长度）。
- 实例：如图4-30所示。

原始文本	结果	公式
mariah6@adventure-works.com	mariah6	=LEFT(A2,7)
brooke7@adventure-works.com	b	=LEFT(A3)
dalton1@adventure-works.com	dalton1@adventure-works.com	=LEFT(A4,27)

图4-30　LEFT函数

（2）RIGHT

- 用途：从一个文本字符串的最后一个字符开始返回指定个数的字符。
- 语法：RIGHT（要提取的字符串，提取长度）。
- 实例：如图4-31所示。

可以发现LEFT与RIGHT函数不同之处在于，LEFT函数是从前往后提取字符，RIGHT函数是从后往前提取字符。

原始文本	结果	公式
mariah6@adventure-works.com	adventure-works.com	=RIGHT(A2,19)
brooke7@adventure-works.com	m	=RIGHT(A3)
dalton1@adventure-works.com	dalton1@adventure-works.com	=RIGHT(A4,27)

图4-31　RIGHT函数

（3）MID

- 用途：从文本字符串中指定的起始位置起，返回指定长度的字符。
- 语法：MID（要提取字符串的文本，第一个字符的位置，提取长度）。
- 实例：如图4-32所示。

原始文本	结果	公式
mailto:smith@vip.sina.com	mailto	=MID(A2,1,6)
mailto:smith@vip.sina.com	smith	=MID(A2,8,5)
mailto:smith@vip.sina.com	smith@vip.sina.com	=MID(A2,8,25)

图4-32　MID函数

4.7.1.2 数据清除类

TRIM

·用途：删除字符串中多余的空格。

·语法：TRIM（字符串）。

Excel 函数功能介绍中，功能最后还有一句【会在英文字符串中保留一个作为词与词之间分隔的空格】；其实不仅仅会在英文字符串中保留一个空格，在汉字中也是一样的，下面用实例演示函数的具体意义。

·实例：如图 4-33 所示。

·注意：TRIM 函数会清除字符串首尾的空格；TRIM 函数会清除字符串中间的空格，但是会保留一个，作为词与词之间的分隔。

原始文本	结果	公式
ABC	ABC	=TRIM(B2)
ABC	ABC	=TRIM(B3)
A B C	A B C	=TRIM(B4)

图 4-33　TRIM 函数

4.7.1.3 数据替换类

数据替换类函数主要包括两个：REPLACE 与 SUBSTITUTE 函数。

 （1）REPLACE

·用途：将一个字符串中的部分字符用另一个字符串替换。

·语法：REPLACE(要替换的字符串，开始的位置，替换长度，用来替换内容)。

·实例：如图 4-34 所示。

·注意：REPLACE 要替换的部分字符串在函数中无法直接输入，必须得用起始位置和长度表示。

原始文本	结果	公式
mailto:smith@vip.sina.com	mailto:smith@126.com	=REPLACE(A2,FIND("@",A2,1)+1,12,"126.com")
mailto:smith@vip.sina.com	mailto:smith@126.com	=REPLACE(A3,FIND("@",A2,1)+1,100,"126.com")
mailto:smith@vip.sina.com	smith@vip.sina.com	=REPLACE(A4,1,FIND(":",A4,1),"")

图 4-34　REPLACE 函数

（2）SUBSTITUTE

·用途：将字符串中的部分字符串以新字符串替换。

·语法：SUBSTITUTE(要替换的字符串，要被替换的字符串，用来替换内容，替换第几个)。

·实例：如图4-35所示。

原始文本	结果	公式
浙江省XXX集团公司	浙江省XXX有限责任公司	=SUBSTITUTE(A2,"集团","有限责任",1)
浙江省XXX集团公司集团	浙江省XXX集团公司有限责任	=SUBSTITUTE(A3,"集团","有限责任",2)
浙江省XXX集团公司集团(集团)	浙江省XXX集团公司集团(有限责任)	=SUBSTITUTE(A4,"集团","有限责任",3)

图4-35 SUBSTITUTE 函数

·注意：第四个参数 instance_num 表示：若指定的字符串在父字符串中出现多次，则用本参数指定要替换第几个，如果省略，则全部替换。

4.7.1.4 文本合并类

（1）CONCAT

·用途：连接合并单元格或区域中的内容。
·语法：=CONCAT（单元格区域，分隔符）。
·实例：如图4-36所示，下面针对此图介绍CONCAT函数的使用。

序号	姓名	业绩	性别	城市	手机号		合并
2022年上半年业绩考核表							
1	林丹	97	男	湖州	151****0139		林丹、97、男、湖州、
2	苏冬露	59	男	义乌	132****0174		
3	薛光	98	男	湖州	185****0117		
4	谢君	95	女	湖州	155****0164		
5	徐关茵	92	男	湖州	145****0190		
6	袁松	93	女	湖州	152****0117		
7	苏江丽	51	女	杭州	147****0188		
8	何娇	92	女	绍兴	137****0151		
9	丁崚	57	女	绍兴	166****0173		

图4-36 CONCAT 函数

·方法：在目标单元格中输入公式"=CONCAT(B3:E3&"、")"同时按下【Ctrl】+【Shift】+【Enter】三键进行填充。

（2）TEXTJOIN

·用途：将多个区域和/或字符串的文本组合起来，并包括在要组合的各文本值之间指定的分隔符。如果分隔符是空的文本字符串，则此函数将有效连接这些区域。
·语法：=TEXTJOIN(分隔符, ignore_empty, text1, [text2], …)。
·分隔符：指定字符作为 text 和 text 之间的分隔符号，并批量添加。
·ignore_empty：如果 text 中有空值，是选择忽略空值还是保留空值，如果设置为"true"，那么则忽略空值。

·text：可以是手动输入的文本字符，可以是一个单元格，也可以是多行多列的数据区域。这点和CONCAT是一样的。

·实例：如图4-37所示，下面针对此图介绍TEXTJOIN函数的使用。

·方法：在目标单元格中输入公式"=TEXTJOIN("、",TRUE,B3:E3)"。

2022年上半年业绩考核表						合并
序号	姓名	业绩	性别	城市	手机号	
1	林丹	97	男	湖州	151****0139	林丹、97、男、湖州
2	苏冬露	59	男	义乌	132****0174	苏冬露、59、男、义乌
3	薛光	98	男	湖州	185****0117	薛光、98、男、湖州
4	谢君	95	女	湖州	155****0164	谢君、95、女、湖州
5	徐关茜	92	男	湖州	145****0190	徐关茜、92、男、湖州
6	袁松	93	女	湖州	152****0117	袁松、93、女、湖州
7	苏江丽	51	女	杭州	147****0188	苏江丽、51、女、杭州
8	何娇	92	女	绍兴	137****0151	何娇、92、女、绍兴
9	丁崎	57	女	绍兴	166****0173	丁崎、57、女、绍兴

图4-37　TEXTJOIN函数

4.7.2　文本函数列表

通过文本函数，可以在公式中处理字符串，例如，可以改变大小写或确定字符串的长度，可以将日期插入字符串或连接在字符串上。文本函数列表如表4-5所示。

表4-5　文本函数列表

编号	函数	说明
1	ASC	将字符串中的全角（双字节）英文字母或片假名更改为半角（单字节）字符
2	ARRAYTOTEXT	ARRAYTOTEXT函数返回任意指定区域内的文本值的数组，适用于Office365
3	BAHTTEXT	使用ß（泰铢）货币格式将数字转换为文本
4	CHAR	返回由代码数字指定的字符
5	CLEAN	删除文本中所有非打印字符
6	CODE	返回文本字符串中第一个字符的数字代码
7	CONCAT	将多个区域和/或字符串的文本组合起来，但不提供分隔符或IgnoreEmpty参数，适用于Excel 2019以上版本
8	CONCATENATE	将几个文本项合并为一个文本项
9	DBCS	将字符串中的半角（单字节）英文字母或片假名更改为全角（双字节）字符，适用于Excel 2013以上版本

编号	函数	说明
10	DOLLAR	使用￥（人民币）货币格式将数字转换为文本
11	EXACT	检查两个文本值是否相同
12	FIND、FINDB	在一个文本值中查找另一个文本值（区分大小写）
13	FIXED	将数字格式设置为具有固定小数位数的文本
14	LEFT、LEFTB	返回文本值中最左边的字符
15	LEN、LENB	返回文本字符串中的字符个数
16	LOWER	将文本转换为小写
17	MID、MIDB	从文本字符串中的指定位置起返回特定个数的字符
18	NUMBERVALUE	以与区域设置无关的方式将文本转换为数字，适用于Excel 2013以上版本
19	PHONETIC	提取文本字符串中的拼音（汉字注音）字符
20	PROPER	将文本值的每个字的首字母大写
21	REPLACE、REPLACEB	替换文本中的字符
22	REPT	按给定次数重复文本
23	RIGHT、RIGHTB	返回文本值中最右边的字符
24	SEARCH、SEARCHB	在一个文本值中查找另一个文本值（不区分大小写）
25	SUBSTITUTE	在文本字符串中用新文本替换旧文本
26	T	将参数转换为文本
27	TEXT	设置数字格式并将其转换为文本
28	TEXTJOIN	将多个区域和/或字符串的文本组合起来，并包括在要组合的各文本值之间指定的分隔符。如果分隔符是空的文本字符串，则此函数将有效连接这些区域，适用于Excel 2019以上版本
29	TRIM	删除文本中的空格
30	UNICHAR	返回给定数值引用的Unicode字符，适用于Excel 2013以上版本
31	UNICODE	返回对应于文本的第一个字符的数字（代码点），适用于Excel 2013以上版本
32	UPPER	将文本转换为大写形式
33	VALUE	将文本参数转换为数字
34	VALUETOTEXT	从任意指定值返回文本，适用于Office365

4.8 其他函数

4.8.1 查询和引用函数列表

当需要在数据清单或表格中查找特定数值，或者需要查找某一单元格的引用时，可以使用查询和引用工作表函数。查询和引用函数列表如表4-6所示。

表4-6 查询和引用函数列表

编号	函数	说明
1	ADDRESS	以文本形式将引用值返回到工作表的单个单元格
2	AREAS	返回引用中涉及的区域个数
3	CHOOSE	从值的列表中选择值
4	COLUMN	返回引用的列号
5	COLUMNS	返回引用中包含的列数
6	FILTER	基于定义的条件筛选一系列数据
7	FORMULATEXT	将给定引用的公式返回为文本，适用于Excel 2013以上版本
8	GETPIVOTDATA	返回存储在数据透视表中的数据
9	HLOOKUP	查找数组的首行，并返回指定单元格的值
10	HYPERLINK	创建快捷方式或跳转，以打开存储在网络服务器上的文档
11	INDEX	使用索引从引用或数组中选择值
12	INDIRECT	返回由文本值指定的引用
13	LOOKUP	在向量或数组中查找值
14	MATCH	在引用或数组中查找值
15	OFFSET	从给定引用中返回引用偏移量
16	ROW	返回引用的行号
17	ROWS	返回引用中的行数
18	RTD	从支持COM自动化的程序中检索实时数据
19	SORT	对区域或数组的内容进行排序，适用于Office365
20	SORTBY	根据相应区域或数组中的值对区域或数组的内容进行排序，适用于Office365
21	TRANSPOSE	返回数组的转置
22	UNIQUE	返回列表或区域的唯一值列表，适用于Office365
23	VLOOKUP	在数组第一列中查找，然后在行之间移动以返回单元格的值
24	XLOOKUP	搜索区域或数组，并返回与之找到的第一个匹配项对应的项。如果不存在匹配项，则XLOOKUP可返回最接近（近似值）的匹配项，适用于Office365
25	XMATCH	返回项目在数组或单元格区域中的相对位置，适用于Office365

4.8.2 财务函数列表

财务函数可以进行一般的财务计算，如确定贷款的支付额、投资的未来值或净现值，以及债券或息票的价值。财务函数中常见的参数如下：

未来值（fv）：在所有付款发生后的投资或贷款的价值。

期间数（nper）：投资的总支付期间数。

付款（pmt）：对于一项投资或贷款的定期支付数额。

现值（pv）：在投资期初的投资或贷款的价值。例如，贷款的现值为所借入的本金数额。

利率（rate）：投资或贷款的利率或贴现率。

类型（type）：付款期间内进行支付的间隔，如在月初或月末。

财务函数列表如表4-7所示。

表4-7　财务函数列表

序号	函数	说明
1	ACCRINT	返回定期支付利息的债券的应计利息
2	ACCRINTM	返回在到期日支付利息的债券的应计利息
3	AMORDEGRC	使用折旧系数返回每个记账期的折旧值
4	AMORLINC	返回每个记账期的折旧值
5	COUPDAYBS	返回从票息期开始到结算日之间的天数
6	COUPDAYS	返回包含结算日的票息期天数
7	COUPDAYSNC	返回从结算日到下一票息支付日之间的天数
8	COUPNCD	返回结算日之后的下一个票息支付日
9	COUPNUM	返回结算日与到期日之间可支付的票息数
10	COUPPCD	返回结算日之前的上一票息支付日
11	CUMIPMT	返回两个付款期之间累计支付的利息
12	CUMPRINC	返回两个付款期之间为贷款累计支付的本金
13	DB	使用固定余额递减法，返回资产在给定期间内的折旧值
14	DDB	使用双倍余额递减法或其他指定方法，返回资产在给定期间内的折旧值
15	DISC	返回债券的贴现率
16	DOLLARDE	将以分数表示的价格转换为以小数表示的价格
17	DOLLARFR	将以小数表示的价格转换为以分数表示的价格
18	DURATION	返回定期支付利息的债券的每年期限
19	EFFECT	返回年有效利率
20	FV	返回一笔投资的未来值
21	FVSCHEDULE	返回应用一系列复利率计算的初始本金的未来值

序号	函数	说明
22	INTRATE	返回完全投资型债券的利率
23	IPMT	返回一笔投资在给定期间内支付的利息
24	IRR	返回一系列现金流的内部收益率
25	ISPMT	计算特定投资期内要支付的利息
26	MDURATION	返回假设面值为￥100的有价证券的Macauley修正期限
27	MIRR	返回正和负现金流以不同利率进行计算的内部收益率
28	NOMINAL	返回年度的名义利率
29	NPER	返回投资的期数
30	NPV	返回基于一系列定期的现金流和贴现率计算的投资的净现值
31	ODDFPRICE	返回每张票面为￥100且第一期为奇数的债券的现价
32	ODDFYIELD	返回第一期为奇数的债券的收益
33	ODDLPRICE	返回每张票面为￥100且最后一期为奇数的债券的现价
34	ODDLYIELD	返回最后一期为奇数的债券的收益
35	PDURATION	返回投资到达指定值所需的期数，适用于Excel 2013以上版本
36	PMT	返回年金的定期支付金额
37	PPMT	返回一笔投资在给定期间内偿还的本金
38	PRICE	返回每张票面为￥100且定期支付利息的债券的现价
39	PRICEDISC	返回每张票面为￥100的已贴现债券的现价
40	PRICEMAT	返回每张票面为￥100且在到期日支付利息的债券的现价
41	PV	返回投资的现值
42	RATE	返回年金的各期利率
43	RECEIVED	返回完全投资型债券在到期日收回的金额
44	RRI	返回某项投资增长的等效利率，适用于Excel 2013以上版本
45	SLN	返回固定资产的每期线性折旧费
46	SYD	返回某项固定资产按年限总和折旧法计算的每期折旧金额
47	TBILLEQ	返回国库券的等价债券收益
48	TBILLPRICE	返回面值￥100的国库券的价格
49	TBILLYIELD	返回国库券的收益率
50	VDB	使用余额递减法，返回资产在给定期间或部分期间内的折旧值
51	XIRR	返回一组现金流的内部收益率，这些现金流不一定定期发生
52	XNPV	返回一组现金流的净现值，这些现金流不一定定期发生
53	YIELD	返回定期支付利息的债券的收益
54	YIELDDISC	返回已贴现债券的年收益，例如，短期国库券
55	YIELDMAT	返回在到期日支付利息的债券的年收益

4.8.3 工程函数列表

工程工作表函数用于工程分析。这类函数中的大多数可分为三种类型：对复数进行处理的函数、在不同的数字系统（如十进制系统、十六进制系统、八进制系统和二进制系统）间进行数值转换的函数、在不同的度量系统中进行数值转换的函数。工程函数列表如表4-8所示。

表4-8　工程函数列表

序号	函数	说明
1	BESSELI	返回修正的贝赛尔函数 In(x)
2	BESSELJ	返回贝赛尔函数 Jn(x)
3	BESSELK	返回修正的贝赛尔函数 Kn(x)
4	BESSELY	返回贝赛尔函数 Yn(x)
5	BIN2DEC	将二进制数转换为十进制数
6	BIN2HEX	将二进制数转换为十六进制数
7	BIN2OCT	将二进制数转换为八进制数
8	BITAND	返回两个数的"按位与"，适用于 Excel 2013以上版本
9	BITLSHIFT	返回左移 shift_amount 位的计算值接收数，适用于 Excel 2013以上版本
10	BITOR	返回两个数的"按位或"，适用于 Excel 2013以上版本
11	BITRSHIFT	返回右移 shift_amount 位的计算值接收数，适用于 Excel 2013以上版本
12	BITXOR	返回两个数的按位"异或"，适用于 Excel 2013以上版本
13	COMPLEX	将实系数和虚系数转换为复数
14	CONVERT	将数字从一种度量系统转换为另一种度量系统
15	DEC2BIN	将十进制数转换为二进制数
16	DEC2HEX	将十进制数转换为十六进制数
17	DEC2OCT	将十进制数转换为八进制数
18	DELTA	检验两个值是否相等
19	ERF	返回误差函数
20	ERF.PRECISE	返回误差函数，适用于 Excel 2010以上版本
21	ERFC	返回互补误差函数
22	ERFC.PRECISE	返回从 x 到无穷大积分的互补 ERF 函数，适用于 Excel 2010以上版本
23	GESTEP	检验数字是否大于阈值
24	HEX2BIN	将十六进制数转换为二进制数

序号	函数	说明
25	HEX2DEC	将十六进制数转换为十进制数
26	HEX2OCT	将十六进制数转换为八进制数
27	IMABS	返回复数的绝对值（模数）
28	IMAGINARY	返回复数的虚系数
29	IMARGUMENT	返回参数theta，即以弧度表示的角
30	IMCONJUGATE	返回复数的共轭复数
31	IMCOS	返回复数的余弦
32	IMCOSH	返回复数的双曲余弦值，适用于Excel 2013以上版本
33	IMCOT	返回复数的余弦值，适用于Excel 2013以上版本
34	IMCSC	返回复数的余割值，适用于Excel 2013以上版本
35	IMCSCH	返回复数的双曲余割值，适用于Excel 2013以上版本
36	IMDIV	返回两个复数的商
37	IMEXP	返回复数的指数
38	IMLN	返回复数的自然对数
39	IMLOG10	返回复数的以10为底的对数
40	IMLOG2	返回复数的以2为底的对数
41	IMPOWER	返回复数的整数幂
42	IMPRODUCT	返回从2～255的复数的乘积
43	IMREAL	返回复数的实系数
44	IMSEC	返回复数的正切值，适用于Excel 2013以上版本
45	IMSECH	返回复数的双曲正切值，适用于Excel 2013以上版本
46	IMSIN	返回复数的正弦
47	IMSINH	返回复数的双曲正弦值，适用于Excel 2013以上版本
48	IMSQRT	返回复数的平方根
49	IMSUB	返回两个复数的差
50	IMSUM	返回多个复数的和
51	IMTAN	返回复数的正切值，适用于Excel 2013以上版本
52	OCT2BIN	将八进制数转换为二进制数
53	OCT2DEC	将八进制数转换为十进制数
54	OCT2HEX	将八进制数转换为十六进制数

4.8.4 信息函数列表

可以使用信息工作表函数确定存储在单元格中的数据的类型。信息函数包含一组称为IS的工作表函数，在单元格满足条件时返回TRUE。信息函数列表如表4-9所示。

表4-9 信息函数列表

序号	函数	说明
1	CELL	返回有关单元格格式、位置或内容的信息
2	ERROR.TYPE	返回对应于错误类型的数字
3	INFO	返回有关当前操作环境的信息
4	ISBLANK	如果值为空，则返回TRUE
5	ISERR	如果值为除#N/A以外的任何错误值，则返回TRUE
6	ISERROR	如果值为任何错误值，则返回TRUE
7	ISEVEN	如果数字为偶数，则返回TRUE
8	ISFORMULA	如果有对包含公式的单元格的引用，则返回TRUE，适用Excel 2013以上版本
9	ISLOGICAL	如果值为逻辑值，则返回TRUE
10	ISNA	如果值为错误值#N/A，则返回TRUE
11	ISNONTEXT	如果值不是文本，则返回TRUE
12	ISNUMBER	如果值为数字，则返回TRUE
13	ISODD	如果数字为奇数，则返回TRUE
14	ISREF	如果值为引用值，则返回TRUE
15	ISTEXT	如果值为文本，则返回TRUE
16	N	返回转换为数字的值
17	NA	返回错误值#N/A
18	SHEET	返回引用工作表的工作表编号，适用于Excel 2013以上版本
19	SHEETS	返回引用中的工作表数，适用于Excel 2013以上版本
20	TYPE	返回表示值的数据类型的数字

4.8.5 数据库函数列表

当需要分析数据清单中的数值是否符合特定条件时，可以使用数据库工作表函数。数据库函数列表如表4-10所示。

表4-10 数据库函数列表

序号	函数	说明
1	DAVERAGE	返回所选数据库条目的平均值
2	DCOUNT	计算数据库中包含数字的单元格的数量
3	DCOUNTA	计算数据库中非空单元格的数量
4	DGET	从数据库提取符合指定条件的单个记录
5	DMAX	返回所选数据库条目的最大值
6	DMIN	返回所选数据库条目的最小值
7	DPRODUCT	将数据库中符合条件的记录的特定字段中的值相乘
8	DSTDEV	基于所选数据库条目的样本估算标准偏差
9	DSTDEVP	基于所选数据库条目的样本总体计算标准偏差
10	DSUM	对数据库中符合条件的记录的字段列中的数字求和
11	DVAR	基于所选数据库条目的样本估算方差
12	DVARP	基于所选数据库条目的样本总体计算方差

4.8.6　Web 函数列表

Web 函数在 Excel 网页版中不可以使用。Web 函数列表如表4-11所示。

表4-11 Web 函数列表

序号	函数	说明
1	ENCODEURL	返回URL编码的字符串，适用于Excel 2013以上版本
2	FILTERXML	通过使用指定的XPath，返回XML内容中的特定数据，适用于Excel 2013以上版本
3	WEBSERVICE	返回Web 服务中的数据，适用于Excel 2013以上版本

4.8.7　兼容性函数列表

在 Excel 2010 或更高版本中，用新函数替换了表4-12中的这些兼容性函数，新函数有更高的精确度，且其名称能更好地反映其用途。仍可以出于与 Excel 早期版本兼容的目的使用这些兼容性函数，但如果不是必须满足向后兼容性，则应开始改用新函数。

表4-12　兼容性函数列表

序号	函数	说明
1	BETADIST	返回beta累积分布函数
2	BETAINV	返回指定beta分布的累积分布函数的反函数
3	BINOMDIST	返回一元二项式分布的概率
4	CHIDIST	返回χ2分布的单尾概率
5	CHIINV	返回χ2分布的单尾概率的反函数
6	CHITEST	返回独立性检验值
7	CONCATENATE	将2个或多个文本字符串连接成1个字符串
8	CONFIDENCE	返回总体平均值的置信区间
9	COVAR	返回协方差（成对偏差乘积的平均值）
10	CRITBINOM	返回使累积二项式分布小于或等于临界值的最小值
11	EXPONDIST	返回指数分布
12	FDIST	返回F概率分布
13	FINV	返回F概率分布的反函数
14	FLOOR	向绝对值减小的方向舍入数字
15	FORECAST	使用现有值来计算或预测未来值。
16	FTEST	返回F检验的结果
17	GAMMADIST	返回γ分布
18	GAMMAINV	返回γ累积分布函数的反函数
19	HYPGEOMDIST	返回超几何分布
20	LOGINV	返回对数累积分布函数的反函数
21	LOGNORMDIST	返回对数累积分布函数
22	MODE	返回在数据集内出现次数最多的值
23	NEGBINOMDIST	返回负二项式分布
24	NORMDIST	返回正态累积分布
25	NORMINV	返回正态累积分布的反函数
26	NORMSDIST	返回标准正态累积分布
27	NORMSINV	返回标准正态累积分布函数的反函数
28	PERCENTILE	返回区域中数值的第k个百分点的值
29	PERCENTRANK	返回数据集中值的百分比排位
30	POISSON	返回泊松分布
31	QUARTILE	返回一组数据的四分位点

序号	函数	说明
32	RANK	返回一列数字的数字排位
33	STDEV	基于样本估算标准偏差
34	STDEVP	基于整个样本总体计算标准偏差
35	TDIST	返回学生 t- 分布
36	TINV	返回学生 t- 分布的反函数
37	TTEST	返回与学生 t- 检验相关的概率
38	VAR	基于样本估算方差
39	VARP	计算基于样本总体的方差
40	WEIBULL	返回 Weibull 分布
41	ZTEST	返回 z 检验的单尾概率值

4.8.8 多维数据集函数列表

需要链接到数据源进行超百万级大数据分析时才可用多维数据集函数，其函数规则由 MDX 演化而来。多维数据集函数列表如表 4-13 所示。

表 4-13 多维数据集函数列表

序号	函数	说明
1	CUBEKPIMEMBER	返回重要性能指示器 (KPI) 属性，并在单元格中显示 KPI 名称。KPI 是一种用于监控单位绩效的可计量度量值，如每月总利润或季度员工调整
2	CUBEMEMBER	返回多维数据集中的成员或元组。用于验证多维数据集内是否存在成员或元组
3	CUBEMEMBERPROPERTY	返回多维数据集中成员属性的值。用于验证多维数据集内是否存在某个成员名并返回此成员的指定属性
4	CUBERANKEDMEMBER	返回集合中的第 n 个或排在一定名次的成员。用来返回集合中的一个或多个元素，如业绩最好的销售人员
5	CUBESET	通过向服务器上的多维数据集发送集合表达式来定义一组经过计算的成员或元组，然后将该集合返回到 Excel
6	CUBESETCOUNT	返回集合中的项目数
7	CUBEVALUE	从多维数据集中返回汇总值

5

排序、筛选与
分类汇总

▼

通过对公式和函数的系统学习，我们已经知道 Excel 电子表格具有强大的数据运算能力。但只有数据，而无法快速有效地查阅有效信息，这无疑是在做无用功，是一种资源的浪费。本章我们将要学习 Excel 中的数据处理，包括数据的排序、数据的筛选、数据的分类汇总。

扫码观看本章视频

5.1 数据排序

数据排序就是按某种规则排列数据以便分析,包含按单个字段、按多个字段、按字体颜色、按数据行、自定义排序、局部数据排序等类型。

5.1.1 单个条件排序

单个条件排序是指仅仅按某一个字段排序,字段可以是数值类型、文本类型、日期类型等,如果是数值类型则按照数值的大小排序,如果是文本类型则按照文本的首字母顺序排序,如果是日期类型则按照日期的大小排序。

例如,我们需要对企业2022年5月的商品订单,按照销售额从小到大的顺序进行排序,下面简单介绍其操作步骤。

选择待排序的销售额列中的任意单元格,然后单击"数据"选型卡下的"A至Z"升序排序选项,排序时默认首行为列标识,如图5-1所示。

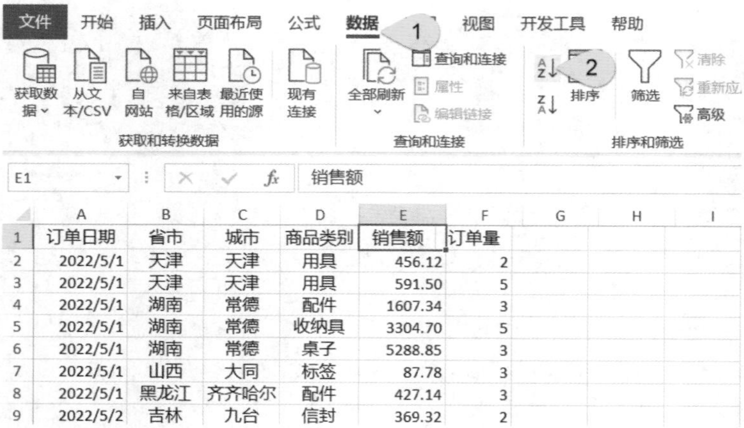

图 5-1　按单个条件排序

5.1.2 多个条件排序

多个条件排序是指当按某一个字段排序时出现相同的值时,再按第二个条件进行排序,多个条件依次类推。

例如,我们需要对企业2022年5月的商品订单,按照不同省市以及销售额从小到大的顺序进行排序，下面简单介绍其操作步骤。

选择表格中的任意单元格，然后单击"数据"选项卡中"排序"按钮，在"排序"对话框中，添加主要关键字为"省市"，次要关键字为"销售额"，如图5-2所示。

图5-2 按多个条件排序

5.1.3 按颜色排序

在Excel中，我们还可以按照数据字体颜色和单元格颜色进行排序，下面介绍如何按照数据字体颜色进行排序。

例如，话务员信息表的字体颜色已经根据学历类别进行了分类显示，我们需要按照字体颜色进行排序，下面介绍其操作步骤。

首先在表格中添加筛选标志，再选择"学历"列数据，然后在筛选条件里单击"按颜色排序"选项，在右侧"按字体颜色排序"下拉框中显示颜色选项，这里选择红色，如图5-3所示。

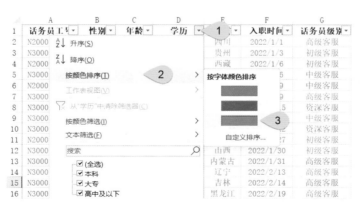

图5-3 按字体颜色排序

按红色字体颜色排序，红色字体的记录将会排在最上方，然后再对绿色和蓝色字体重复上述的操作过程，如图5-4所示。

话务员工号	性别	年龄	学历	籍贯	入职时间	话务员级别
N 2000107835	男	25	本科	甘肃	2022/1/9	中级客服
N 3000102485	女	25	本科	云南	2022/1/6	中级客服
N 3000102735	男	30	本科	浙江	2022/2/22	高级客服
N 3000112795	女	32	本科	河南	2022/3/13	高级客服
N 3000113065	男	29	本科	内蒙古	2022/1/31	高级客服
N 3000113985	女	26	本科	吉林	2022/2/14	高级客服
N 3000114165	女	31	本科	甘肃	2022/4/10	中级客服
N 3000120215	女	32	本科	广东	2022/3/13	中级客服
N 2000110925	女	26	大专	北京	2022/4/24	中级客服
N 2000113235	男	29	大专	西藏	2022/1/6	初级客服
N 3000104645	女	30	大专	山东	2022/3/13	资深客服
N 3000104865	男	32	大专	福建	2022/3/3	初级客服

图5-4　按颜色排序结果

此外，如果单元格有填充颜色，则需要按单元格的颜色进行排序，操作过程与按字体颜色进行排序类似，如图5-5所示。

图5-5　按单元格颜色排序

5.1.4　按行排序

在Excel表格中，通常都是按列对数据进行排序，但是如果对于数据是横向显示的表格，显然不能按列进行排序，这时就需要用到按行排序的功能。

例如，在不改变表格行列结构的情况下，对2012 ~ 2021年最近10年的地区生产总值数据，按年份对不同省市的生产总值进行排序。

选择表格中的任意单元格，单击"数据"选项卡中"排序"按钮，在弹出的"排序"对话框中，单击"选项"按钮，如图5-6所示。

在弹出的"排序选项"对话框中，在"方向"选项下，选择"按行排序"选项，其他保持默认，再单击"确定"按钮，然后在"排序"对话框的主要关键字

126

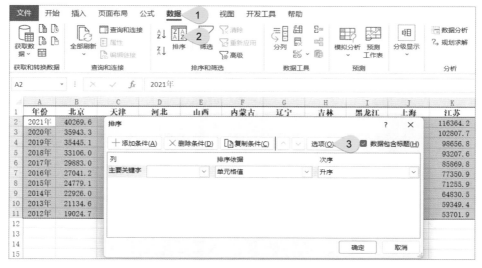

图 5-6　按行排序

下选择数据排序对应的行号,例如对2021年的地区生产总值进行降序排序,则需要选择"行2",如图5-7所示。

图 5-7　设置主要关键字

　　排序依据选择"单元格值"选项,次序选择"降序"选项,然后单击"确定"按钮,如图5-8所示。

　　通过按行排序的功能,2021年不同地区生产总值的数据按从高到低的顺序进行了排列,其中排名前6的省市如图5-9所示。

　　除了图5-9中所示的按单元格值进行降序排列,它也可以按单元格颜色、字体颜色、条件格式图标等进行排序,如图5-10所示。排序方式可以升序或降序,还有自定义序列。

图 5-8　设置次序

	A	B	C	D	E	F	G
1	年份	广东	江苏	山东	浙江	河南	四川
2	2021年	124369.7	116364.2	83095.9	73515.8	58887.4	53850.8
3	2020年	111151.6	102807.7	72798.2	64689.1	54259.4	48501.6
4	2019年	107986.9	98656.8	70540.5	62462.0	53717.8	46363.8
5	2018年	99945.2	93207.6	66648.9	58002.8	49935.9	42902.1
6	2017年	91648.7	85869.8	63012.1	52403.1	44824.9	37905.1
7	2016年	82163.2	77350.9	58762.5	47254.0	40249.3	33138.5
8	2015年	74732.4	71255.9	55288.8	43507.7	37084.1	30342.0
9	2014年	68173.0	64830.5	50774.8	40023.5	34574.8	28891.3
10	2013年	62503.4	59349.4	47344.3	37334.6	31632.5	26518.0
11	2012年	57007.7	53701.9	42957.3	34382.4	28961.9	23922.4

图 5-9　按行排序结果

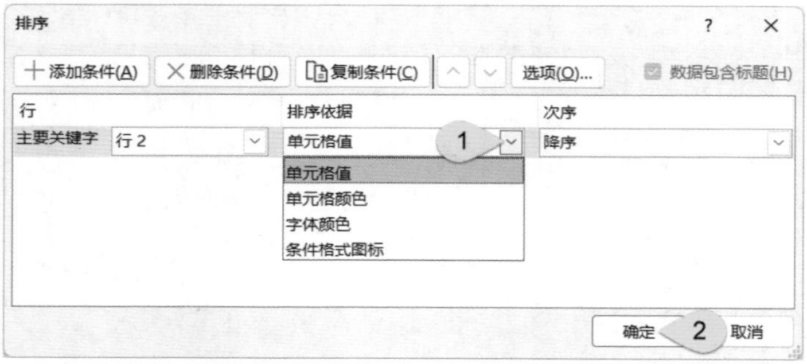

图 5-10　设置排序依据

5.1.5　自定义排序

数据分析过程中，一般使用升序或降序进行排序，但是在工作中经常会遇到需要对含有文本的数据列进行排序，对于这种情况可以使用升序（从字母A到Z）、降序（从字母Z到A）进行排序。

当升序或降序这两种默认排序方式不能满足要求时，则需要自定义排序规

128

则，即进行自定义排序，例如对话务员级别按照资深客服、高级客服、初级客服、中级客服等进行排序，下面介绍其操作步骤。

在"排序"对话框中，设置主要关键字为"话务员级别"，然后单击"次序"下拉框右侧的按钮，选择"自定义序列"，如图5-11所示。

图5-11 设置排序依据（1）

打开"自定义序列"对话框，在"输入序列"文本框中依次输入自定义的排序序列"资深客服、高级客服、初级客服、中级客服"，其中不同的列表条目之间需要用回车符（Enter）进行分隔，然后再单击"添加"按钮，如图5-12所示。

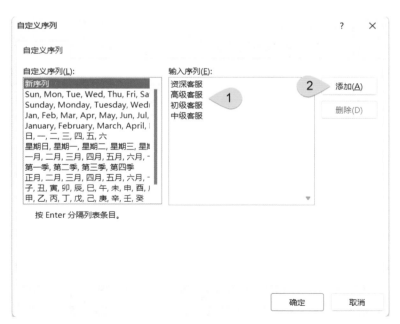

图5-12 设置排序依据（2）

129

这时在自定义序列中，就添加了上述自定义的话务员级别序列，然后单击"确定"按钮，如图5-13所示。

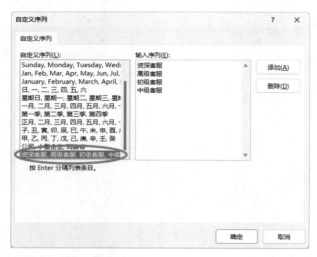

图5-13 设置排序依据（3）

在"排序"对话框中的"次序"中就显示话务员级别序列，如图5-14所示。然后单击"确定"按钮，这样就可以实现按照资深客服、高级客服、初级客服、中级客服顺序的自定义排序。

图5-14 设置排序依据（4）

5.1.6 局部数据排序

在对数据进行排序时，还可能会遇到需要对表格中的局部数据进行排序的情况。例如仅对话务员信息表中指定的8名话务员，根据年龄从小到大进行排序。

注意，对局部数据进行排序，首先需要在"排序"对话框中，取消"数据包含标题"复选框，然后设置主要关键字为年龄所在的"列C"，再单击"确定"

按钮，如图5-15所示。

图5-15　局部数据排序

5.2　数据筛选

数据筛选功能就是在工作表中查询满足特定条件的条目，将不满足条件的条目暂时隐藏起来，这个条件是使用者灵活设定的。

5.2.1　按数字筛选

当筛选的数据字段为数值型时，显示数字筛选，包括等于、不等于、大于、大于或等于、小于、小于或等于、介于、前10项、高于平均值、低于平均值、自定义筛选。

例如，我们需要对企业2022年5月的商品订单销售额进行筛选，筛选条件是大于或等于，数值为1000，即筛选出销售额大于等于1000的订单，下面简单介绍其操作步骤。

选择待筛选数据中的任意单元格，然后单击"数据"选型卡下的"筛选"选项。点击销售额列右侧的下拉按钮，在下拉框中依次单击【数字筛选】|【大于或等于】选项，如图5-16所示。

在"自定义自动筛选"对话框中，输入筛选条件"大于或等于"，以及具体的数值"1000"，然后单击"确定"按钮，如图5-17所示。

131

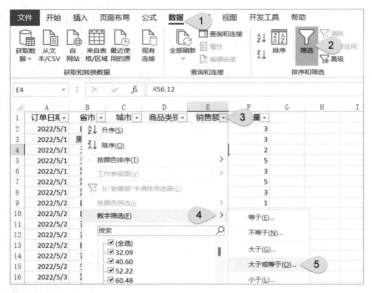

图 5-16　数字筛选

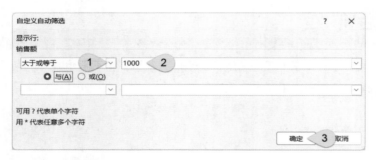

图 5-17　选择筛选条件

筛选出的数据即为销售额大于等于1000的订单，如图5-18所示。

如果要重新筛选，则需要取消某个字段的筛选，清除单个字段的方法是单击【从"销售额"中清除筛选器】选项，如图5-19所示。

	A	B	C	D	E	F
1	订单日期	省市	城市	商品类别	销售额	订单量
6	2022/5/1	湖南	常德	配件	1607.34	3
7	2022/5/1	湖南	常德	收纳具	3304.70	5
8	2022/5/1	湖南	常德	桌子	5288.85	3
21	2022/5/3	河南	洛阳	书架	1700.16	1
22	2022/5/3	福建	江口	复印机	2034.90	3
23	2022/5/3	上海	上海	配件	2074.24	8
24	2022/5/3	福建	晋江	用品	2154.60	10
25	2022/5/3	上海	上海	器具	6919.08	3
26	2022/5/3	福建	江口	电话	20871.06	7

图 5-18　筛选结果

	A	B	C	D	E	F
1	订单日期	省市	城市	商品类别	销售额	订单量
6	2022/5/1		升序(S)			3
7	2022/5/1		降序(O)			5
21	2022/5/3		按颜色排序(T)		>	1
22	2022/5/3		工作表视图(V)		>	3
23	2022/5/3		从"销售额"中清除筛选器(C)			8
24	2022/5/3		按颜色筛选(I)		>	10
25	2022/5/3					3
26	2022/5/3	√	数字筛选(F)		>	7
31	2022/5/3		搜索			1
31	2022/5/4					2

图 5-19　取消筛选条件

132

但是如果表格中有多个筛选，需要清除所有筛选器，则可以依次单击【数据】|【清除】选项，如图5-20所示。

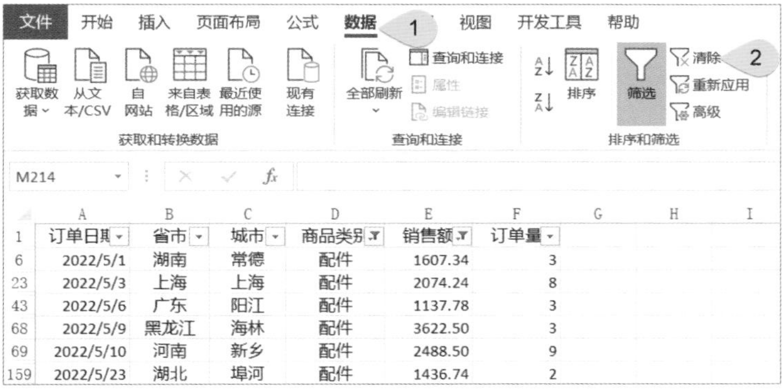

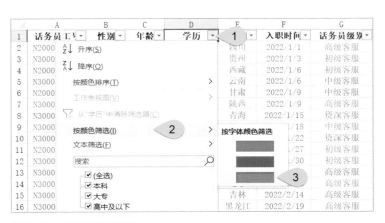

图 5-20　取消多个筛选条件

5.2.2　按颜色筛选

与按字体颜色和单元格颜色进行排序类似，也可以按字体颜色和单元格颜色进行筛选。

例如，话务员信息表的字体颜色已经根据学历类别进行了分类显示，我们需要按照字体颜色进行筛选，下面介绍其操作步骤。

首先在数据表格中添加筛选标志，在筛选条件里单击"按颜色筛选"选项，在右侧会弹出所有的颜色选项，这里选择红色，即学历为本科的话务员，如图5-21所示。

图 5-21　按字体颜色筛选

在话务员信息表中，筛选出了学历为本科的话务员，如图5-22所示。

	A	B	C	D	E	F	G
1	话务员工号	性别	年龄	学历	籍贯	入职时间	话务员级别
5	N3000102485	女	25	本科	云南	2022/1/6	中级客服
6	N2000107835	男	25	本科	甘肃	2022/1/9	中级客服
13	N3000113065	男	29	本科	内蒙古	2022/1/31	高级客服
15	N3000113985	女	26	本科	吉林	2022/2/14	高级客服
18	N3000102735	男	30	本科	浙江	2022/2/22	高级客服
21	N3000112795	女	32	本科	河南	2022/3/13	高级客服
23	N3000120215	女	32	本科	广东	2022/3/20	中级客服
30	N3000114165	女	31	本科	甘肃	2022/4/10	中级客服

图 5-22　按颜色筛选结果

此外，如果单元格有填充颜色，则需要按单元格的颜色进行筛选，操作过程与按字体颜色进行筛选类似，如图5-23所示。

图 5-23　按单元格颜色筛选

5.2.3　按文本筛选

当筛选的数据为文本型时，显示文本筛选，包括等于、不等于、开头是、结尾是、包含、不包含、自定义筛选。

例如，我们需要对企业2022年5月的商品类别进行筛选，筛选条件是"等于"，数值为"收纳具"，即筛选出商品类别为收纳具的订单，下面简单介绍其操作步骤。

选择待筛选数据中的任意单元格，然后单击"数据"选项卡下的"筛选"选项。点击"商品类别"右侧的下拉按钮，在下拉框中依次单击【文本筛选】|【等

134

于】选项，如图5-24所示。

在"自定义自动筛选"对话框中，输入筛选条件"等于"，以及具体的数值"收纳具"，然后单击"确定"按钮，如图5-25所示。

图 5-24　按文本筛选

图 5-25　选择筛选条件

> **注意**
>
> 对于筛选条件还可以使用通配符 ? 和 * 进行模糊筛选，其中 ? 代表单个字符，
> 例如输入"?具"，如图5-26所示。

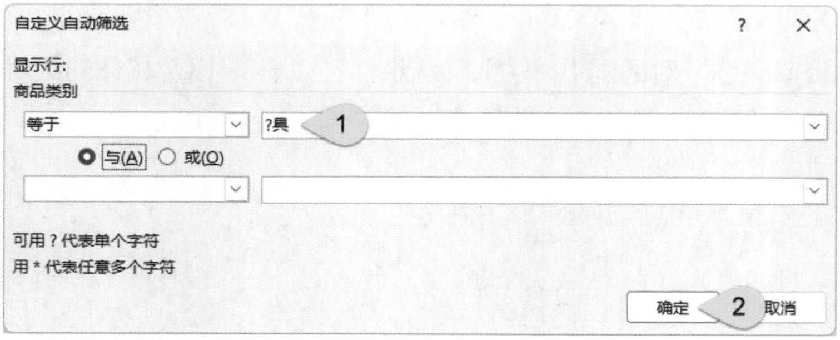

图 5-26 单字符通配符

    Excel 表格筛选出商品类别字段中以"具"结尾，且长度为 2 的订单数据，如图 5-27 所示。

	A	B	C	D	E	F
1	订单日期	省市	城市	商品类别	销售额	订单量
4	2022/5/1	天津	天津	用具	456.12	2
5	2022/5/1	天津	天津	用具	591.50	5
25	2022/5/3	上海	上海	器具	6919.08	3
30	2022/5/4	辽宁	桓仁	器具	1476.64	1
32	2022/5/4	辽宁	桓仁	器具	10514.03	7
40	2022/5/6	广东	阳江	用具	514.64	2
44	2022/5/6	河北	秦皇岛	用具	1496.88	3
46	2022/5/6	河北	秦皇岛	器具	2259.88	7
54	2022/5/7	河北	廊坊	器具	1162.98	3

图 5-27 筛选结果

    此外，通配符 * 代表任意多个字符，例如输入"*具"，如图 5-28 所示。

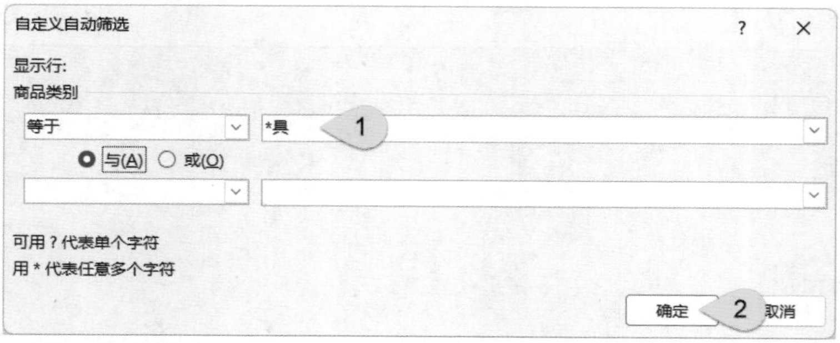

图 5-28 多字符通配符

    Excel 表格筛选出商品类别字段中以"具"结尾的所有订单数据，如图 5-29 所示。

136

	A	B	C	D	E	F
1	订单日期 ▾	省市 ▾	城市 ▾	商品类别 ▼	销售额 ▾	订单量 ▾
4	2022/5/1	天津	天津	用具	456.12	2
5	2022/5/1	天津	天津	用具	591.50	5
7	2022/5/1	湖南	常德	收纳具	3304.70	5
19	2022/5/3	福建	江口	收纳具	456.40	4
25	2022/5/3	上海	上海	器具	6919.08	3
30	2022/5/4	辽宁	桓仁	器具	1476.64	1
32	2022/5/4	辽宁	桓仁	器具	10514.03	7
38	2022/5/6	河北	保定	收纳具	352.80	7

图 5-29　筛选结果

　　实现上述的数据筛选，还可以在筛选器下拉框下的搜索框中输入关键字，即文本中包含的关键字，可以在开头、中间、结尾，例如输入"具"关键字，如图5-30所示，这样就筛选出商品类型中包含"具"关键字的所有订单。

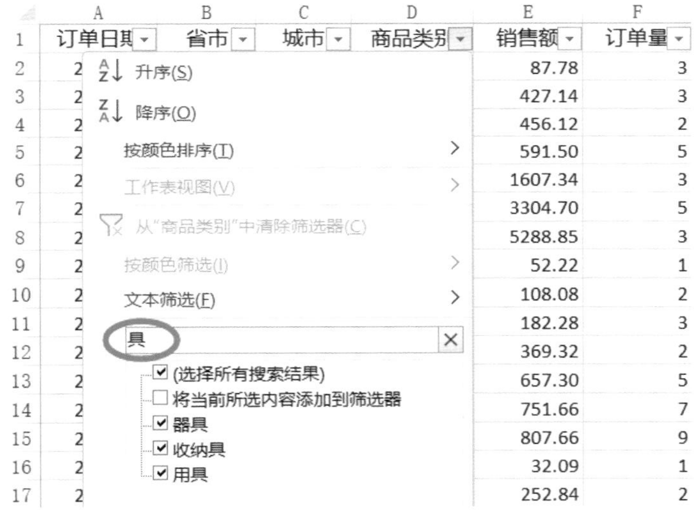

图 5-30　关键字筛选

5.2.4　按日期筛选

　　日期筛选与前面的数值筛选和文本筛选不同，它只针对筛选字段为日期类型，日期筛选条件包括等于、之前、之后、介于、明天、今天、昨天、下周、本周、上周、下月、本月、上月、下季度、本季度、上季度、明年、今年、去年等。

　　例如，我们需要对企业2022年5月的商品订单销售额进行筛选，筛选条件是"等于"，日期为"2022/5/18"，即筛选出订单日期是2022年5月18日的

137

订单，下面简单介绍其操作步骤。

选择待筛选数据中的任意单元格，然后单击"数据"选型卡下的"筛选"选项。点击订单日期右侧的下拉按钮，在下拉框中依次单击【日期筛选】|【等于】选项，如图5-31所示。

图5-31　按日期筛选

在"自定义自动筛选"对话框中，输入筛选条件"等于"，以及具体的数值"2022/5/18"，然后单击"确定"按钮，如图5-32所示。

筛选出的即为订单日期为2022年5月18日的所有订单，如图5-33所示。

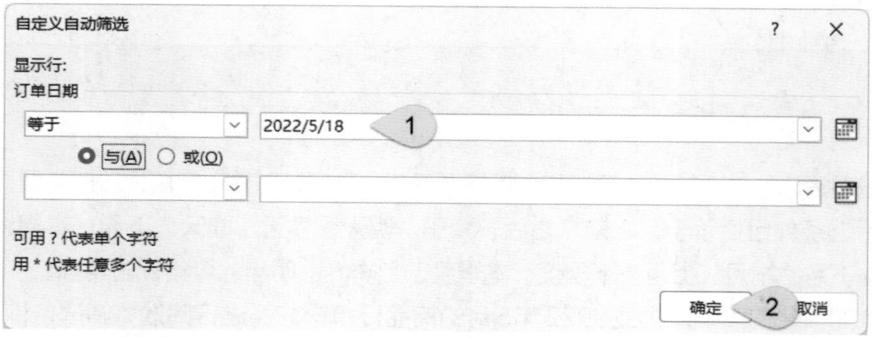

图5-32　选择筛选条件

138

	A	B	C	D	E	F
1	订单日期 ▼	省市 ▼	城市 ▼	商品类别 ▼	销售额 ▼	订单量 ▼
123	2022/5/18	四川	绵阳	用具	248.30	4
124	2022/5/18	四川	绵阳	书架	341.80	1
125	2022/5/18	四川	绵阳	复印机	416.05	1
126	2022/5/18	四川	绵阳	器具	1548.96	2
127	2022/5/18	四川	绵阳	书架	6162.91	6

图 5-33　筛选结果

5.2.5　高级筛选

　　Excel高级筛选功能是自动筛选功能的升级，可以设置更多、更复杂的筛选条件，而且可以将筛选出的结果输出到指定位置。高级筛选需要在工作表区域内单独指定筛选条件。高级筛选的条件区域至少包含两行，第一行是列标题，第二行是筛选条件。

　　下面通过客服中心的话务员信息表，列举几种高级筛选的用法。

⭕ **（1）且条件筛选**

　　且条件筛选中，筛选条件必须在同一行。例如，筛选出话务员性别为"男"且年龄为">=30"的数据，按照"性别"和"年龄"筛选，需要同时满足两个条件，属于"且条件筛选"。

　　在Excel菜单栏中，依次单击【数据】|【高级】选项，然后打开"高级筛选"对话框，如图5-34所示。

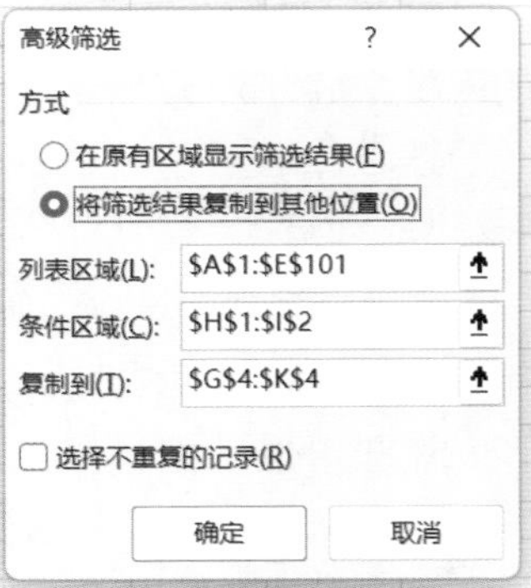

图 5-34　且条件筛选

139

在"高级筛选"对话框中，需要设置筛选区域，其中：

【列表区域】指进行筛选的单元格区域。

【条件区域】指筛选条件所在的单元格区域，必须包含标题，而且标题必须和列表区中的标题名称完全相同，不必包含列表区中所有列的标题。

【复制到】即筛选结果存放的位置。

单击"确定"按钮后，就可以得到话务员中年龄大于等于30岁的人员，如图5-35所示。

姓名	性别	级别	年龄	入职时间		条件	性别	年龄		
邢宁	女	资深客服	31	2016/2/4			男	>=30		
彭博	男	高级客服	27	2016/2/5						
薛磊	男	初级客服	26	2016/2/7		姓名	性别	级别	年龄	入职时间
洪毅	女	初级客服	25	2016/2/9		彭丽雪	男	中级客服	31	2016/3/23
黄丽	男	初级客服	24	2016/3/1		戴虎	男	初级客服	30	2016/4/3
白婵	女	资深客服	31	2016/3/20		何芯	男	初级客服	31	2016/6/7
彭丽雪	男	中级客服	31	2016/3/23		贺平	男	中级客服	31	2016/6/16
佘宁	男	中级客服	26	2016/3/28		柯强	男	中级客服	31	2016/8/23
邵伟	女	中级客服	25	2016/3/30		许根基	男	中级客服	31	2016/8/24
陶丽雪	男	资深客服	28	2016/3/30		戴康	男	中级客服	31	2016/9/7
钟松	女	资深客服	24	2016/3/31		李蔓楚	男	高级客服	31	2016/9/26
徐虹	男	初级客服	24	2016/4/2		黄涛	男	初级客服	31	2016/9/30

图 5-35　且条件筛选结果

（2）单列或条件筛选

单列或条件筛选中，筛选条件不在同一行。例如，筛选出级别为"资深客服"或"高级客服"的话务员。

筛选级别为"资深客服"或"高级客服"，满足其中一个条件即可，属于"或条件筛选"，在"高级筛选"对话框中，具体设置如图5-36所示。

单击"确定"按钮后，即筛选出话务员级别为"资深客服"或"高级客服"的人员，如图5-37所示。

（3）多列或条件筛选

多列或条件筛选中，筛选条件不在同一行。例如，筛选出性别为"男"或年龄">=30"的数据。

筛选出性别为"男"或年龄">=30"，满足其中一个条件即可，属于"或条件筛选"，在"高级筛选"对话框中，具体设置如图5-38所示。

单击"确定"按钮后，就筛选出男性或年龄大于等于30岁的话务员，如图5-39所示。

140

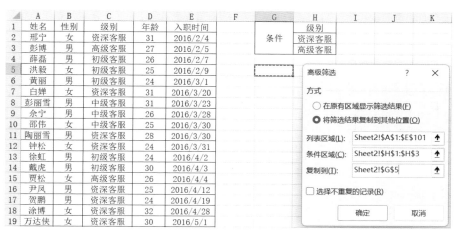

	A	B	C	D	E	F	G	H	I	J	K
1	姓名	性别	级别	年龄	入职时间			级别			
2	邢宁	女	资深客服	31	2016/2/4		条件	资深客服			
3	彭博	男	高级客服	27	2016/2/5			高级客服			
4	薛磊	男	初级客服	26	2016/2/7						
5	洪毅	女	初级客服	25	2016/2/9						
6	黄丽	男	初级客服	24	2016/3/1						
7	白婵	女	资深客服	31	2016/3/20						
8	彭丽雪	男	中级客服	31	2016/3/23						
9	余宁	男	中级客服	26	2016/3/28						
10	邵伟	男	中级客服	25	2016/3/30						
11	陶丽雪	男	资深客服	28	2016/3/30						
12	钟松	女	资深客服	24	2016/3/31						
13	徐虹	男	初级客服	24	2016/4/2						
14	戴虎	男	初级客服	30	2016/4/3						
15	贾松	女	高级客服	26	2016/4/4						
16	尹凤	男	资深客服	25	2016/4/12						
17	贺鹏	男	资深客服	24	2016/4/19						
18	涂博	女	资深客服	32	2016/4/28						
19	万达侠	女	资深客服	30	2016/5/1						

图 5-36 单列或条件筛选

姓名	性别	级别	年龄	入职时间
邢宁	女	资深客服	31	2016/2/4
彭博	男	高级客服	27	2016/2/5
薛磊	男	初级客服	26	2016/2/7
洪毅	女	初级客服	25	2016/2/9
黄丽	男	初级客服	24	2016/3/1
白婵	女	资深客服	31	2016/3/20
彭丽雪	男	中级客服	31	2016/3/23
余宁	男	中级客服	26	2016/3/28
邵伟	男	中级客服	25	2016/3/30
陶丽雪	男	资深客服	28	2016/3/30
钟松	女	资深客服	24	2016/3/31
徐虹	男	初级客服	24	2016/4/2
戴虎	男	初级客服	30	2016/4/3

	级别			
条件	资深客服			
	高级客服			

姓名	性别	级别	年龄	入职时间
邢宁	女	资深客服	31	2016/2/4
彭博	男	高级客服	27	2016/2/5
白婵	女	资深客服	31	2016/3/20
陶丽雪	男	资深客服	28	2016/3/30
钟松	女	资深客服	24	2016/3/31
贾松	女	高级客服	26	2016/4/4
尹凤	男	资深客服	25	2016/4/12
贺鹏	男	资深客服	24	2016/4/19
涂博	女	资深客服	32	2016/4/28

图 5-37 单列或条件筛选结果

	A	B	C	D	E	F	G	H	I	J	K
1	姓名	性别	级别	年龄	入职时间			性别	年龄		
2	邢宁	女	资深客服	31	2016/2/4		条件	男			
3	彭博	男	高级客服	27	2016/2/5				>=30		
4	薛磊	男	初级客服	26	2016/2/7						
5	洪毅	女	初级客服	25	2016/2/9						
6	黄丽	男	初级客服	24	2016/3/1						
7	白婵	女	资深客服	31	2016/3/20						
8	彭丽雪	男	中级客服	31	2016/3/23						
9	余宁	男	中级客服	26	2016/3/28						
10	邵伟	男	中级客服	25	2016/3/30						
11	陶丽雪	男	资深客服	28	2016/3/30						
12	钟松	女	资深客服	24	2016/3/31						
13	徐虹	男	初级客服	24	2016/4/2						
14	戴虎	男	初级客服	30	2016/4/3						
15	贾松	女	高级客服	26	2016/4/4						
16	尹凤	男	资深客服	25	2016/4/12						
17	贺鹏	男	资深客服	24	2016/4/19						
18	涂博	女	资深客服	32	2016/4/28						
19	万达侠	女	资深客服	30	2016/5/1						

图 5-38 多列或条件筛选

姓名	性别	级别	年龄	入职时间		性别	年龄	
邢宁	女	资深客服	31	2016/2/4	条件	男		
彭博	男	高级客服	27	2016/2/5			>=30	
薛磊	男	初级客服	26	2016/2/7				
洪毅	女	初级客服	25	2016/2/9	姓名	性别	级别	年龄	入职时间
黄丽	男	初级客服	24	2016/3/1	邢宁	女	资深客服	31	2016/2/4
白婵	女	资深客服	31	2016/3/20	彭博	男	高级客服	27	2016/2/5
彭丽雪	男	中客客服	31	2016/3/23	薛磊	男	初级客服	26	2016/2/7
余宁	男	中级客服	26	2016/3/28	黄丽	男	初级客服	24	2016/3/1
邵伟	女	初级客服	25	2016/3/30	白婵	女	资深客服	31	2016/3/20
陶丽雪	男	资深客服	28	2016/3/30	彭丽雪	男	中级客服	31	2016/3/23
钟松	女	资深客服	24	2016/3/31	余宁	男	中级客服	26	2016/3/28
徐虹	男	初级客服	24	2016/4/2	陶丽雪	男	资深客服	28	2016/3/30
戴虎	男	初级客服	30	2016/4/3	徐虹	男	初级客服	24	2016/4/2

图 5-39　多列或条件筛选结果

（4）同时使用或条件和且条件筛选

下面通过案例介绍如何同时使用或条件和且条件。例如，要求筛选出性别为"男"且年龄为">=30"，或性别为"女"且级别为"资深客服"的话务员。在"高级筛选"对话框中，具体设置如图5-40所示。

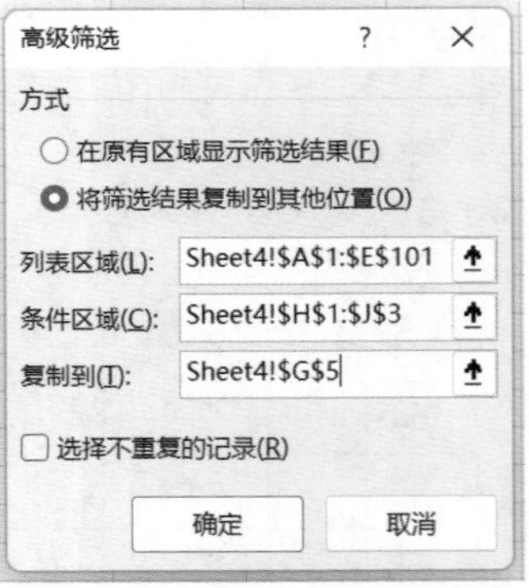

图 5-40　同时使用或条件和且条件筛选

单击"确定"按钮后，就可以得到男性大于等于30岁或女性资深客服的话务员，如图5-41所示。

（5）使用通配符筛选

在数据筛选中，也可以使用通配符，其中"*"代表任意多个字符。例如，

142

姓名	性别	级别	年龄	入职时间		条件	性别	年龄	级别	
邢宁	女	资深客服	31	2016/2/4			男	>=30		
彭博	男	高级客服	27	2016/2/5			女		资深客服	
薛磊	男	初级客服	26	2016/2/7						
洪毅	女	初级客服	25	2016/2/9		姓名	性别	级别	年龄	入职时间
黄丽	男	初级客服	24	2016/3/1		邢宁	女	资深客服	31	2016/2/4
白婵	女	资深客服	31	2016/3/20		白婵	女	资深客服	31	2016/3/20
彭丽雪	男	中级客服	31	2016/3/23		彭丽雪	男	中级客服	31	2016/3/23
余宁	男	中级客服	26	2016/3/28		钟松	女	资深客服	24	2016/3/31
邵伟	女	中级客服	25	2016/3/30		戴虎	男	初级客服	30	2016/4/3
陶丽雪	男	资深客服	28	2016/3/30		涂博	女	资深客服	32	2016/4/28
钟松	女	资深客服	24	2016/3/31		万达侠	女	资深客服	30	2016/5/1
徐虹	男	初级客服	24	2016/4/2		涂珑	女	资深客服	26	2016/5/27
戴虎	男	初级客服	30	2016/4/3		常光	女	资深客服	25	2016/5/29

图 5-41　同时使用或条件和且条件筛选结果

筛选出姓曹或姓薛的话务员，在"高级筛选"对话框中，具体设置如图 5-42 所示。

图 5-42　使用通配符筛选

单击"确定"按钮后，就可以得到姓名为姓曹或姓薛的话务员，如图 5-43 所示。

姓名	性别	级别	年龄	入职时间		条件	姓名			
邢宁	女	资深客服	31	2016/2/4			曹*			
彭博	男	高级客服	27	2016/2/5			薛*			
薛磊	男	初级客服	26	2016/2/7						
洪毅	女	初级客服	25	2016/2/9		姓名	性别	级别	年龄	入职时间
黄丽	男	初级客服	24	2016/3/1		薛磊	男	初级客服	26	2016/2/7
白婵	女	资深客服	31	2016/3/20		曹冬露	男	中级客服	25	2016/5/30
彭丽雪	男	中级客服	31	2016/3/23		曹欢悦	男	中级客服	27	2016/7/18
余宁	男	中级客服	26	2016/3/28		薛光	男	高级客服	27	2016/9/20
邵伟	女	中级客服	25	2016/3/30		曹娜	男	初级客服	26	2016/9/27
陶丽雪	男	资深客服	28	2016/3/30		薛君	男	中级客服	24	2016/11/24

图 5-43　使用通配符筛选结果

5.3 分类汇总

分类汇总就是将同一类别的记录进行合并统计，用于合并统计的字段可以自行设置，而合并统计的方式可以是求和、求平均值、计数等。分类汇总是Excel的一项重要功能，它能快速地以某个字段为分类项，对数据列表中其他字段的数值进行统计计算。本节将通过实例来介绍"分类汇总"及其应用。

5.3.1 一级分类汇总

下面介绍在Excel表格中以商品类别汇总数据为例，如何进行数据的一级分类汇总。

例如，根据店铺2022年5月的商品订单数据，分类汇总不同类型商品的销售额。

步骤1：选择全部数据，然后依次选择【数据】|【排序和筛选】|【排序】，对商品订单表数据按"商品类别"字段进行升序排序。

步骤2：依次选择【数据】|【分级显示】|【分类汇总】，在"分类汇总"对话框的"分类字段"下拉列表中选择"商品类别"选项，在"汇总方式"列表中选择"求和"选项，在"选定汇总项"列表中选择"销售额"复选框，其他保持默认设置。

步骤3：单击"确定"按钮后，Excel将按照"商品类别"字段对商品订单表中的销售额实现汇总统计，如图5-44所示。

图 5-44　一级分类汇总

144

5.3.2 多级分类汇总

实际上，Excel可以对数据进行多字段的分类汇总。下面以对上一节中使用过的部门采购登记表进行分类汇总为例，来介绍对Excel表格中数据进行多字段汇总的操作方法。这里对该表先按部门汇总，然后将汇总结果按照物品名称来进行汇总。

例如，根据店铺2022年5月的商品订单数据，分类汇总各省市不同商品类别的销售额。

步骤1：依次选择【数据】|【排序和筛选】|【排序】，对商品订单表数据按照"省市"和"商品类别"两个字段进行升序排序。

步骤2：依次选择【数据】|【分级显示】|【分类汇总】，在"分类汇总"对话框的"分类字段"下拉列表中选择"省市"选项，在"选定汇总项"列表中选择"销售额"复选框，单击"确定"按钮关闭"分类汇总"对话框，实现第一次按照"省市"字段的汇总，如图5-45所示。

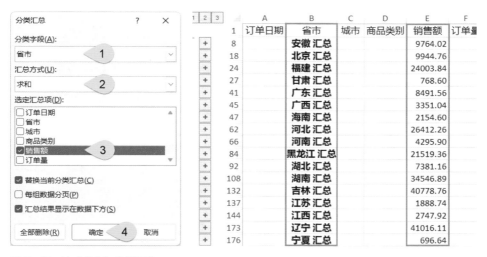

图5-45 按"省市"分类汇总

步骤3：再打开"分类汇总"对话框，在"分类字段"下拉列表中选择"商品类别"选项，在"选定汇总项"列表中选择"销售额"复选框，取消勾选"替换当前分类汇总"复选框，此时将对各个省市根据商品类别进行汇总，如图5-46所示。

145

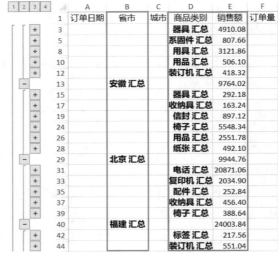

图 5-46　多级分类汇总

5.4　案例：制作工资条

工资条是员工所在单位定期给员工反映工资的纸条，企业职工在接收自己的工资时，通常会有一个工资条，工资条上注明了自己工资的扣除部分以及应得部分，本案例介绍如何使用Excel来制作工资条。

第一步：使用Excel软件，打开某个企业部分员工的工资表数据，如图5-47所示。然后把鼠标放到工资表中的数据区域，接下来选择菜单栏中的"数据"选项卡，在分级菜单栏中选择"分类汇总"选项。

序号	姓名	基本工资	补贴	奖金	扣款	合计
1	陶丽雪	6000	500	300	0	6800
2	万达侠	7000	700	0	50	7650
3	曹冬露	6500	600	200	0	7300
4	徐关茵	8000	800	500	0	9300
5	胡宣	7000	500	200	0	7700
6	蒋冬露	6000	550	0	100	6450
7	钱宁	6500	800	400	0	7700
8	曹欢悦	8000	700	200	50	8850
9	邵伟	7000	600	300	0	7900

在"分类汇总"对话框中，将"分类字段"设置为"姓名"，其他选项保持默认，然后点击"确定"按钮，如图5-48所示。

图 5-47　员工工资表

返回工资表中，就看到了分类汇总设置后的结果，在每个员工之间都插入了一行"员工姓名和汇总"数据，如图5-49所示。

第二步：接下来，选择A1至G1表头区域复制数据，复制完之后选择A列，

图 5-48 设置分类汇总

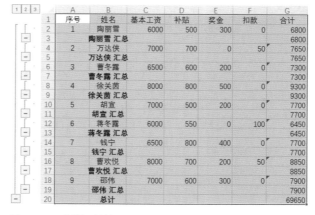

图 5-49 分类汇总结果

在界面中依次单击【开始】|【编辑】|【查找和选择】|【定位条件】选项，打开"定位条件"对话框。在"定位条件"对话框中，选择"空值"单选框，其他都保持默认，然后单击"确定"按钮关闭对话框完成定位，如图5-50所示。

接着在工作表中，可以看到A列的空白单元格已经为被选中状态，切记此时不能用鼠标乱点工作表中的其他单元格，否则会取消之前的选择，如图5-51所示。

图 5-50 选中空值

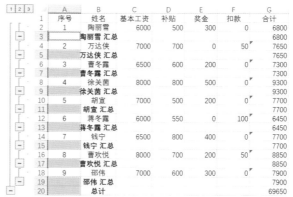

图 5-51 选中空白单元格

第三步：直接通过快捷键"Ctrl+V"，粘贴已经复制到剪贴板的标题行，就可以看到每一条工资记录前都插入了标题行，如图5-52所示。

最后，再切换到菜单栏中的"数据"选项，在"分级菜单"中选择"分类汇总"选项，再次打开"分类汇总"对话框，所有选项都保持默认，选择"全部删除"按钮，如图5-53所示。

图 5-52　插入标题行　　　　　　　　　　　图 5-53　删除分类汇总

	A	B	C	D	E	F	G
1	序号	姓名	基本工资	补贴	奖金	扣款	合计
2	1	陶丽雪	6000	500	300	0	6800
3	序号	姓名	基本工资	补贴	奖金	扣款	合计
4	2	万达侠	7000	700	0	50	7650
5	序号	姓名	基本工资	补贴	奖金	扣款	合计
6	3	曹冬露	6500	600	200	0	7300
7	序号	姓名	基本工资	补贴	奖金	扣款	合计
8	4	徐关茵	8000	800	500	0	9300
9	序号	姓名	基本工资	补贴	奖金	扣款	合计
10	5	胡宣	7000	500	200	0	7700
11	序号	姓名	基本工资	补贴	奖金	扣款	合计
12	6	蒋冬露	6000	550	0	100	6450
13	序号	姓名	基本工资	补贴	奖金	扣款	合计
14	7	钱宁	6500	800	400	0	7700
15	序号	姓名	基本工资	补贴	奖金	扣款	合计
16	8	曹欢悦	8000	700	200	50	8850
17	序号	姓名	基本工资	补贴	奖金	扣款	合计
18	9	邵伟	7000	600	300	0	7900
19	序号	姓名	基本工资	补贴	奖金	扣款	合计
20	序号	姓名	基本工资	补贴	奖金	扣款	合计

　　通过上述的操作，员工的工资条就制作好了，如图5-54所示。以上介绍的只是结合本章分类汇总内容制作工资条的一种方法，另外还有引用法、排序法、插入空行法、公式法等，读者可以自己尝试一下。

序号	姓名	基本工资	补贴	奖金	扣款	合计
1	陶丽雪	6000	500	300	0	6800
序号	姓名	基本工资	补贴	奖金	扣款	合计
2	万达侠	7000	700	0	50	7650
序号	姓名	基本工资	补贴	奖金	扣款	合计
3	曹冬露	6500	600	200	0	7300
序号	姓名	基本工资	补贴	奖金	扣款	合计
4	徐关茵	8000	800	500	0	9300
序号	姓名	基本工资	补贴	奖金	扣款	合计
5	胡宣	7000	500	200	0	7700
序号	姓名	基本工资	补贴	奖金	扣款	合计
6	蒋冬露	6000	550	0	100	6450
序号	姓名	基本工资	补贴	奖金	扣款	合计
7	钱宁	6500	800	400	0	7700
序号	姓名	基本工资	补贴	奖金	扣款	合计
8	曹欢悦	8000	700	200	50	8850
序号	姓名	基本工资	补贴	奖金	扣款	合计
9	邵伟	7000	600	300	0	7900

图 5-54　最后效果

6

Excel 条件格式

▼

条件格式是Excel数据处理中强大的功能之一，是给符合条件的单元格数据设置相应的格式，方便用户在纷繁复杂的数据中进行查询，配合相关函数和公式还可以实现条件格式的高级应用。本章通过若干个例子探讨Excel的条件格式。

扫码观看本章视频

6.1 条件格式的简单使用

6.1.1 数据范围标记

该功能将数据表格中某列大于某个值的单元格设置为自定义的格式样式。例如将销售额总计小于100000元的数据标记出来，下面简单介绍其操作步骤。

首先，选中"总计"列数据，然后在菜单栏依次单击【开始】|【条件格式】|【突出显示单元格规则】|【小于】选项，如图6-1所示。

图6-1 设置数据范围（1）

弹出如图6-2所示的"小于"对话框，然后在左侧框中输入"100000"，右侧框中设置需要的格式，还可以自定义格式。

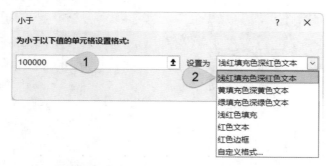

图6-2 设置数据范围（2）

150

通过条件格式设置，表格将标记商品销售额小于100000元的数据记录，如图6-3所示。

商品类型	公司	小型企业	消费者	总计
复印机	243127.70	134530.70	277658.33	655316.73
美术	20223.11	12535.24	34945.76	67704.11
配件	83849.67	34168.99	131125.76	249144.42
器具	261267.16	131304.63	457100.20	849671.98
设备	76571.00	68204.50	190630.69	335406.20
收纳具	138786.62	76115.20	231963.20	446865.02
书架	260867.60	167730.84	454349.20	882947.63
系固件	15854.55	10977.15	22466.50	49298.20
信封	33350.80	13543.18	57191.54	104085.52
椅子	238122.01	130593.96	335685.97	704401.94
用具	54790.57	29655.92	97450.08	181896.57
用品	37653.90	20790.73	56521.11	114965.73

图6-3　条件格式结果（小于）

6.1.2　文本模糊匹配

下面通过案例介绍条件格式在文本模糊匹配中的应用。例如，将商品销售统计表中，商品类型含有"具"的标记为红色背景，下面简单介绍其操作步骤。

首先，选中"商品类型"列数据，然后在菜单栏依次单击【开始】|【条件格式】|【突出显示单元格规则】|【文本包含】选项，出现如图6-4所示的对话框，然后在文本框中输入"具"，并设置为"浅红填充色深红色文本"的格式。

图6-4　设置关键字

商品类型	公司	小型企业	消费者	总计
复印机	243127.70	134530.70	277658.33	655316.73
美术	20223.11	12535.24	34945.76	67704.11
配件	83849.67	34168.99	131125.76	249144.42
器具	261267.16	131304.63	457100.20	849671.98
设备	76571.00	68204.50	190630.69	335406.20
收纳具	138786.62	76115.20	231963.20	446865.02
书架	260867.60	167730.84	454349.20	882947.63
系固件	15854.55	10977.15	22466.50	49298.20
信封	33350.80	13543.18	57191.54	104085.52
椅子	238122.01	130593.96	335685.97	704401.94
用具	54790.57	29655.92	97450.08	181896.57
用品	37653.90	20790.73	56521.11	114965.73

图6-5　条件格式结果（文本包含）

通过条件格式设置，将商品销售统计表中，商品类型含有"具"的记录标记为红色背景，如图6-5所示。

6.1.3　标记前几或后几

Excel中的条件格式还可以标记前几或后几、高于平均值或低于平均值的值，下面通过案例介绍标记商品销售额统计表中销售总计排名前3名的记录。

首先，选中"总计"列数据，然后在菜单栏依次单击【开始】|【条件格式】|【最前/最后规则】|【前10项】，出现如图6-6所示的对话框，然后在文本框中输入"3"，并设置为"浅红填充色深红色文本"的格式。

通过条件格式设置，将商品销售统计表中，

图6-6　设置前几或后几

151

销售额总计排名前3的记录标记为红色背景，如图6-7所示。

商品类型	公司	小型企业	消费者	总计
复印机	243127.70	134530.70	277658.33	655316.73
美术	20223.11	12535.24	34945.76	67704.11
配件	83849.67	34168.99	131125.76	249144.42
器具	261267.16	131304.63	457100.20	849671.98
设备	76571.01	68204.50	190630.69	335406.20
收纳具	138786.62	76115.20	231963.20	446865.02
书架	260867.60	167730.84	454349.20	882947.63
系固件	15854.55	10977.15	22466.50	49298.20
信封	33350.80	13543.18	57191.54	104085.52
椅子	238122.01	130593.96	335685.97	704401.94
用具	54790.57	29655.92	97450.08	181896.57
用品	37653.90	20790.73	56521.11	114965.73

图6-7 条件格式结果（前10项）

6.1.4 标记重复值

下面通过案例介绍条件格式在标记重复值中的应用。例如，标记商品订单表中的重复订单，下面简单介绍其操作步骤。

首先，选中"订单编号"列数据，然后依次单击【开始】|【条件格式】|【突出显示单元格规则】|【重复值】选项，出现如图6-8所示的对话框，并设置为"浅红填充色深红色文本"的格式。

单击"确定"按钮后，就会将商品订单表中的重复订单数据进行标记，如图6-9所示。

图6-8 设置重复值

订单编号	订单日期	客户编号	客户类型	省市	地区	商品类别
CN-2022-103611	2022/11/30	Cust-13090	消费者	广东	中南	办公类
CN-2022-103606	2022/11/30	Cust-13255	小型企业	浙江	华东	办公类
CN-2022-103614	2022/11/29	Cust-13615	消费者	湖北	中南	办公类
CN-2022-103615	2022/11/29	Cust-19345	公司	四川	西南	家具类
CN-2022-103614	2022/11/29	Cust-13615	消费者	湖北	中南	办公类
CN-2022-103617	2022/11/28	Cust-19345	公司	四川	西南	办公类
CN-2022-103618	2022/11/28	Cust-19345	公司	四川	西南	办公类
CN-2022-103612	2022/11/27	Cust-19600	消费者	黑龙江	东北	家具类
CN-2022-103612	2022/11/27	Cust-19600	消费者	黑龙江	东北	家具类
CN-2022-103613	2022/11/27	Cust-19600	消费者	黑龙江	东北	办公类
CN-2022-103610	2022/11/26	Cust-20005	消费者	陕西	西北	办公类
CN-2022-103607	2022/11/26	Cust-20380	消费者	福建	华东	办公类

图6-9 条件格式结果（重复值）

注意

当选中整列的时候，这种规则不仅仅作用在已有的数据上，还会作用在后续添加的数据上，也可以用来提醒是否输入了重复值。

6.1.5 多重条件格式

在Excel中，可以给表格添加多重条件格式，即对选中的数据进行多次添加条件格式。

例如，在商品成本分析表中，将销售额大于50000元的记录标记为绿色背景，且将销售额排名前3的记录标记为红色字体。

首先，将销售额大于50000元的记录标记为绿色背景，如图6-10所示。

商品类型	销售额	成本	利润额	利润率
标签	2773.61	1642.02	44.55	2.71%
电话	53377.69	17792.56	825.28	4.64%
复印机	60781.92	20260.64	694.14	3.43%
美术	5055.77	3133.81	87.36	2.79%
配件	20962.41	8542.24	327.81	3.84%
器具	65316.79	32826.15	1142.75	3.48%
收纳具	34696.65	19028.80	579.90	3.05%
书架	65216.90	41932.71	1135.87	2.71%
系固件	3963.63	2744.28	56.16	2.05%
信封	8337.70	3385.79	142.97	4.22%
椅子	59530.50	19843.51	839.21	4.23%
用具	13697.64	7413.98	243.62	3.29%

图 6-10　标记销售额大于 50000 元的记录

商品类型	销售额	成本	利润额	利润率
标签	2773.61	1642.02	44.55	2.71%
电话	53377.69	17792.56	825.28	4.64%
复印机	60781.92	20260.64	694.14	3.43%
美术	5055.77	3133.81	87.36	2.79%
配件	20962.41	8542.24	327.81	3.84%
器具	65316.79	32826.15	1142.75	3.48%
收纳具	34696.65	19028.80	579.90	3.05%
书架	65216.90	41932.71	1135.87	2.71%
系固件	3963.63	2744.28	56.16	2.05%
信封	8337.70	3385.79	142.97	4.22%
椅子	59530.50	19843.51	839.21	4.23%
用具	13697.64	7413.98	243.62	3.29%

图 6-11　标记排名前 3 的记录

其次，将销售额排名前3的记录标记为红色加粗字体，如图6-11所示。

6.1.6　清除规则

对于上述创建的各种类型的条件格式设置，在Excel表格中，怎么快速清除所选单元格的规则呢？

图 6-12　清除规则

其实，如果需要清除规则的话，可以使用"清除规则"功能来实现，在菜单栏中依次单击【开始】|【条件格式】|【清除规则】选项，这里分为"清除所选单元格的规则"和"清除整个工作表的规则"两个分选项，如图6-12所示。

153

6.2 带公式的条件格式

"条件格式"是根据单元格内容有选择地自动设置或应用格式，它为Excel增色不少的同时，还可以带来很多方便。如果让"条件格式"和"公式"结合使用，则可以发挥更大作用，使工作事半功倍，本节通过几个实例来体验"条件格式"与"公式"的巧妙结合。

6.2.1 突出排名前3数据

下面通过每月的商品订单表，介绍如何在条件格式中使用数学函数，例如将月度订单量排名前3的月份设置为红色字体。

在Excel中，我们通常会使用MAX函数求最大值，不过这个函数只能查找最大的那个值，也就是排名第一的数值，那我们如何求排名第二、第三的数值呢？其实，Excel中的LARGE函数就可以实现上述需求，即函数指定选取排在第几名的数值。

LARGE函数有两个参数：第一个参数查询数值所在的数据区域，第二个参数查询是正数第几名。如果第二个参数大于数据的个数，则函数传回错误值#NUM!。

下面简单介绍其操作步骤，首先使用LARGE函数提取12个月中排名第三的数值，然后再将结果运用到条件格式中，即可突出显示排名前3的月份数据。

选择B2:B13区域，依次单击【条件格式】|【新建规则】选项，选择【使用公式确定要设置格式的单元格】，在文本框中输入公式"=$B2>= LARGE($B$2:$B$13,3)"，如图6-13所示。

然后单击"格式"按钮，在弹出的"设置单元格格式"对话框中，设置字体为"加粗"和"红色"，如图6-14所示。

6.2.2 突出显示周末订单

下面在商品订单表中，介绍如何添加带日期函数的条件格式，找出订单日期为周末的记录，并将本行数据标记为红色字体，例如2021年12月26日和2021年12月19日是周

图6-13 新建格式规则

图 6-14　设置单元格格式

日，2021年12月25日和2021年12月18日是周六。

在Excel中，WEEKDAY函数返回一周中第几天的数值，是一个1～7（或0～6）之间的整数。WEEKDAY函数有两个参数，其中第一个参数为日期，第二个参数表示返值是从1～7还是从0～6，以及从星期几开始计数。

下面简单介绍其操作步骤，首先选择数据区域，依次单击【条件格式】|【新建规则】选项，在"新建格式规则"对话框中，选择【使用公式确定要设置格式的单元格】，在文本框中输入公式"=OR(weekday($A2,2)=6,weekday($A2,2)=7)"，如图6-15所示。

订单日期	客户编号	商品类别	销售额
2021/12/31	Cust-18764	系固件	135.80
2021/12/30	Cust-18763	装订机	127.40
2021/12/29	Cust-18762	复印机	5297.46
2021/12/28	Cust-18761	椅子	421.40
2021/12/27	Cust-18760	椅子	1275.12
2021/12/26	Cust-18759	系固件	92.40
2021/12/25	Cust-18758	装订机	417.48
2021/12/24	Cust-18757	装订机	139.58
2021/12/23	Cust-18756	标签	265.30
2021/12/22	Cust-18755	电话	1090.91
2021/12/21	Cust-18754	系固件	117.43
2021/12/20	Cust-18753	配件	472.22
2021/12/19	Cust-18752	标签	361.20
2021/12/18	Cust-18751	器具	900.90
2021/12/17	Cust-18750	装订机	75.04
2021/12/16	Cust-18749	复印机	2448.04
2021/12/15	Cust-18748	收纳具	803.88
2021/12/14	Cust-18747	电话	626.72

图 6-15　使用日期函数

155

6.2.3　突出显示特定文本

下面通过商品订单表，介绍如何使用条件格式，突出显示特定文本的记录，并将数据标记为红色加粗字体。

选择数据区域，依次单击【条件格式】|【新建规则】选项，在"新建格式规则"对话框中，选择规则类型为【只为包含以下内容的单元格设置格式】，在编辑规则说明中更改单元格值为"特定文本"，选择条件规则为"包含"，包含内容设置为"果"，如图6-16所示。

图6-16　显示特定文本

6.2.4　突出显示重复订单

下面通过商品订单表，介绍如何使用条件格式，突出显示重复的订单记录，并将本行数据标记为红色加粗字体。

选择数据区域，依次单击【条件格式】|【新建规则】选项，在"新建格式规则"对话框中，选择规则类型为【仅对唯一值或重复值设置格式】，然后设置格式为"重复"类型，并设置重复值为红色加粗字体，如图6-17所示。

6.2.5　突出显示最低销售额

下面在商品订单表中，介绍如何使用条件格式，突出显示最低销售额的3个数据，并将数据标记为红色加粗字体。

选择数据区域，依次单击【条件格式】|【新建规则】选项，在"新建格式规则"对话框中，选择规则类型为【仅对排名靠前或靠后的数值设置格式】，然后设

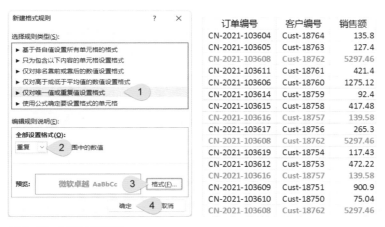

图 6-17　显示重复订单

置格式为"最低"类型，并输入显示最低的数值个数为"3"，如图6-18所示。

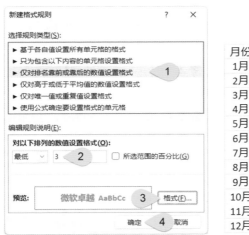

月份	A组	B组	C组
1月	8.46	10.60	11.94
2月	10.65	13.30	13.71
3月	15.33	17.25	10.78
4月	11.34	13.72	15.11
5月	18.63	14.14	16.71
6月	16.09	18.11	10.01
7月	14.76	9.13	16.06
8月	13.35	15.96	14.77
9月	16.42	16.67	13.48
10月	16.16	14.52	15.54
11月	14.87	13.40	14.40
12月	13.20	12.18	13.13

图 6-18　显示最低销售额

6.2.6　突出显示高于均值数据

下面在商品订单表中，介绍如何使用条件格式，突出显示高于平均值的数据，并用红色加粗字体进行标注。

选择数据区域，依次单击【条件格式】|【新建规则】选项，在"新建格式规则"对话框中，选择规则类型为【仅对高于或低于平均值的数值设置格式】，为满足"高于"条件的值设置格式，如图6-19所示。

157

月份	A组	B组	C组
1月	8.46	10.6	11.94
2月	10.65	13.3	13.71
3月	15.33	17.25	10.78
4月	11.34	13.72	15.11
5月	18.63	14.14	16.71
6月	16.09	18.11	10.01
7月	14.76	9.13	16.06
8月	13.35	15.96	14.77
9月	16.42	16.67	13.48
10月	16.16	14.52	15.54
11月	14.87	13.4	14.4
12月	13.2	12.18	13.13

图 6-19　显示高于均值数据

6.3　设置数据条与色阶

数据条与色阶的功能比较相似，都是在不更改原表单顺序的前提下，为单元格中的数据，增添"带颜色的"柱状条或背景颜色，以此来直观地显示选中范围数据的"大小关系"。不同之处在于，"数据条选项"为单色系的填充，是依据图形的长度，来显示数据的相对大小；而"色阶选项"则为多色系的填充，是依据颜色差异与深浅，来显示数据的相对大小。

6.3.1　创建数据条

在Excel中，通过绘制数据条，可以在一个坐标轴中区分单元格中的正值和负值，让数据对比的可视化效果更加突出。

在Excel工作表中，首先，选择需要绘制数据条的单元格区域，例如各个门店第四季度销售额的环比D2:D11，然后依次单击【开始】|【条件格式】|【数据条】，即可在其右侧列表中看到"渐变填充"和"实心填充"两组规则样式，如图6-20所示。

图 6-20　创建数据条

158

将鼠标指针停留在某种数据条上，实时预览到最终效果，若要应用某个数据条，单击它即可，如图6-21所示。

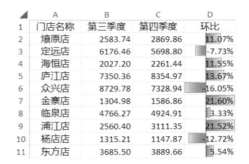

图 6-21　浅蓝色数据条

6.3.2　新建数据条规则

如果要新建数据条规则，首先，选择绘制数据条的单元格区域，例如门店第三季度和第四季度的销售额B2:C11,然后依次单击【开始】|【条件格式】|【新建规则】，打开"新建格式规则"对话框。

在对话框中，格式样式选择"数据条"选项，最小值和最大值的类型有最低值、数字、百分比、公式、百分点值、自动等选项，这里选择"自动"，填充选择"渐变填充"选项，颜色选择"金色"选项，其他保持默认，如图6-22所示。

6.3.3　编辑数据条规则

数据条绘制后，在图表中可以清晰地看到，正值与负值对应的数据条分别绘制在了左右不同的方向上。如若对当前的效果不满意，可进行更改，单击【条件格式】|【管理规则】，打开"条件格式规则管理器"对话框，选中需要修改的规则，单击"编辑规则"按钮，如图6-23所示。

在随后打开的"编辑格式规则"对话框中，可以轻松地设置数据条的

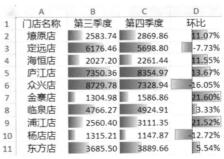

图 6-22　新建数据条规则

图 6-23　条件格式规则管理器

显示方式，例如更改条形图外观等。而单击"负值和坐标轴"按钮，则可打开
"负值和坐标轴设置"对话框，在这里可以设置负值条形图填充颜色、坐标轴的
位置等，如图6-24所示。

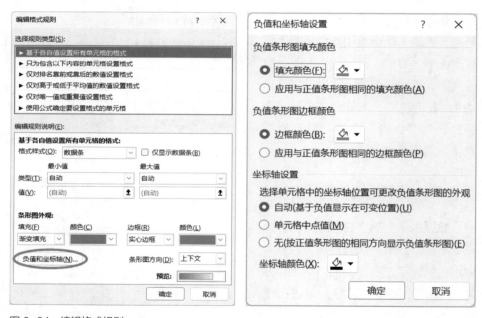

图 6-24　编辑格式规则

6.3.4　删除数据条规则

如果需要删除部分区域的数据条，依次单击【条件格式】|【管理规则】，打
开"条件格式规则管理器"对话框，选中需要删除的规则，例如区域B2:B11，

单击"删除规则"按钮，单击"确定"按钮，如图6-25所示，然后区域B2:B11的条件格式将会被删除。

图6-25　删除数据条规则

6.3.5　销售数据添加色阶

色阶表示的是图像亮度强弱的数值，色阶图自然就是一张图像中不同亮度的分布图，选择要设置格式的单元格，然后依次单击【开始】【条件格式】【色阶】，选择需要的色阶。

色阶中，虽无包含选项，但也可划分为两种填充效果。

一是多色系的填充，即按照系统的默认颜色递进顺序，对数据的背景颜色进行标注，例如对10个门店的季度销售额数据添加"绿黄红"色阶，如图6-26所示。

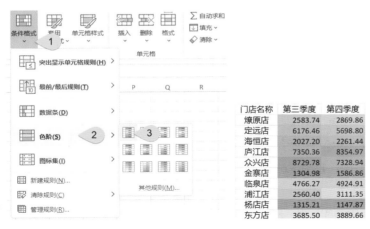

图6-26　添加"绿黄红"色阶

二是只含有白色和标记色的两色系填充，即标记颜色会按照"由深至浅，再至白"的逻辑顺序，对数据的背景颜色进行标注，例如对10个门店的季度销售额数据添加"绿白"色阶，如图6-27所示。

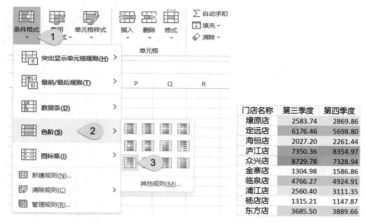

门店名称	第三季度	第四季度
燎原店	2583.74	2869.86
定远店	6176.46	5698.80
海恒店	2027.20	2261.44
庐江店	7350.36	8354.97
众兴店	8729.78	7328.94
金寨店	1304.98	1586.86
临泉店	4766.27	4924.91
浦江店	2560.40	3111.35
杨店店	1315.21	1147.87
东方店	3685.50	3889.66

图6-27　添加"绿白"色阶

6.4　案例：使用图标集标识订单量

在Excel中，通过使用"图标集"为数据添加注释时，默认情况下，系统将根据单元格区域的数值分布情况自动应用图标。例如，使用图标集来表示不同地区不同月份的订单量，从而使订单数据看上去就比较醒目美观，具体操作步骤如下。

第一步：选中数据区域B2:J13，依次选择【开始】|【样式】|【条件格式】|【图标集】，可以根据需要选择方向、形状、标记、等级等类型的图标，还可以设置"其他规则"，如图6-28所示。

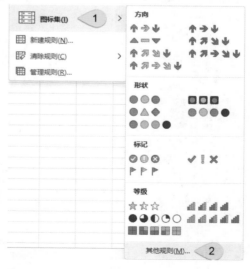

图6-28　条件格式图标集

第二步：在打开的"新建格式规则"对话框中，选择规则类型为"基于各自值设置所有单元格的格式"，还可以设置图标样式。这里按1：7：2的比例分析产品订单数据的分布情况，值的设置分别是80、10，类型的默认设置为百分比，如图6-29所示。

第三步：单击"确定"按钮，关闭"新建格式规则"对话框，设置的图标即可应用到所选单元格中，如图6-30所示。

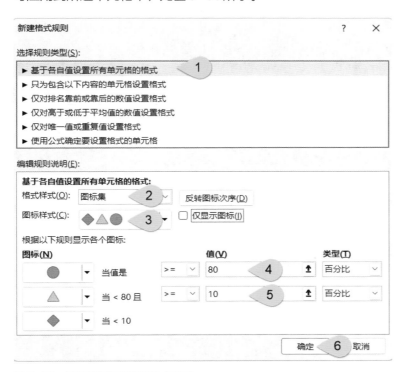

图6-29　根据实际情况新建格式规则

月份	东北	华北	华中	华南	华东	西北	西南
1月	38	19	24	29	96	26	10
2月	97	94	33	12	38	86	91
3月	99	95	83	78	93	39	83
4月	71	32	31	80	95	50	55
5月	68	18	88	29	98	96	97
6月	31	17	67	15	58	91	87
7月	79	56	47	86	38	57	37
8月	83	27	41	45	98	29	56
9月	31	93	20	95	49	12	91
10月	37	72	17	37	57	24	28
11月	56	29	50	31	17	67	21
12月	44	26	56	99	29	58	17

图6-30　应用格式规则后

163

7.

Excel 数据可视化

▼

　　说到图表，想必很多人都被一些光彩炫目的样式震惊过，虽然部分图表看起来很高端，但是拆解开来，都是由一些基础图表演变而来的，所以可不要小瞧了基础图表的制作，基础图表可以分为对比型、趋势型、比例型、分布型等类型，本节通过案例逐一进行介绍。

扫码观看本章视频

7.1 Excel 图表概述

在Excel中，图表可以更为直观地看到不同类别数据或不同时间数据的比较及发展趋势，比如在总体中的占比，不同年份的同比增长，不同月份的环比增长，等等。

7.1.1 Excel 图表类型

在Excel界面中，单击【插入】选项卡，可以看到Excel的【图表】选项，如图7-1所示，然后单击【推荐的图表】选项。

图 7-1 【图表】选项

在"插入图表"页面，单击【所有图表】选项，可以看到Excel 2021支持的所有图表类型，以及相对应的图表变体，如图7-2所示。

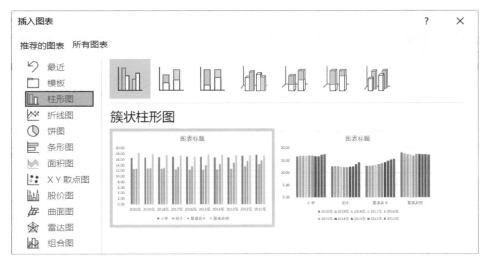

图 7-2 图表类型

7.1.2 图表主要元素

在介绍图表之前，首先需要了解一下图表的构成元素。在 Excel 中，图表一共有 11 种元素，包括坐标轴、坐标轴标题、图表标题、数据标签、数据表、误差线、网格线、图例、线条、趋势线、涨 / 跌柱线等，下面介绍一些主要的元素，如图 7-3 所示。

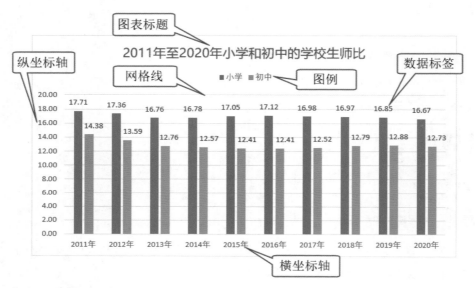

图 7-3　图表主要元素

① 横坐标轴：通常为水平坐标轴，包含分类变量。

② 纵坐标轴：通常为垂直坐标轴，包含数值变量。

③ 图表标题：一般位于图表上方、居中，也可以自动调整至合适的位置。

④ 图例：可以设置无、右侧、顶部、左侧、底部。

⑤ 数据标签：可以设置为无、居中、数据标签内、数据标签外，也可以自动设置位置。

⑥ 网格线：可以设置为主轴主要水平网格线、主轴主要垂直网格线、主轴次要水平网格线、主轴次要垂直网格线。

在 Excel 中，可以依次单击【图表设计】|【添加图表元素】选项，为图表添加图表元素，包括坐标轴、坐标轴标题、图表标题、数据标签、数据表、误差线、网格线、图例、趋势线等，如图 7-4 所示。

图 7-4　Excel 图表元素

7.2　绘制对比型图表

对比型图表一般是比较几组数据的差异，这些差异通过视觉和标记来区分，视图中通常表现为高度差异、宽度差异、面积差异等，包括柱形图、条形图、雷达图等。

7.2.1　柱形图及案例

柱形图描述的是分类数据的数值大小，回答的是每一个分类中"有多少"的问题。需要注意的是，当柱形图显示的分类很多时，会导致分类重叠等显示问题。

例如，分析企业2022年不同类型商品的订单量。

主要操作：依次单击【插入】|【图表】|【三维簇状柱形图】选项，然后双击柱形图，弹出"设置数据系列格式"选项框，在选项框里，单击"系列选项"，在"柱体形状"中选择"完整圆锥"，并为图形添加"数据标签"，设置后的效果如图7-5所示。

7.2.2　条形图及案例

条形图显示各项目之间的比较情况，分为垂直条形图和水平条形图，其中水平条形图纵轴表示分类，横轴表示数值。它强调各个值之间的比较，不太关注时

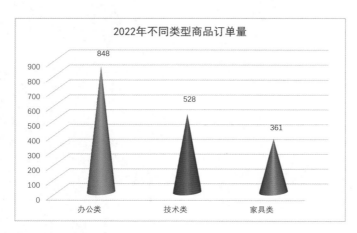

图7-5 柱形图

间的变化。

例如，对2022年企业商品的月度销售额进行分析。

主要操作：依次单击【插入】|【图表】|【三维簇状条形图】选项，并为图形添加"数据标签"，设置后的效果如图7-6所示。

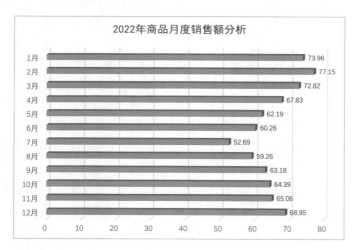

图7-6 条形图

7.2.3 雷达图及案例

当有一组类别型数据、一组连续数值型数据时，为了对比数据大小情况，就可以使用雷达图。

168

例如，绘制2020年至2022年企业在各个地区的订单量雷达图。

主要操作：依次单击【插入】|【图表】|【带数据标记的雷达图】选项，设置后的效果如图7-7所示。

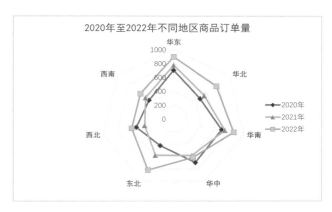

图 7-7　雷达图

7.3　绘制趋势型图表

趋势型图表用来反映数据随时间变化而变化的趋势，尤其是在整体趋势比单个数据点更重要的场景下，包括折线图、面积图、曲面图等。

7.3.1　折线图及案例

折线图用于显示数据在一个连续的时间间隔或者跨度上的变化，它的特点是反映事物随时间或有序类别而变化的趋势。

例如，分析2015年至2022年近8年企业商品的订单量变化趋势。

主要操作：依次单击【插入】|【图表】|【带数据标记的折线图】选项，并为图形添加"数据标签"，设置后的效果如图7-8所示。

图 7-8　折线图

7.3.2　面积图及案例

面积图是折线图的另一种表现形式，其一般用于显示不同数据系列之间的对比关系，同时也显示单个数据系列与整体的比例关系，强调随时间变化的幅度。

例如，分析2022年12个月的企业商品销售额的变化趋势。

主要操作：依次单击【插入】|【图表】|【面积图】选项，并为图形添加"数据标签"，设置后的效果如图7-9所示。

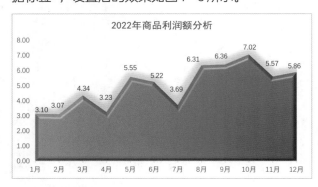

图 7-9　面积图

7.3.3　曲面图及案例

曲面图可以在曲面上显示两个或多个数据系列，实际上它是折线图和面积图的另一种形式，我们可以通过创建曲面图来实现两组数据之间的最佳配合。

例如，比较2017年至2022年不同类型商品的销售额。

主要操作：依次单击【插入】|【图表】|【三维曲面图】选项，设置后的效果如图7-10所示。

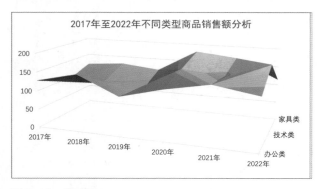

图 7-10　曲面图

170

7.4 绘制比例型图表

比例型图表用于展示每一部分占整体的百分比情况，至少有一个分类变量和数值变量，包括饼图、环形图、旭日图等。

7.4.1 饼图及案例

饼图将一个圆饼按照分类的占比划分成若干个区块，整个圆饼代表数据的总量，每个圆弧表示各个分类的比例大小，所有区块的和等于100%。

例如，对2022年企业各门店销售额进行分析。

主要操作：依次单击【插入】|【图表】|【饼图】选项，并为图形添加"数据标签"，设置后的效果如图7-11所示。

图 7-11 饼图

7.4.2 环形图及案例

环形图是一类特殊的饼图，它是由两个及两个以上大小不一的饼图叠加在一起，然后挖去中间的部分所构成的图形。

例如，对2022年不同地区商品订单量进行分析。

主要操作：依次单击【插入】|【图表】|【圆环图】选项，并为图形添加"数据标签"，设置后的效果如图7-12所示。

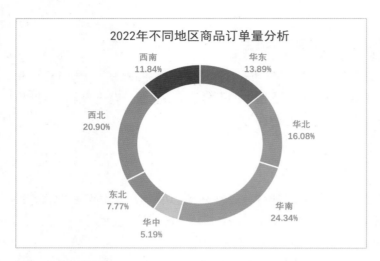

图 7-12　环形图

7.4.3　旭日图及案例

旭日图由多层的环形图组成，在数据结构上，内圈是外圈的父节点。因此，它既可以像饼图一样表现局部和整体的占比，又能像树图一样表现层级关系。

例如，绘制 2020 年至 2022 年不同类型商品的销售额旭日图。

主要操作：依次单击【插入】|【图表】|【旭日图】选项，设置后的效果如图 7-13 所示。

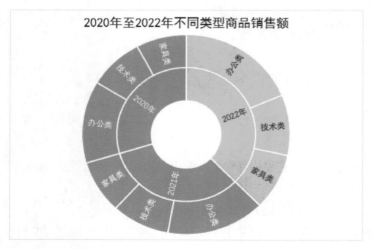

图 7-13　旭日图

7.5 绘制分布型图表

分布型图表用于研究数据的集中趋势、离散程度等描述性度量，用以反映数据的分布特征，包括散点图、排列图、箱型图等。

7.5.1 散点图及案例

散点图将所有的数据以点的形式展现在直角坐标系上，以显示变量之间的相互影响程度，点的位置由变量的数值决定。

例如，绘制2022年12个月的商品销售额散点图。

主要操作：依次单击【插入】|【图表】|【散点图】选项，设置后的效果如图7-14所示。

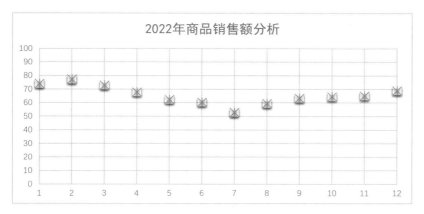

图7-14　散点图

7.5.2 排列图及案例

排列图是一类图书的直方图，它由两个纵坐标、一个横坐标、若干个直方图形和一条曲线组成，其中左边的纵坐标表示频数，右边的纵坐标表示频率，横坐标表示影响质量的各种因素。

例如，绘制2022年华东地区商品销售额的排列图。

主要操作：依次单击【插入】|【图表】|【排列图】选项，设置后的效果如图7-15所示。

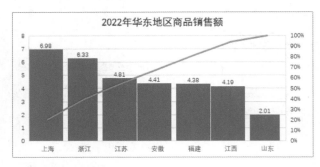

图 7-15　排列图

7.5.3　箱型图及案例

箱型图又称盒型图，它是一种显示一组数据分散情况的统计图，能显示数据的最大值、上四分位数、中位数、下四分位数、最小值，因形状如箱子而得名。

例如，分析2020年至2022年各个地区的销售额情况。

主要操作：依次单击【插入】|【图表】|【箱型图】选项，设置后的效果如图7-16所示。

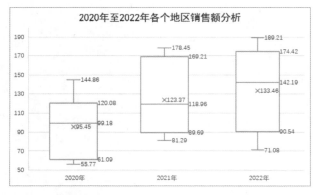

图 7-16　箱型图

7.6　绘制其他基础图表

除了以上四种类型的基本图表外，还有一些其他类型的图表，它们在日常可视化分析过程中也会经常遇到，主要包括树状图、漏斗图、股价图等。

7.6.1 树状图及案例

树状图在嵌套的矩形中显示数据，使用分类变量定义树状图的结构，使用数值变量定义各个矩形的大小或颜色。

例如，绘制2022年华东地区商品销售利润额树状图。

主要操作：依次单击【插入】|【图表】|【树状图】选项，并为图形添加"数据标签"，设置后的效果如图7-17所示。

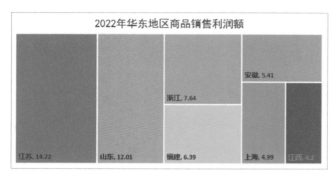

图 7-17 树状图

7.6.2 漏斗图及案例

漏斗图又叫倒三角图，像倒金字塔，是一个流程化思考方式，常用于新用户的开发、购物转化率这些有变化和一定流程的分析中。

例如，某电商平台有500个用户浏览，有200人浏览后进行了用户注册，有100人添加商品到购物车，有60人提交了订单，有35人购买了商品，但是其中只有20人支付成功，整个过程的客户转化率为4%。

主要操作：依次单击【插入】|【图表】|【漏斗图】选项，设置后的效果如图7-18所示。

7.6.3 股价图及案例

股价图用来显示股票价格的波动情况，在研究金融数据时经常被用到，一般包括股票的开盘价、盘高价、盘低价、收盘价等信息。

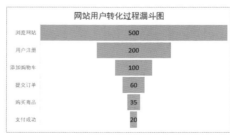

图 7-18 漏斗图

例如，研究2022年11月企业股票价格的变化情况。

主要操作：依次单击【插入】|【图表】|【股价图】选项，类型为"开盘－盘高－盘低－收盘图"，设置后的效果如图7-19所示。

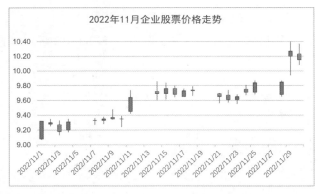

图7-19　股价图

7.7　Excel 高级绘图

上述介绍的是Excel绘制一些基础图表，此外还可以绘制高级图表，下面通过案例介绍瀑布图、甘特图、指针式仪表等。

7.7.1　瀑布图及案例

瀑布图形似瀑布流水，采用绝对值与相对值结合的方式，适用于表达多个特定数值之间的数量变化关系，当需要表达两个数据点之间数量的演变过程时，就可以使用瀑布图。下面绘制某企业2022年8月商品出入库的瀑布图。

步骤1：准备基础数据。

准备好制作瀑布图的基础数据，包括日期、入库/出库、结余3个字段，如表7-1所示。

表7-1　商品出入库数据

日期	入库/出库	结余
1日	2000	2000
3日	−400	1600

日期	入库 / 出库	结余
9日	−900	700
13日	−400	300
16日	1200	1500
23日	−700	800
31日	−600	200
库存	200	

步骤2： 插入瀑布图。

选择A1:B9单元格区域，在【插入】选项卡中的"图表"分组里找到"瀑布图"并插入，如图7-20所示。

步骤3： 柱形图设置汇总项。

用鼠标左键双击"1日"的柱形图，其他柱形图就变成灰色，这时点击鼠标右键，选择"设置为汇总"，就可以理解为"期初库存数量"，同样设置"库存"柱形图，理解为"期末库存数量"，这样期初和期末的数据对比呈现可以让图表更加直观，如图7-21所示。

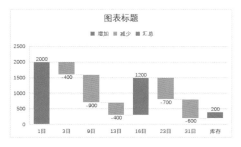 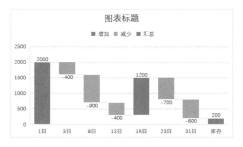

图 7-20　插入瀑布图　　　　　　图 7-21　设置汇总项

步骤4： 图表配色及美化。

剩下的就是给图表进行配色，用鼠标分别在每个柱形图上双击左键，设置不同的填充颜色，最后输入合适的图表标题，如图7-22所示。

7.7.2　甘特图及案例

甘特图以图示的方式通过活动列表和时间刻度形象地表示出特定项目的活动顺序与持续时间，即甘特图是将活动与时间联系起来的一种图表形式，显示每个活动的历时长短。甘特图基本三要素是：任务名称、任务开始时间、任务持续时间。下面绘制某个项目进度计划的甘特图。

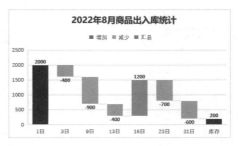

图 7-22　图表配色及美化

步骤1：准备基础数据。

准备好制作甘特图的基础数据，包括项目阶段、开始时间、工作天数，如表7-2所示。

表7-2　项目实施计划

项目阶段	开始时间	工作天数
项目启动	2022/2/16	9
需求分析	2022/2/25	26
系统设计	2022/3/23	24
系统实现	2022/4/16	59
系统测试	2022/6/14	13
项目验收	2022/6/27	5

步骤2：插入堆积条形图。

使用堆积条形图作为甘特图的基本图表，首先选中"开始时间"列，然后在"插入"选项卡中选择"堆积条形图"，设置后的效果如图7-23所示。

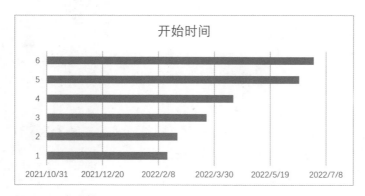

图 7-23　插入堆积条形图

步骤3：添加持续工作时间系列。

在上一步插入的图表里，添加工作天数系列。选中图表，鼠标右键，在弹出

178

的列表中，选择"选择数据"选项，在弹出的"选择数据源"对话框中，点击左侧"添加"按钮，如图7-24所示。

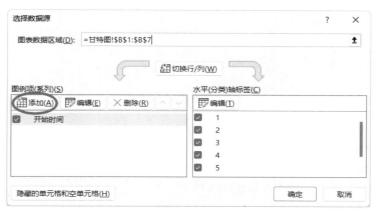

图7-24 添加持续工作时间系列

弹出"编辑数据系列"对话框，设置系列名称和系列值，选择对应项目的工作天数字段名，以及工作天数的具体数据，如图7-25所示。

步骤4：隐藏开始日期系列条形图。

由于显示的是每个任务的持续时间，因此需要将开始日期系列的条形图隐藏处理。鼠标点击开始日期系列的条形图，鼠标右键，点击"设置数据系列格式"选项，在对应的填充选项列表中，选择"无填充"，如图7-26所示。

图7-25 编辑数据系列

图7-26 隐藏开始日期系列条形图

步骤5：设置任务名称。

截至目前，每个任务是按数字表示状态，需要将纵坐标轴标签替换成任务名称。在"选择数据源"对话框中，选择右侧水平轴标签，点击"编辑"按钮，弹出"轴标签"对话框，选择任务名称区域，这时不包括标题行，如图7-27所示。

179

图 7-27　设置任务名称

步骤6：调整任务顺序。

轴标签设置完毕后，甘特图基本上制作完毕，但是任务顺序是反着的。点击任务名称轴，鼠标右键，选择"设置坐标轴格式"，弹出设置菜单，在"坐标轴选项"中，勾选"逆序类别"选项，如图 7-28 所示。

步骤7：调整日期轴。

选中横坐标日期轴，鼠标右键，选择"设置坐标轴格式"，弹出设置菜单，在"坐标轴选项"的最小值框中输入第一个任务的开始日期，案例是 2022/2/16（即 44608.0），最大值框中输入 2022/7/1（即 44743.0），其他默认即可，如图 7-29 所示。

步骤8：图表配色及美化。

经过以上步骤，甘特图就基本制作完成了，然后进行一些适当调整与美化，例如字体大小、条形图样式、日期范围等，甘特图会更美观，如图 7-30 所示。

图 7-28　调整任务顺序

图 7-29　调整日期轴

7.7.3　指针式仪表及案例

如图 7-31 所示，准备创建指针式仪表的数据源，其中 B:E 列是仪表的内圈、外圈和刻度的数据源；G:I 列是仪表指针的数据源；I3 单元格的公式为"=H3/H5*270"，I5 单元格的公式为"=360-I3"，其他单元格均按图中相应数

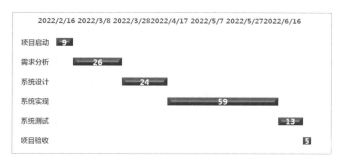

图 7-30　图表配色及美化

值填写。

首先，用圆环图来制作指针式仪表的表盘，其中包括外圈、中圈预警色带、内圈刻度。

步骤1：创建圆环图制作指针式仪表的内圈、外圈和刻度。如图 7-31 所示，使用 C:E 列数据插入一个圆环图，删除图例、主题等图表元素。

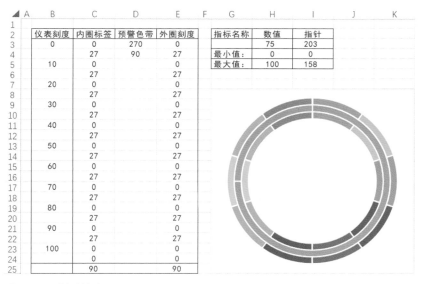

图 7-31　准备数据源

步骤2：如图 7-32 所示，双击圆环图，调出"设置数据系列格式"窗格，将"第一扇区起始角度"设置为225°，"圆环图圆环大小"设置为60%。

步骤3：格式化圆环图的外圈。如图 7-33 所示，将外圈圆环的填充色设置为调色板中最浅的灰色，"边框"设置为"实线"，线条颜色设置为较深的灰色，

181

其他保持默认。

步骤4：格式化中圈预警色带。中圈预警色带分为270和90，如图7-34所示，270预警色带部分，设置"填充"为渐变填充，"角度"设计为180°，"方向"为线性向左，"渐变光圈"为红色到天蓝色，90预警色带部分，设置为无边框、无填充色。

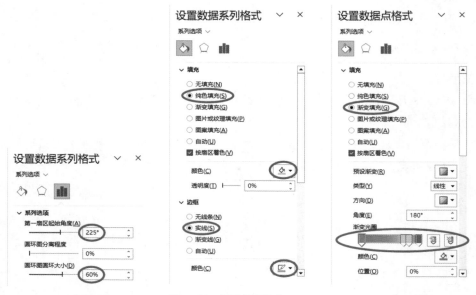

图 7-32　设置圆环图格式　　　图 7-33　设置外圈格式　　　图 7-34　设置中圈格式

步骤5：添加内圈刻度。为内圈添加刻度标签，设置内圈的填充色为无填充色。如图7-35所示，双击标签，调出"设置数据标签格式"窗格，将"单元格中的值"右侧的"选择范围"设置为B列的数据；在"标签选项"中取消"值"选项的勾选，即可完成指针式仪表表盘的制作。

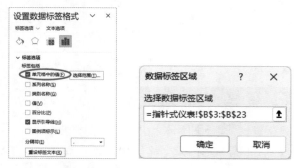

图 7-35　设置内圈格式

下面介绍制作指针式仪表的指针。

步骤6：如图7-36所示，选中I列的指针数据，粘贴到圆环图中，更改图表类型为饼图，设置扇区的起始角度为225°。

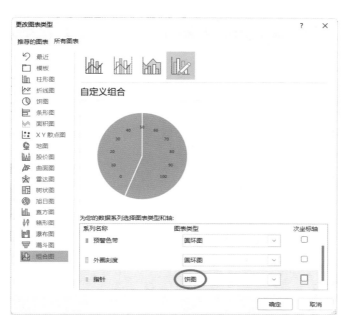

图7-36 添加指针数据

步骤7：如图7-37所示，将饼图分离程度设置为80%，分离后的饼图明显会变小。为了方便设置指针的扇区，先临时把指针数据的I4单元格数值改为30，这样三个扇区就全部显示出来了。然后如图7-38所示，一次选中一个扇区逐片还原至中心，这时饼图的半径刚好到内圈数字的地方。

图7-37 设置分离程度

图7-38 调整饼图大小

步骤8：如图7-39所示，设置两边的扇区为无填充色、无边框，设置指针的那个扇区（数值临时更改为30的扇区）为无填充色，边框设置为红色，宽度设置为3磅，最后将I4单元格的数值更改为0。

步骤9：如图7-40所示，在指针的下面绘制两个文本框，分别链接引用指标值和指标名称，绘制一个圆圈形状，填充色设置为灰色渐变色，放置在仪表的中心，作为指针的中心。

图7-39　添加指针后

图7-40　最终效果

8

数据透视表与
透视图

▼

工作中我们常常使用Excel表格管理数据，例如物料管理，
在一年的物料信息表中，怎样快速了解每个季度的销售情况呢？
这就会用到数据透视表，数据透视表可以很容易地排列和汇总这
些复杂数据。

扫码观看本章视频

8.1 创建数据透视表

8.1.1 创建数据透视表步骤

数据透视表是功能强大的数据分析工具,能够方便用户对数据的提取和处理。下面介绍在Excel表格中如何创建数据透视表。

选中全部数据,然后依次选择【插入】|【数据透视表】选项,打开"来自表格或区域的数据透视表"对话框,在对话框中选择"表/区域",选择在"新工作表"还是在"现有工作表"中创建数据透视表等,如图8-1所示。

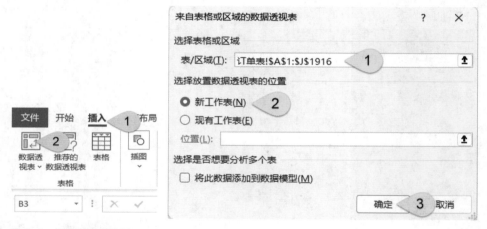

图 8-1 设置相应的选项

此外,还可以使用"推荐的数据透视表"功能,在弹出对话框里面有一些预设的格式,根据分析的需要选择合适的透视表格式,然后点击"确定"按钮,如图8-2所示。

完成设置后单击"确定"按钮,此时Excel将在一个新的工作表中创建数据透视表,同时在Excel窗口的右侧打开"数据透视表字段"窗格,如图8-3所示。

将"选择要添加到报表的字段"列表中的相关字段拖放到"行""列""值"和"筛选"列表中。例如将"地区""商品类别"和"销售额"这3个选项分别拖放到"行""列"和"值"区域,如图8-4所示。

186

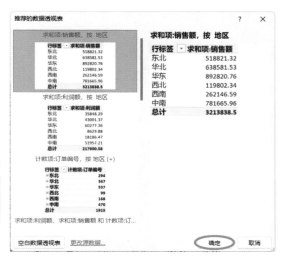

图 8-2　推荐的数据透视表

图 8-3　数据透视表字段

图 8-4　拖拉相应字段

8.1.2　更改和刷新数据源

在创建数据透视表后，如果数据源的保存位置发生了变化，就需要重新对透视表的数据源进行设定。下面以创建的数据透视表为例来介绍更改数据源的具体操作方法。

更改数据透视表的数据源，需要依次选择【数据透视表分析】|【更改数据源】|【更改数据源】选项，如图8-5所示。

图8-5　更改数据源

打开"更改数据透视表数据源"对话框，在对话框的"表/区域"文本框中输入数据源所在的区域，单击"确定"按钮，即可实现数据源的更新，如图8-6所示。

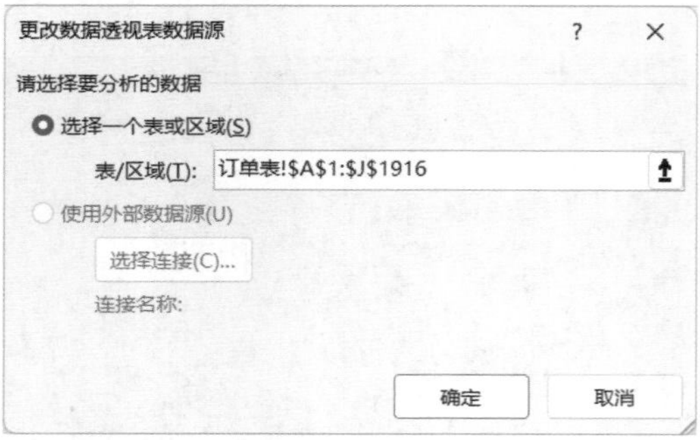

图8-6　更改数据源区域

依次选择【数据透视表分析】|【刷新】|【刷新】或【全部刷新】，即可对数据源进行刷新操作，如图8-7所示，但是这种刷新只能对数据源中行的变化起

188

图 8-7　刷新数据源

作用，对列的变化无效。

8.2　美化数据透视表

8.2.1　数据透视表布局

　　创建数据透视表时，默认情况下将只生成一种分类汇总，但是在很多时候需要对数据进行多个计算汇总，以从不同的角度对数据进行分析，此时就需要对"值字段"进行多种方式的计算。在完成数据透视表的创建后，有时需要对其布局进行修改，以使其符合操作者的操作习惯。

　　设置透视表报表分类汇总，下面介绍创建数据透视表时对同一个字段应用多种汇总方式的操作方法。

　　在数据透视表中右击鼠标，选择关联菜单中的"值字段设置"选项，如图8-8所示。

　　在"值字段设置"对话框中，可以汇总所选字段数据的计算类型，包括求和、计数、平均值、最大值、最小值、乘积、数值计数、标准偏差、总体标准偏差、方差、总体方差。

　　在数据透视表中选择任意一个单元格，依次选择【设计】|【布局】|【分类汇总】|【不显示分类汇总】，此时，数据透视表中将不再显示分类汇总，如图8-9所示。

　　设置透视表报表布局形式，下面介绍修改数据透视表布局的操作方法。

189

图 8-8　值字段设置

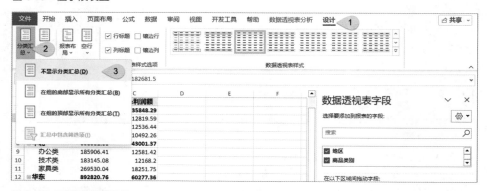

图 8-9　不显示分类汇总

　　依次选择【设计】|【布局】|【报表布局】，Excel提供了5种数据透视表布局方式：以压缩形式显示、以大纲形式显示、以表格形式显示、重复所有项目标签、不重复项目标签，其中"以压缩形式显示"是默认布局形式，如图8-10所示。

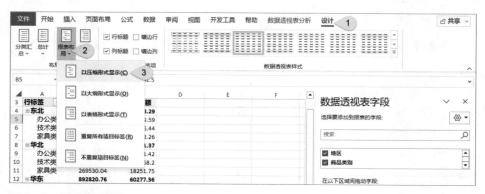

图 8-10　以压缩形式显示

"以大纲形式显示"模式与"以压缩形式显示"模式一样，默认情况下会将分类汇总显示到每组的顶部，如图8-11所示。

在打开的菜单中选择"以表格形式显示"选项，此时数据透视表将以报表布局的形式显示，如图8-12所示。

地区	商品类别	求和项:销售额	求和项:利润额
东北		518821.32	35848.29
	办公类	182681.5	12819.59
	技术类	179381.87	12536.44
	家具类	156757.95	10492.26
华北		638581.53	43001.37
	办公类	185906.41	12581.42
	技术类	183145.08	12168.2
	家具类	269530.04	18251.75
华东		892820.76	60277.36
	办公类	217545.02	15383.06
	技术类	294694.01	19365
	家具类	380581.73	25529.3

图 8-11　以大纲形式显示

地区	商品类别	求和项:销售额	求和项:利润额
东北	办公类	182681.5	12819.59
	技术类	179381.87	12536.44
	家具类	156757.95	10492.26
东北 汇总		518821.32	35848.29
华北	办公类	185906.41	12581.42
	技术类	183145.08	12168.2
	家具类	269530.04	18251.75
华北 汇总		638581.53	43001.37
华东	办公类	217545.02	15383.06
	技术类	294694.01	19365
	家具类	380581.73	25529.3
华东 汇总		892820.76	60277.36

图 8-12　以表格形式显示

在打开的菜单中选择"重复所有项目标签"选项，此时，"地区"列中的空白单元格将会被填充地区名称，如图8-13所示。如果不想填充地区名称，那么就需要单击"不重复项目标签"。

地区	商品类别	求和项:销售额	求和项:利润额
东北	办公类	182681.5	12819.59
东北	技术类	179381.87	12536.44
东北	家具类	156757.95	10492.26
东北 汇总		518821.32	35848.29
华北	办公类	185906.41	12581.42
华北	技术类	183145.08	12168.2
华北	家具类	269530.04	18251.75
华北 汇总		638581.53	43001.37
华东	办公类	217545.02	15383.06
华东	技术类	294694.01	19365
华东	家具类	380581.73	25529.3
华东 汇总		892820.76	60277.36

图 8-13　重复所有项目标签

8.2.2　数据透视表计算

在Excel表格中创建的数据透视表，有时需要对数据进行一些额外的计算处理，此时可以通过计算字段来获取计算结果。此外，通过插入计算字段可以使用公式对数据透视表中的数据进行计算，以获得需要的计算结果。

在数据透视表中，所谓的计算字段是一种使用用户创建的公式来进行计算的字段，该字段可以使用数据透视表中其他字段进行计算，下面介绍如何向数据透视表中添加计算字段。

启动Excel并打开数据透视表，在数据透视表中选择任意一个单元格。依次选择【数据透视表分析】|【计算】|【字段、项目和集】|【计算字段】选项，如图8-14所示。

此时将打开"插入计算字段"对话框，在对话框的"名称"文本框中输入字

191

图 8-14　插入计算字段

段名称"利润率",在"公式"文本框中输入计算公式"=ROUND((利润额/销售额)*100,2)",如图8-15所示。

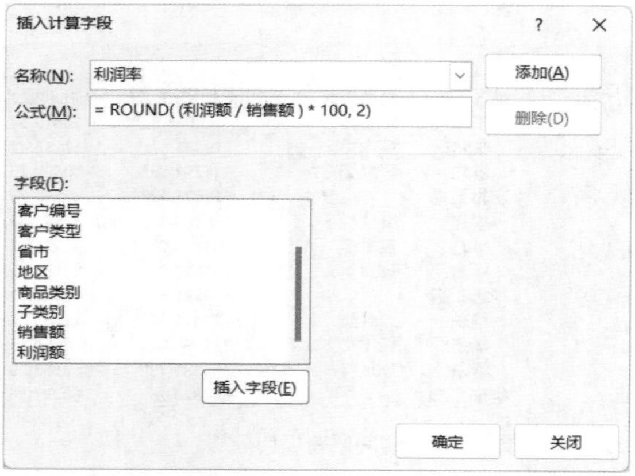

插入计算字段
名称(N)：利润率
公式(M)：= ROUND((利润额 / 销售额) * 100, 2)
添加(A)
删除(D)

字段(F)：
客户编号
客户类型
省市
地区
商品类别
子类别
销售额
利润额

插入字段(E)

确定　　关闭

图 8-15　输入名称和公式

在"字段"列表中选择相应的选项,双击可以将该字段添加到"公式"文本框中。如果单击"添加"按钮,则当前创建的计算字段将添加到"数据透视表字段"窗格中。

单击"确定"按钮,关闭"插入计算字段"对话框,数据透视表中将插入一个新字段,该字段将计算"利润额"字段的值与"销售额"字段的值的比,并且对结果进行四舍五入处理,结果将保留两位小数,如图8-16所示。

计算字段中可以进行"+""-""*"或"/"四则运算,还可以使用函数来进行各种复杂的计算。这里要注意,在创建计算公式时,不能使用单元格引用或以定义的名称作为变量。

8.2.3 数据透视表显示

在Excel中，用户可以对创建的数据透视表中的标签和数值样式进行设置。首先需要选择这些数值，然后就可以对其进行设置。在创建数据透视表时，字段将显示在"数据透视表字段"窗格中，用户可以根据需要对窗格中字段列表的显示进行设置。

行标签	求和项:销售额	求和项:利润额	求和项:利润率
⊟东北	518821.32	35848.29	6.91
办公类	182681.5	12819.59	7.02
技术类	179381.87	12536.44	6.99
家具类	156757.95	10492.26	6.69
⊟华北	638581.53	43001.37	6.73
办公类	185906.41	12581.42	6.77
技术类	183145.08	12168.2	6.64
家具类	269530.04	18251.75	6.77
⊟华东	892820.76	60277.36	6.75
办公类	217545.02	15383.06	7.07
技术类	294694.01	19365	6.57
家具类	380581.73	25529.3	6.71

图 8-16　添加利润率计算字段

添加透视表的货币符号，下面介绍设置数据透视表中的文字样式的操作方法。

启动Excel并打开数据透视表，选择数据透视表中的任意一个单元格，依次选择【数据透视表分析】|【操作】|【选择】|【整个数据透视表】选项，如图8-17所示。

图 8-17　选择整个数据透视表

接下来还需要选择数据透视表中的值，依次选择【数据透视表分析】|【操作】|【选择】|【值】选项，如图8-18所示。

然后，鼠标右击选择的数据，在关联菜单中选择"设置单元格格式"命令，打开"设置单元格格式"对话框，如图8-19所示。

在对话框中选择"分类"列表中的"货币"选项，在右侧设置数字显示的格式，单击"确定"按钮关闭该对话框，选择数值的样式发生改变。数据透视表中的数值都加上了人民币的货币符号，如图8-20所示。

193

图 8-18　选择数据透视表值

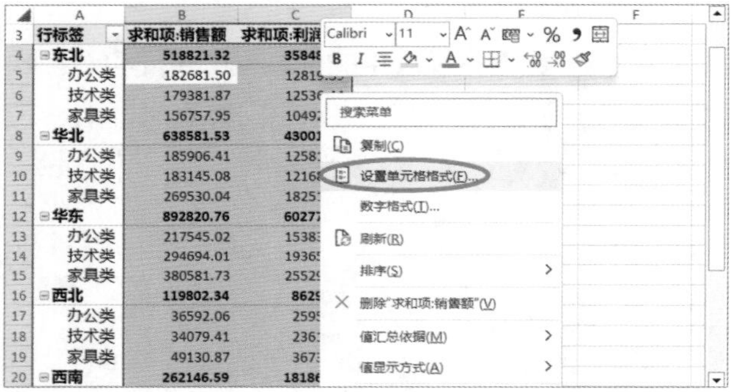

图 8-19　设置单元格格式　　　　　　　　　　图 8-20　透视表添加货币符号

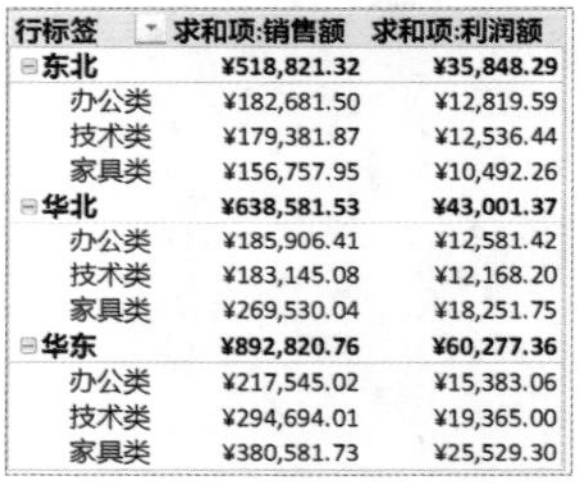

8.3　添加切片器和日程表

8.3.1　透视表添加切片器

　　下面介绍一个筛选神器，也就是常说的切片器。它比筛选功能更方便，数据处理功能更强，拥有更直观的人机对话界面，只需点几下，就能得到我们想要的数据。

　　切片器是Excel 2010以上版本才添加的功能，低版本中没有该功能，下面以数据透视表介绍如何生成和使用切片器。

　　数据透视表制作完成后，可能还需要为透视表添加切片器，选中数据透视表单元格，点击【数据透视表分析】|【插入切片器】选项，在"插入切片器"

页面，选择"客户类型"和"子类别"，最后点击"确定"按钮，如图8-21所示。

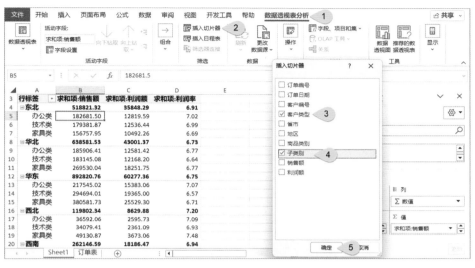

图 8-21　插入切片器

以上操作生成的切片器效果，如图8-22所示，这里点击切片器字段筛选的是数据透视表中的数据，而不是源表格。在切片器上有两个按钮，一个是单选/多选，一个是清除筛选器。

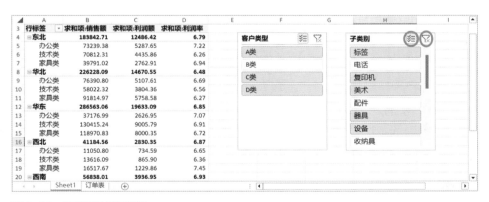

图 8-22　切片器选择与清除

◆ 单选/多选：单选可以选中单个"地区"，多选可以选中多个或全部"地区"。

◆ 清除筛选器：清除筛选结果，也就是表格恢复全部数据状态。

195

以上就是切片器的简单使用，还有更多的切片器功能，首先需要单击切片器，然后在【切片器】选项卡下，就可以查看相应的功能，比如切片器的样式、排列等，如图8-23所示。

图 8-23　切片器设置

8.3.2　透视表添加日程表

当原始数据是日期时间数据时，例如订单日期，如果还是使用插入切片器的话，插入的时间点较多，用切片器筛选就显得很不方便，如图8-24所示。

需要对时间数据筛选的时候，我们需要插入的不是切片器，而是日程表了，

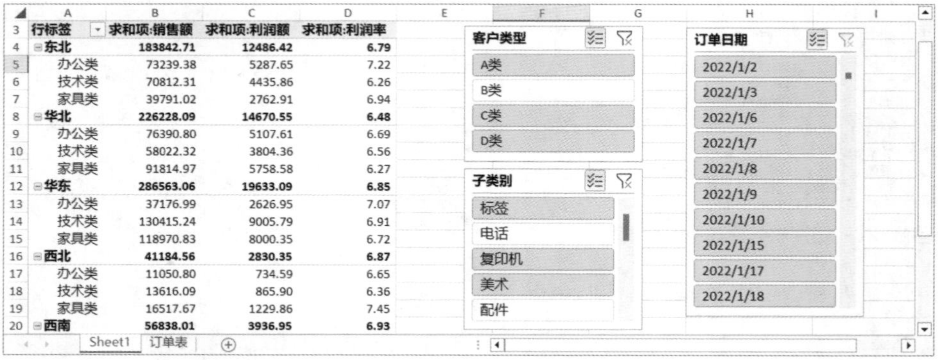

图 8-24　插入订单日期切片器

在【数据透视表分析】选项卡下可以找到【插入日程表】选项，然后选择"订单日期"，如图8-25所示。

图8-25　插入日程表

然后用日程表"订单日期"上面的选择时间段来筛选数据，例如选择2022年第4季度的数据，如图8-26所示。

图8-26　设置日程表

总之，遇到数据透视表筛选时间日期数据的时候，选择日程表，遇到的是其他数据的时候，选择切片器进行快速筛选。

8.4 创建与编辑数据透视图

当原始数据尚未汇总时，很难看到大局。可能会想创建数据透视表，但并非每个人都可以查看表中的数字并快速了解变化，此时可以通过数据透视图向数据添加数据图表。

8.4.1 创建数据透视图

虽然数据透视表具有较全面的分析汇总功能，但是对于一般使用人员来说，它布局显得太凌乱，很难一目了然。而采用数据透视图，则可以让人非常直观地了解所需要的数据信息。

下面就采用数据透视图的方式，来显示各门店不同商品类型在2021年的销售情况。

使用快捷键Ctrl+A选择数据，依次选择【插入】|【图表】|【数据透视图】|【数据透视图】，创建数据透视图，如图8-27所示。

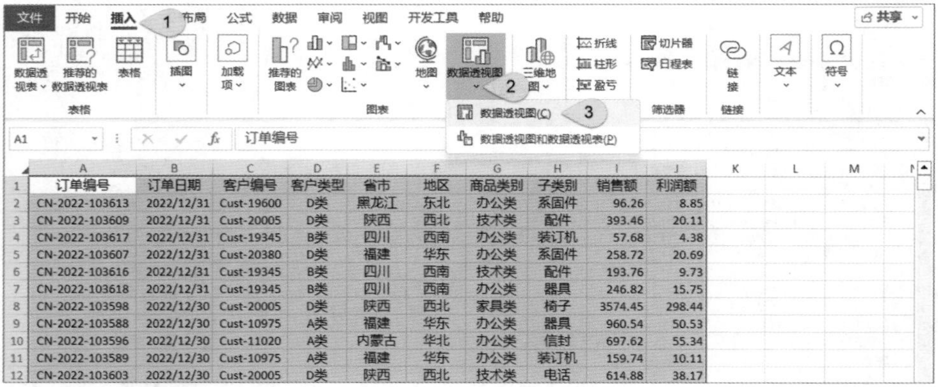

图8-27　插入数据透视图

弹出"创建数据透视图"对话框，如图8-28所示。如果在图8-27中，单击【数据透视图和数据透视表】，就会弹出"创建数据透视表"对话框。

单击"确定"按钮，返回数据透视表中，系统自动创建的数据透视图效果，如图8-29所示，左侧是数据透视表区域，中间是数据透视图区域，右侧是数据

198

透视图字段设置区域。

在数据透视图字段设置区域中，将"地区"拖放到轴(类别)区域，"商品类型"拖放到图例(系列)区域，"销售额"拖放到值区域，如图8-30所示。

对于创建的数据透视图，若用户觉得图表的类型不能很好地满足所表达的含义，此时可以更改图表的类型。在"设计"选项卡下单击"更改图表类型"按钮，启动更改数据透视图类型功能，如图8-31所示。

图 8-28　数据透视图设置

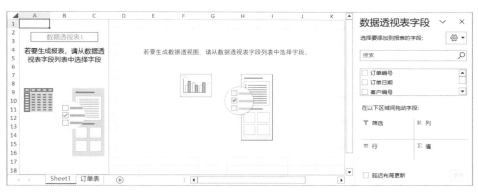

图 8-29　创建数据透视图

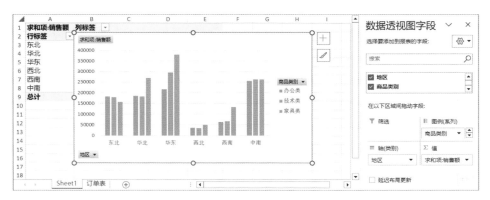

图 8-30　绘制数据透视图

199

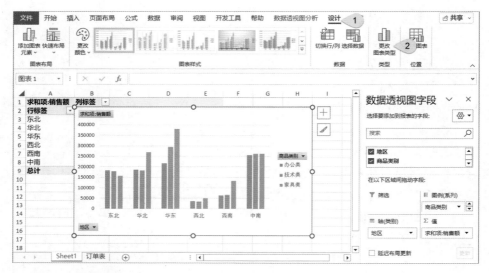

图 8-31　更改数据透视图类型

　　弹出"更改图表类型"对话框，在该对话框中重新选择透视图的类型，例如选择"堆积柱形图"类型，双击对应的缩略图，如图 8-32 所示。

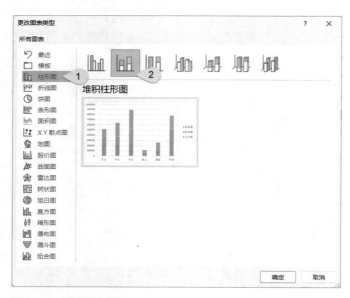

图 8-32　更改图表类型

　　单击"确定"按钮，返回工作表中，将图表类型更改为了"堆积柱形图"后的透视图效果，如图 8-33 所示。

200

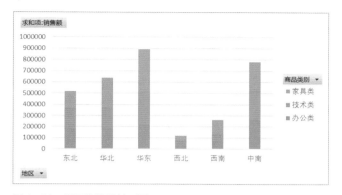

图 8-33　设置为堆积柱形图

与更改图表布局一样，在创建的数据透视图中也需要添加图表标题、坐标轴标题等元素，这些都是根据用户的需求进行设置的，下面就简单介绍一下更改数据透视图的布局。

选中数据透视图，在"设计"选项卡下单击"切换行/列"选项，即可实现对数据的互换行列，如图8-34所示。

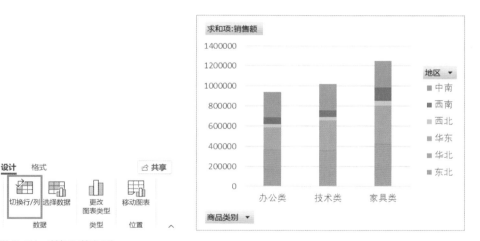

图 8-34　数据互换行列

在"设计"选项卡下单击"添加图表元素"按钮，从下拉列表依次单击【图表标题】|【图表上方】，添加图表标题，如图8-35所示。同理，也可以为图形添加坐标轴标题。

在数据透视图中输入图表标题"2022年不同类型商品销售额分析"，经过以上对图表布局的修改，得到的数据透视图效果，如图8-36所示。

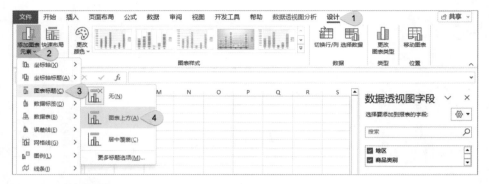

图 8-35　添加图表标题

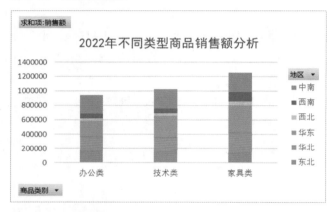

图 8-36　数据透视图效果

8.4.2　添加数据筛选器

在创建完毕的数据透视图中，用户可以发现图表中包含了很多筛选器，利用这些筛选器可以筛选不同的字段，从而在数据透视图中显示出不同的数据效果。

筛选地区名称。单击"地区"字段的下三角按钮，从下拉列表中选择要显示的门店，例如选择"华北"和"华东"复选框，如图8-37所示。

要进一步筛选商品类别时，可单击数据透视图中的"商品类别"字段右侧的下三角按钮，从下拉列表中选择要显示的类别，例如选择"办公类"和"家具类"复选框，如图8-38所示。

单击"确定"按钮，此时在数据透视图中只会显示2022年"办公类"和"家具类"商品在"华东"和"华北"的销售额情况，如图8-39所示。

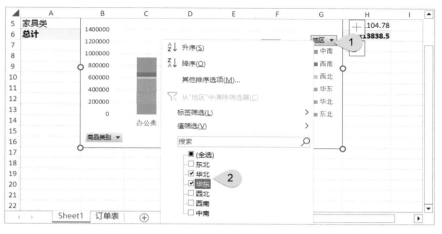

图 8-37　筛选地区名称

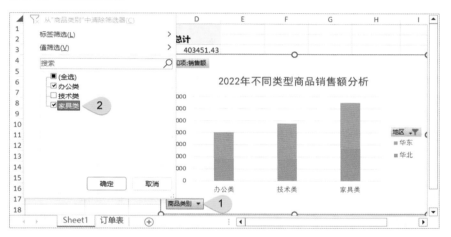

图 8-38　筛选商品类别

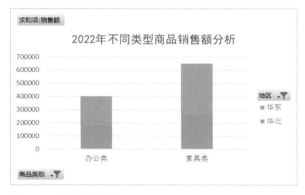

图 8-39　数据筛选结果

若还要进行其他的筛选，可先清除筛选。清除商品类别筛选，单击"商品类别"右侧的下三角按钮，从展开的下拉列表中单击"从商品类别中清除筛选器"选项，如图8-40所示。同样的方法，可以清除"门店名称"筛选。

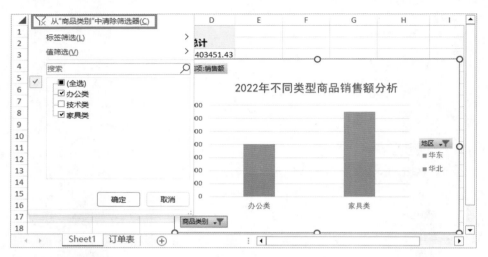

图8-40　清除筛选器

单击"商品类别"右侧的下三角按钮，从展开的下拉列表中单击"值筛选"选项，再在其展开的下拉列表中选择筛选条件，例如单击"大于"选项，如图8-41所示。

弹出"值筛选（商品类别）"对话框，在文本框中输入要筛选的大于值，例

图8-41　数据透视图值筛选

如输入"450000",单击"确定"按钮,此时在数据透视图中只显示了总计销售额大于450000的商品类型,如图8-42所示。

图 8-42　设置值筛选

8.4.3　透视图样式设计

为了使数据透视图更加美观,我们还可以应用Excel中提供的精美样式,这样就会使读者耳目一新,给繁杂的工作添加不少乐趣,下面介绍具体步骤。

展开图表样式库。选中数据透视图,在"设计"选项卡下单击"图表样式",从图表样式库中选择Excel内置的图表样式,如图8-43所示。

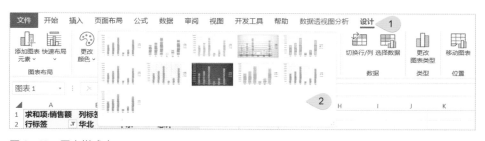

图 8-43　图表样式库

接下来为图表选择形状样式,选中数据透视图的图表区,在"设计"选项卡下单击"形状样式",从形状样式库中选择内置形状样式,如图8-44所示。

继续在"设计"选项卡下单击"艺术字样式",从艺术字样式库中选择图表区中字体的艺术字样式,如图8-45所示。

205

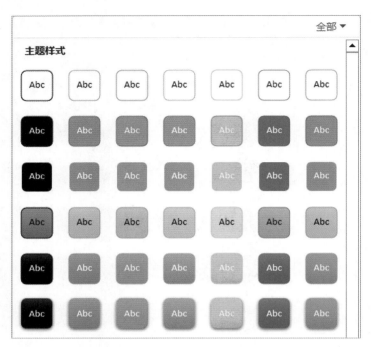

图 8-44 形状样式

图 8-45 艺术字样式

9

Excel仪表盘

▼

仪表盘可以直观地表现出某个指标的实际情况，主要用于指标占比的展现。例如，通过现有的销售数据，搭建与销售情况的指标体系；通过分析本季度截止到上周末的销售数据，开发可视化报表，掌握销售现状，找到影响销售进度的关键负责人，为公司提供辅助决策。

扫码观看本章视频

9.1 仪表盘及其设计流程

9.1.1 认识仪表盘

生活中比较常见的是驾驶舱仪表盘，当驾驶员踩下油门时，仪表盘的指针仪表会将汽车当前的行驶速度、发动机转速、燃油消耗等信息一目了然地呈现给驾驶员，当汽车发生某些故障或开启某项功能时，仪表盘会开启相应的符号指示灯进行提醒。

同样，对于一家企业来说，企业就像一辆由不同部门组成，并且相互协作、向既定经营目标行驶的汽车。管理者就是掌握这辆汽车的方向盘和油门的驾驶员，当管理者制订一项计划或执行一项策略的时候，就如同踩下了这辆汽车的油门，这时候相应的运营指标发生了什么变化？实际运营情况与预期的目标有多大差距？是什么原因造成的？会有哪些可能的风险和机遇？这些都是管理决策者最关注和最需要掌握的信息。

仪表盘又称为仪表板，通常是BI智能商务系统的一个组件，是一种仿汽车驾驶舱仪表盘的可视化数据分析报告，它围绕一个特定的管理主题，通过对企业运营过程中的KPI（关键业绩指标）进行综合性的分析和可视化展示，使管理者能够及时发现目前企业运营过程中存在的问题和机遇，为管理者进行管理决策提供有效的参考和帮助。通过云技术实现在PC、智能手机、平板电脑上与其他人进行共享，可以有效地提高职场人士的工作效率和组织的业务运营能力。

为什么仪表盘目前使用比较广泛，这是由于我们大脑接收的信息有90%以上是通过视觉获取的，仪表盘就是将复杂、枯燥的传统数据报表，转换为简洁美观、逻辑清晰且易于阅读的可视化分析报告，让大脑能够更高效地阅读。

微软在Excel 2021的数据可视化功能方面进行了大规模的升级，尤其是集成了Power BI商务智能组件，使Excel具备了完成专业级别的仪表盘的能力，而且不会用到那些让人望而却步的VBA、数组、复杂嵌套函数等高级Excel技术。图9-1所示为使用Excel创建的2022年8月某房产中介业绩分析的仪表盘。

9.1.2 仪表盘设计流程

Excel仪表盘的设计流程大致分为七步：准备数据、需求分析、选择风格、框架设计、可视化组件设计、仪表盘组装、测试发布。

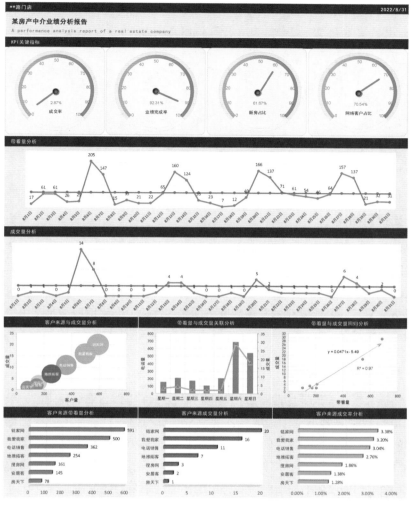

图 9-1　房产中介业绩分析仪表盘

○ （1）准备数据

数据源可以是通过人工录入到Excel中的，也可以是从外部的数据库中导入的数据。Excel提供了从Web网页、txt文本文件、Access等导入数据的多种方式。

○ （2）需求分析

设计仪表盘的第二步是从用户的需求出发，清楚用户对数据分析的需求是什么。

209

· Who：谁是这份仪表盘报告的用户？是董事会、总经理，还是销售经理？

· What：用户最想看到哪些分析内容？是目标完成进度、利润率，还是客户增长情况？

· Why：为什么要看报告？是为了看计划完成情况，还是为了对营销活动进行效果评估？

· Where：用户会在什么环境中看分析报告？是在办公室里用电脑看，还是打印后看？

· When：用户有多少时间阅读分析报告？假如只有30秒的时间，他能看什么内容？

● （3）选择风格

在Excel仪表盘视觉设计方面，查理·基德先生的小图表风格和斯德芬·斐先生的微线图风格都是经典之作。无论选择哪种风格设计Excel仪表盘，都要遵循需求分析的三个原则：第一，要能够体现金字塔结构的层次；第二，要遵循科学的管理思路；第三，要能够充分发挥数据可视化的优势，准确地反映金字塔结构的层次和管理思路。

● （4）框架设计

要建设一栋大楼，首先要用混凝土和钢筋浇筑出一个框架，然后将门窗、玻璃等其他建筑材料组装到框架中，最终才能建成一栋符合设计需求的建筑。同样，Excel仪表盘的设计也需要首先搭建一个框架，然后将各种可视化组件组装到一起，最终完成仪表盘报告。这就需要充分利用Excel的单元格来完成这个框架，再通过Excel的锚定功能和拍照功能将可视化组件组装到框架中。

● （5）可视化组件设计

Excel仪表盘常用的可视化组件主要包括：

· 基础图表，即Excel自带的基础图表，例如柱形图、折线图等。

· 迷你图表，即嵌入到单元格中的迷你图，包括三种类型，折线图、柱形图和盈亏图。

· 组合图表，即将不同类型的图表通过主坐标轴和次坐标轴双轴组合起来的图表。

· 高级图表，即通过高级技巧突破常规思维设计的图表，如热力地图等。

- 条件格式，即Excel自带的条件格式，常用的是图标集功能。
- 大字看板，常用大号的数字来可视化结果性的KPI关键指标等。

（6）仪表盘组装

Excel仪表盘设计的倒数第二个步骤就是将各种可视化组件组装到单元格栅格化的框架中，组成仪表盘。这就需要用到Excel的锚定功能，即将图表嵌入到单元格或单元格区域中，图表的位置和大小随单元格或单元格区域的变化而变化。Excel 2010新增了拍照功能，可以将特定的单元格区域中的内容用图片的形式在其他位置显示，图片的内容会随着目标单元格区域内容的变化而变化。有了拍照功能，Excel几乎可以不受单元格的限制，按照我们的想法和创意设计出任何排版样式的仪表盘。

（7）测试发布

Excel组装完成后，要对其进行一些必要的测试和检查。第一，仪表盘的各个可视化组件是否链接了正确的数据源。第二，数据更新后仪表盘是否会同步更新（使用数据透视表的数据分析需要设置自动刷新，重新打开仪表盘工作簿即可自动更新）。第三，使用函数公式的数据分析表是否能够正确执行计算结果。

9.2　房产中介关键指标仪表盘

房产中介作为房地产交易过程中交易双方之外的第三方参与者，在房产租赁和房产买卖的交易过程中承担着信用保障、交易服务的作用，以信息化的手段支持房产中介各项工作的开展，可以为房产交易提供信息化的平台支持，提高房产交易的透明度，保障效率和公平。

9.2.1　门店简介

本案例中的房产中介是一家集房产交易服务和资产管理服务为一体的房产服务平台，公司业务覆盖二手房交易、新房交易、租赁、装修服务等。

该门店目前一共有22位员工，人员结构方面，主要分为"店经理——小组经理——组员"三个层级。一名店经理全权负责整个门店的运营和管理，协助组员完成居间交易，自身不做具体执行业务。四名小组经理，每个月需要向经理汇报本月组内各个人员的业绩目标和其他信息沟通，同时负责组内人员的业绩目标分配等具体管理细节。组员是分配在小组经理手下，小组经理和组员都是需要实际做居间交易的人员。

9.2.2　数据准备

(1) 数据源类型分析

案例数据源是一维数据表，如图9-2所示。在实际的数据分析工作中，尽可能用一维数据格式完成数据收集，然后使用数据透视表或函数设计的计算模型，得出需要的数据分析结果。

编号	日期	客户姓名	性别	联系电话	区域	客户来源	意向户型	房屋总价	房屋面积	流程状态	成交类型	置业顾问
1	8月1日	陈芸伦	男	18999990001	静安	我爱我家	两室	500-600万	70-90平	意向		江奕健
2	8月1日	戴武	男	18999990002	青浦	电话销售	一室	300万以下	50平以下	意向		王倩倩
3	8月1日	黄启峰	女	18999990003	金山	我爱我家	一室	300万以下	50平以下	已购房		江奕健
4	8月1日	简志旺	女	18999990004	金山	安居客	三室	300万以下	130平以上	等待决策		江奕健
5	8月1日	蒋冬露	男	18999990005	松江	电话销售	一室	300万以下	50平以下	意向		王倩倩
6	8月1日	林冠强	女	18999990006	虹口	我爱我家	一室	300万以下	50平以下	意向		江奕健
7	8月1日	林木康	女	18999990007	闵行	我爱我家	两室	600万以上	70-90平	等待决策		江奕健
8	8月1日	林雅舜	女	18999990008	嘉定	地推拓客	一室	300万以下	50平以下	意向		江奕健
9	8月1日	刘明	男	18999990009	青浦	地推拓客	一室	300万以下	50平以下	放弃		江奕健
...	...	...	...	...	...	...	...	...	...	...	...	...

图9-2　案例数据源

(2) 数据分析方法

根据仪表盘的可视化组件的需求，使用COUNT()、COUNTIF()、COUNTIFS()、SUMIF()等函数及数据透视表，对数据源进行数据分析，设计各种计算模型，用于关键指标的汇总计算和分析图表的制作。

9.2.3　需求分析

本案例围绕房产中介的客户和成交两个指标的相互转化展开，所以更适合用MBO目标管理思路来构建仪表盘。

① 高层管理者关注的销量关键指标分析，包括成交量、成交率、客户量等。

② 中层管理者关注的运营指标之间的相关性分析，包括带看量与成交量分析、客户来源与成交量分析等。

③ 底层管理者关注的运营过程分析，包括带看量和成交量的追踪分析等。

通过以上三个方面，将房产中介业务的关键指标进行了层层分解，将运营过程通过仪表盘的可视化分析呈现给用户，管理层通过分析结果可以快速了解业务的现状，为制订门店管理决策提供了可靠的依据。

9.2.4 制作仪表盘框架

○ （1）框架结构分析

本案例的框架结构层次清晰，自上而下将关键业务指标进行了层层分解。如图9-3所示，框架结构分为仪表盘标题区、KPI关键指标区、运营数据分析区。在Excel仪表盘的设计中，很多时候横平竖直的行列条并不能达到设计需求，这时候就需要从整体上灵活利用单元格相互组合，设计出需要的框架结构。

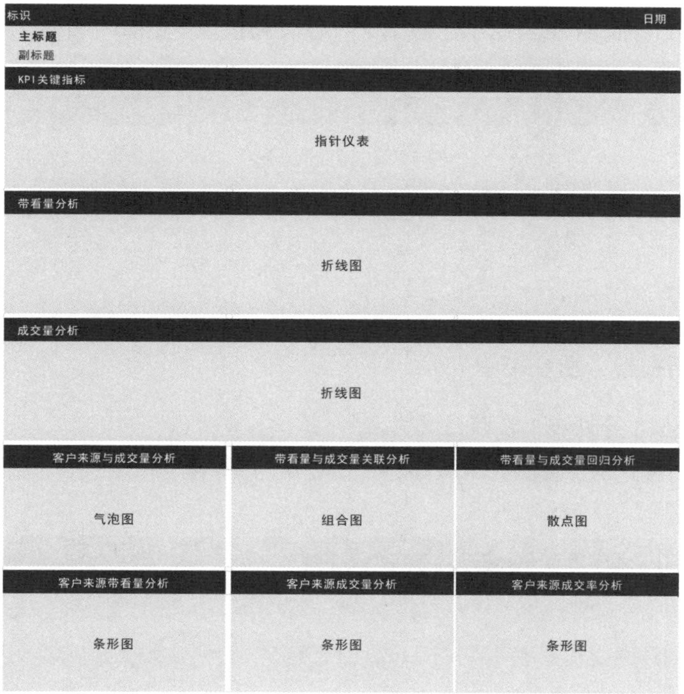

图9-3 仪表盘框架

（2）标题区框架（图9-4）

步骤1：设置行2的行高为18.9，作为标识（左）和日期（右）的标题区；设置行3的行高为15，作为主标题区；设置行4的行高为15，作为副标题区。

步骤2：设置C列、E列和G列的列宽为28，将D列、F列、H列作为分割线。

步骤3：设置表格背景色，文本的颜色、大小和字体等。

主、副标题的左边距如果与单元格贴得太近，则会显得很拥挤，所以留一个空格就会感觉好很多，可以通过在标题前面加空格实现。

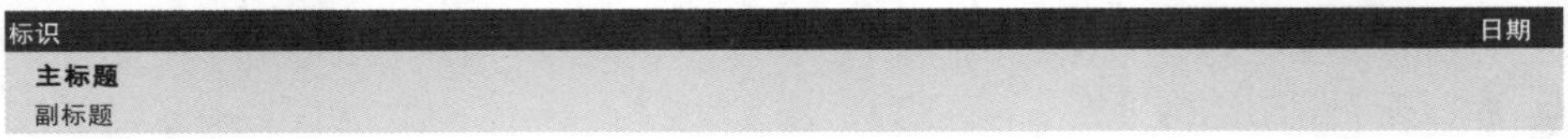

图9-4　标题区框架

（3）KPI 关键指标框架（图9-5）

步骤1：设置行5作为分割线，设置行高为3。

步骤2：设置行6的行高为18.9，输入标题"KPI关键指标"。

步骤3：设置行7的行高为78，这部分放置一个驾驶舱仪表盘的KPI看板。

图9-5　KPI 关键指标框架

（4）带看量分析框架（图9-6）

步骤1：设置行8作为分割线，设置行高为3。

步骤2：设置行9的行高为18.9，输入标题"带看量分析"。

带看量分析

折线图

图9-6　带看量分析框架

步骤3：设置行10的行高为78，这部分放置一个折线图。

（5）成交量分析框架（图9-7）

步骤1：设置行11作为分割线，设置行高为3。

步骤2：设置行12的行高为18.9，输入标题"成交量分析"。

步骤3：设置行13的行高为78，这部分放置一个折线图。

成交量分析

折线图

图9-7　成交量分析框架

（6）数据分析区框架（图9-8）

该框架区域由6个可视化分析组件组成，C列、E列、G列的框架由一列单元格组成。

步骤1：设置行14作为分割线，设置行高为3。

步骤2：设置C15、E15、G15标题单元格的填充色，字体设置为黑体、9号字，分别输入分析标题，C15单元格为"客户来源与成交量分析"，E15单元格为"带看量与成交量关联分析"，G15单元格为"带看量与成交量回归分析"。

步骤3：设置行16的行高为78，作为放置可视化组件的框架。

步骤4：设置行17作为分割线，设置行高为3。

步骤5：设置C18、E18、G18标题单元格的填充色，字体设置为黑体、9

客户来源与成交量分析	带看量与成交量关联分析	带看量与成交量回归分析
气泡图	组合图	散点图
客户来源带看量分析	客户来源成交量分析	客户来源成交率分析
条形图	条形图	条形图

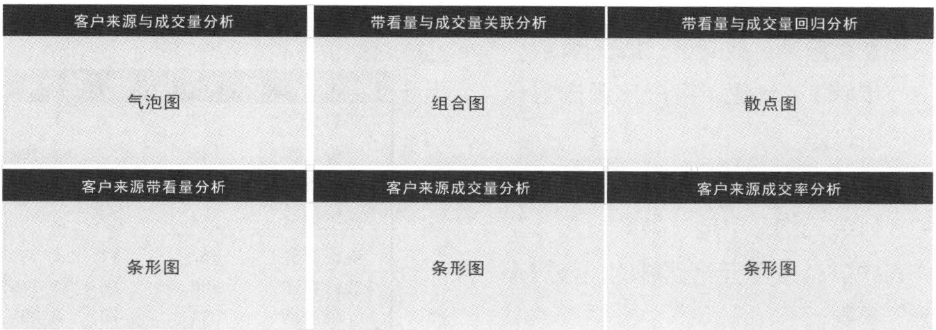

图9-8　数据分析区框架

号字，分别输入分析标题，C18单元格为"客户来源带看量分析"，E18单元格为"客户来源成交量分析"，G18单元格为"客户来源成交率分析"。

步骤6：设置行19的行高为78，作为放置可视化组件的框架。

9.2.5 制作可视化组件

由于数据源类型属于一维数据表，所以可视化组件需要的数据源都需要通过函数编写计算模型来获得计算结果。下面先从第二部分运营分析区开始讲解，第一部分的KPI看板计算结果基本来自运营分析区的数据计算模型。

（1）参数设置

新建"参数设置"工作表，用于设置各个参数的数据，如图9-9所示。

图9-9 参数设置

日历参数：月初到月末的日期，主要用于当月每天的带看量和成交量的统计，没有31日的月份，日历参数要设置到次月的1日。

客户来源参数：客户来源分析计算模型使用的参数。

本月成交目标参数：用于销售业绩完成率的计算。

工作日期参数：用于标题区"日期"的引用。

（2）客户来源统计

如图9-10所示，B列是链家网、我爱我家等7种客户的来源渠道，C:E列分别是客户量、成交量、成交率。

步骤1：新建"客户来源排名分析"工作表。

步骤2："客户来源"名称所在的B列单元格，引用"参数设置"工作表中D3:D9单元格区域的"客户来源"参数。

步骤3："客户量"所在的C列

客户来源	客户量	成交量	成交率
房天下	78	1	1.28%
安居客	145	2	1.38%
搜房网	161	3	1.86%
地推拓客	254	7	2.76%
电话销售	362	11	3.04%
我爱我家	500	16	3.20%
链家网	591	20	3.38%

图9-10 客户来源统计

是统计各客户来源渠道的客户量，例如C2单元格使用公式"=COUNTIFS(数据源!G:G,B2)"。

步骤4："成交量"所在的D列是统计各客户来源渠道的成交量，例如D2单元格使用公式"=COUNTIFS(数据源!G:G,B2,数据源!K:K,"成交")"。

步骤5："成交率"所在的E列是统计各客户来源渠道的成交率，例如E2单元格的函数公式为"=D2/C2"，即成交量/客户量。

至此就完成了客户来源分析计算模型的创建，下面分别创建"客户量""成交量""成交率"三项分析指标的自动刷新排序计算模型，用来创建条形图可视化分析组件。

选中图9-10所示的B2:B8以及C2:C8数据区域，插入三维条形图，添加数据标签，如图9-11所示。

选中图9-10所示的B2:B8以及D2:D8数据区域，插入三维条形图，添加数据标签，如图9-12所示。

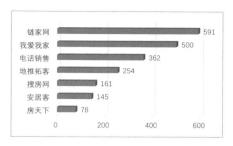

图9-11 客户量分析

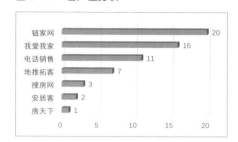

图9-12 成交量分析

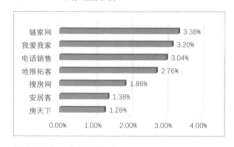

图9-13 成交率分析

选中图9-10所示的B2:B8以及E2:E8数据区域，插入三维条形图，添加数据标签，如图9-13所示。

如图9-14所示，将设计完成的条形图复制到"仪表盘"工作表中，分别锚

图9-14 客户来源分析

217

定到C20、E20、G20单元格框架中，即可完成客户来源的分析。

（3）带看量与成交量统计

① 带看量计算

步骤1： 新建"KPI关键指标"工作表，如图9-15所示。

步骤2： 引用"参数设置"的日历参数。如图9-15所示，A列的"日期"数据直接引用"参数设置"中的日历参数，例如A2单元格中的公式为"=参数!B3"。

	A	B	C		D	E	F	G
1	日期	带看量	平均线			日期	成交量	平均线
2	8月1日	17	67.45			8月1日	0	3
3	8月2日	61	67.45			8月2日	1	3
4	8月3日	61	67.45			8月3日	1	3
5	8月4日	26	67.45			8月4日	0	3
6	8月5日	29	67.45			8月5日	1	3
7	8月6日	205	67.45			8月6日	14	3
8	8月7日	147	67.45			8月7日	8	3
9	8月8日	15	67.45			8月8日	0	3

图9-15　KPI关键指标

步骤3： 用COUNTIF()函数计算当月每天的带看量。B列为"带看量"数据，例如B2单元格中的公式为"=COUNTIF(数据源!$B:$B,A2)"。

步骤4： 计算每日带看量的平均值。带看量平均值的计算公式是：当月到目前的带看量合计数除以当月的有效天数。C列为带看量的"平均线"数据，例如C2单元格中的函数公式为"=SUM($B$2:$B$32)/COUNTIF($B$2:$B$32,">0")"。

② 成交量计算

步骤1： 用COUNTIFS()函数计算当月每天的成交量。F列为"成交量"数据，例如F2单元格中的公式为"=COUNTIFS(数据源!$B:$B,E2,数据源!$K:$K,"成交")"。

步骤2： 计算每日成交量的平均值。与带看量平均值函数公式一致，G列为成交量的"平均线"，例如G2单元格的函数公式为"=SUM(F2:F32)/COUNTIF(F2:F32,">0")"。

（4）KPI看板关键指标统计

① 成交率与业绩完成率计算（图9-16）

"指针仪表数据"是专为指针式仪表可视化组件准备的数据计算结果：

步骤1： K10单元格中"累计成交率"的函数公式为"=SUM(客户来源统计!D2:D8)/SUM(客户来源统计!C2:C8)"，即"累计成交量"与"本月带看量"的比值。

指针仪表数据	累计成交率	业绩完成率
	2.87%	92.31%

图9-16　成交率与业绩完成率

步骤2：L10单元格中"业绩完成率"的函数公式为"=SUM(客户来源统计!D2:D8)/参数设置!F3"，即"累计成交量"与"参数设置"中"本月成交目标"的比值。

② 成交房型计算（图9-17）

房屋成交类型	新房	二手房
	37	23
指针仪表数据	新房成交占比	
	61.67%	

图 9-17　成交房型计算

房屋成交类型的计算，是通过COUNTIFS()函数计算在数据源表的K列"流程状态"字段数据中符合"成交"条件，以及在L列"成交类型"字段数据中符合指定类型名称条件的汇总数量。

步骤1："新房"所在的K6单元格的函数公式为"=COUNTIFS(数据源!$K:$K,"成交",数据源!$L:$L,K5)"。

步骤2："二手房"所在的L6单元格的函数公式为"=COUNTIFS(数据源!$K:$K,"成交",数据源!$L:$L,L5)"。

"新房成交占比"所在的K9单元格的函数公式为"=K6/SUM(K6:L6)"。

③ 客户来源计算

步骤1：复制数据透视表计算模型用来获取其他信息来源渠道的客户数量。如图9-18所示，将A:B列的数据透视表计算模型进行复制/粘贴，更改筛选器的信息来源渠道，即可计算出其他信息来源的客户数量。

客户来源	客户来源	链家网	我爱我家	搜房网	安居客	房天下	电话销售	地推拓客
	客户量	591	500	161	145	78	362	254
	客户占比	28.26%	23.91%	7.70%	6.93%	3.73%	17.31%	12.15%
指针仪表数据	网络客户占比							
	70.54%							

图 9-18　客户来源计算

步骤2：统计各来源渠道的客户量，引用"客户来源"工作表中的相应计算结果即可，例如"链家网"客户量所在的L12单元格的公式为"=客户来源统计!C8"。

步骤3：计算各来源渠道的客户占比，L13单元格中"链家网"的占比公式为"=L12/SUM($L$12:$R$12)"。

步骤4：网络客户占比，计算来自网络平台（链家网、我爱我家、搜房网、安居客、房天下）的客户比例，K28单元格的公式为"=L13+M13+N13+O13+P13"。

（5）指针式仪表 KPI 看板

在"指针式仪表"工作表中，为4个指针式仪表引用带看量与成交量计算模型工作表中4个标有"指针仪表数据"标识的计算结果，如图9-19所示。

C8单元格引用"成交率"计算结果，公式为"=KPI关键指标!K3"。

G8单元格引用"业绩完成率"计算结果，公式为"=KPI关键指标!L3"。

K8单元格引用"新房占比"计算结果，公式为"=KPI关键指标!K9"。

O8单元格引用"网络客户占比"计算结果，公式为"=KPI关键指标!K16"。

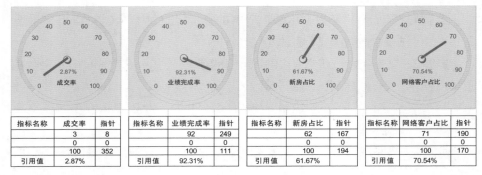

指标名称	成交率	指针
	3	8
	0	0
	100	352
引用值	2.87%	

指标名称	业绩完成率	指针
	92	249
	0	0
	100	111
引用值	92.31%	

指标名称	新房占比	指针
	62	167
	0	0
	100	194
引用值	61.67%	

指标名称	网络客户占比	指针
	71	190
	0	0
	100	170
引用值	70.54%	

图 9-19 关键 KPI

将设计完成的关键指针仪表复制到"仪表盘"工作表中，锚定到C8:G8单元格框架中，即可完成客户来源分析区的设计，如图9-20所示。

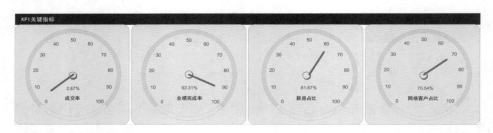

图 9-20 指针式仪表

（6）带看量与成交量折线图

带看量分析区，使用一个带平均线的折线图，来反映当月每天的有效呼出带看量，再结合一个自定义图表看板，反映带看量分析的关键指标，包括日均带看量、单日最高带看量、单日最低带看量。

220

① 制作带平均线的带看量折线图

步骤1：插入折线图。如图9-21所示，在KPI关键指标工作表中，选中带看量分析数据所在的AI:C32单元格区域，插入一个带数据标记的折线图，删除标题、图例等图表元素。

步骤2：将折线图复制到"仪表盘"工作表中，锚定到C11:G11单元格框架中。

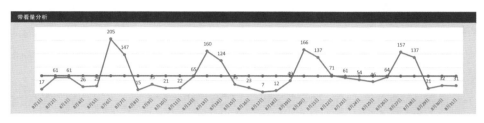

图 9-21　带看量折线图

② 制作带平均线的成交量折线图

步骤1：插入折线图。如图9-22所示，在KPI关键指标工作表中，选中成交量分析数据所在的EI:G32单元格区域，插入一个带数据标记的折线图，删除标题、图例等图表元素。

步骤2：将折线图复制到"仪表盘"工作表中，锚定到C14:G14单元格框架中。

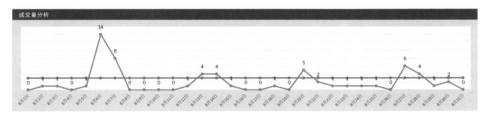

图 9-22　成交量折线图

（7）带看量与成交量分析

① 客户来源与成交量指标统计

步骤1：新建"带看量与成交量分析"工作表，如图9-23所示。

步骤2：引用"KPI关键指标"的日期参数。如图9-23所示，A列的"日期"数据直接引用"KPI关键指标"中的日期参数，例如A2单元格中的公式为

	A	B	C	D	E	F	G	H	I		K	L	M	N
1	日期	带看量	成交量	周几		客户来源	客户量	成交量	成交率		周几	带看量	成交量	成交率
2	8月1日	17	0	星期一		链家网	591	20	3.38%		星期一	159	3	1.89%
3	8月2日	61	1	星期二		我爱我家	500	16	3.20%		星期二	212	4	1.89%
4	8月3日	61	1	星期三		搜房网	161	3	1.86%		星期三	174	2	1.15%
5	8月4日	26	0	星期四		安居客	145	2	1.38%		星期四	106	2	1.89%
6	8月5日	29	1	星期五		房天下	78	1	1.28%		星期五	207	2	0.97%
7	8月6日	205	14	星期六		电话销售	362	11	3.04%		星期六	688	29	4.22%
8	8月7日	147	8	星期日		地推拓客	254	7	2.76%		星期日	545	18	3.30%
9	8月8日	15	0	星期一										

图 9-23　带看量与成交量指标

"=KPI 关键指标 !A2"。

　　步骤3：计算当月每天的带看量。B列为"带看量"数据，例如B2单元格中的公式为"=KPI 关键指标 !B2"。

　　步骤4：计算当月每天的成交量。C列为"成交量"数据，例如C2单元格中的公式为"=KPI 关键指标 !F2"。

　　步骤5：计算日期是一周中的周几。D列为"周几"数据，例如D2单元格中的公式为"=TEXT(A2,"AAAA")"。

　　步骤6："客户来源"名称所在的F列单元格，引用"参数设置"工作表中D3:D9单元格区域的"客户来源"参数。

　　步骤7："客户量"所在的C列是统计各客户来源渠道的客户量，例如C2单元格使用公式"= 客户来源统计 !C8"。

　　步骤8："成交量"所在的D列是统计各客户来源渠道的成交量，例如D2单元格使用公式"= 客户来源统计 !D8"。

　　步骤9："成交率"所在的E列是统计各客户来源渠道的成交率，例如E2单元格的函数公式为"=H2/G2"，即成交量 / 客户量。

　　步骤10："带看量"所在的L列是统计每天的带看量，例如L2单元格使用公式"=SUMIF($D$2:$D$32,K2,$B$2:$B$32)"。

　　步骤11："成交量"所在的M列是统计各客户来源渠道的成交量，例如D2单元格使用公式"=SUMIF($D$2:$D$32,K2,$C$2:$C$32)"。

　　步骤12："成交率"所在的N列是统计各客户来源渠道的成交率，例如E2单元格的函数公式为"=M2/L2"，即成交量 / 带看量。

　　② 客户来源与成交量分析

　　步骤1：创建气泡图。选中F1:I8数据区域，插入一个气泡图，并对图表元素进行格式化。

　　步骤2：将气泡图复制到"仪表盘"工作表中，锚定到C17单元格中，如图

9-24所示。

③ 带看量与成交量关联分析

步骤1：创建组合图。选中L2:L8以及M2:M8数据区域，插入一个组合图，并对图表元素进行格式化。

步骤2：设置带看量为主坐标轴，成交量为次坐标轴。

步骤3：将散点图复制到"仪表盘"工作表中，锚定到E17单元格中，如图9-25所示。

④ 带看量与成交量回归分析

散点图适用于两个指标间的相关性分析。

步骤1：创建散点图。选中L2:L8以及M2:M8数据区域，插入一个散点图，并对图表元素进行格式化。

步骤2：添加趋势线。为散点图添加线性趋势线。

步骤3：设置显示R平方值。在趋势线的中，选择"趋势线选项"。

步骤4：将散点图复制到"仪表盘"工作表中，锚定到G17单元格中，如图9-26所示。

设计完成的带看量与成交量数据分析的仪表盘，如图9-27所示。

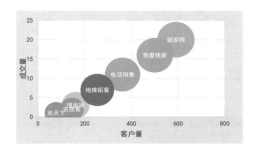

图9-24　客户来源与成交量气泡图

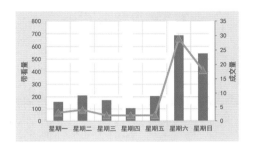

图9-25　带看量与成交量关联分析

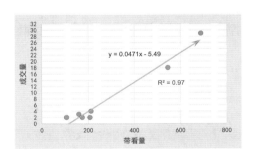

图9-26　带看量与成交量回归分析

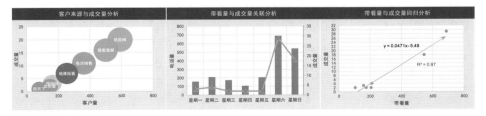

图9-27　带看量与成交量分析

223

9.2.6　组装仪表盘

如图9-28所示，本仪表盘制作到这里就全部完成了。当数据源工作表中的数据更新后，只需要把Excel、文件关闭再重新打开，让数据透视表计算模型重新计算，即可更新仪表盘的全部数据分析结果。

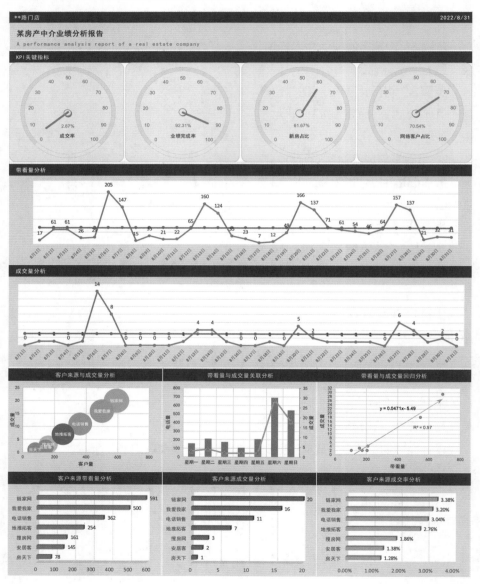

图 9-28　房产中介业绩分析仪表盘

9.3 共享仪表盘

Office 2021提供了邀请他人查看、编辑文档及利用电子邮件发送文档的功能，用户利用这些功能可以将自己的计算机中保存的文档与其他人共享。

9.3.1 与他人直接共享

在工作中，如果要想在Office 2021中邀请他人查看或编辑指定的文档，首先需要将该文档保存到OneDrive网盘中，步骤如下。

① 单击"共享"命令。打开原始文件，单击"文件"，在弹出的"文件"菜单中单击"共享"命令，接着在右侧的"共享"界面中单击"与人共享"选项，邀请他人共享该文档，如图9-29所示。

② 单击"保存到云"按钮。将会弹出"另存为"页面，然后登录OneDrive网盘，如图9-30所示。

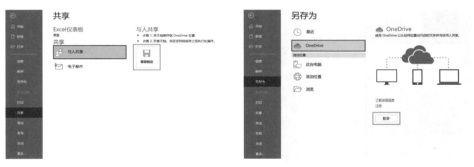

图9-29 与人共享　　　　　　　　　图9-30 保存到云

③ 选择要保存的文件夹。切换至"另存为"界面，单击"OneDrive-个人"选项，然后在右侧选择要保存的文件夹，如图9-31所示。

④ 设置文档的名称。弹出"另存为"对话框，输入文档名称，然后单击"保存"按钮，如图9-32所示。

⑤ 单击"与人共享"按钮。单击"保存"按钮后，返回文档。执行"文件>共享"命令，在"与人共享"界面中单击"与人共享"按钮，如图9-33所示。

⑥ 发送邮件共享。弹出"共享"窗格，在"邀请人员"下的文本框中输入邮箱地址，选择"可编辑"选项，输入内容，单击"共享"按钮，如图9-34所示。

图 9-31　选择要保存的文件夹

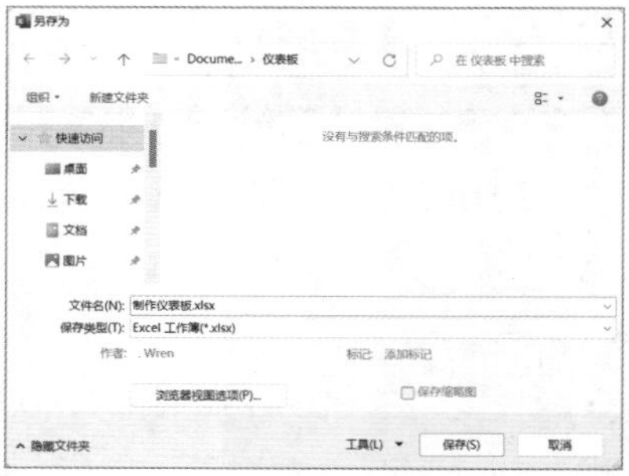

图 9-32　设置文档名称

图 9-33　与人共享

图 9-34　输入邮箱地址

9.3.2　通过电子邮件共享

在Office 2021中若要以电子邮件方式共享文件，需要在计算机中安装Outlook组件。

① 仪表板作为附件发送。打开原始文件，按照上一小节介绍的方法打开"共享"界面，单击"电子邮件"选项，然后在右侧单击"作为附件发送"按钮，如图9-35所示。

② 输入收件人和邮件内容。系统自动启动Outlook 2021，在界面中输入收件人邮箱地址和邮件内容，然后单击"发送"按钮，如图9-36所示，即可将该文档以附件的形式发送到指定收件人的邮箱中。

③ 分享获取的共享链接。当共享的人过多时，可以通过获取共享链接，然后将该链接发送给共享的人，让他们通过该链接查看或编辑指定文档。获取共享链接的具体操作方法如下：

226

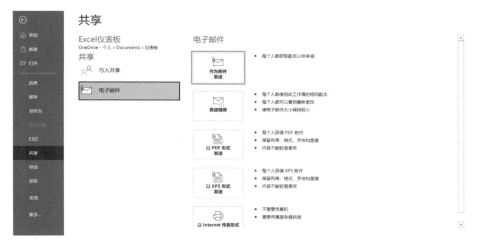

图 9-35　仪表板作为附件发送

图 9-36　通过电子邮件共享

　　打开原始文件,将文件保存到 OneDrive 网盘中后,打开"共享"界面,单击"电子邮件"选项,在右侧界面中单击"发送链接"按钮,如图9-37所示。若要发送链接,必须将文件保存到 Web 服务器或共享文件夹。

　　此外,除了以附件形式发送和共享链接以外,还有以下3种方式。

　　· 以 PDF 形式发送:打开一封电子邮件,其中附加了文件 .pdf 副本。

　　· 以 XPS 形式发送:打开一封电子邮件,其中附加了 .xps 格式的文件副本。

　　· 以 Internet 传真形式发送:打开一个网页,可在其中从允许通过 Internet 发送传真的提供商列表中进行选择。

图9-37　通过发送链接共享

9.3.3　通过 Power BI 共享

Excel表格可以发布到Power BI实现数据的商业智能分析，在操作之前首先需要注册一个Power BI账户。具体方法如下：

① 依次单击【文件】|【发布】|【发布到Power BI】，再登录自己注册的Power BI账户，如图9-38所示。

图9-38　发布到 Power BI

② 单击"上载"按钮，发布到POWER BI已成功上载工作簿，如图9-39所示。

228

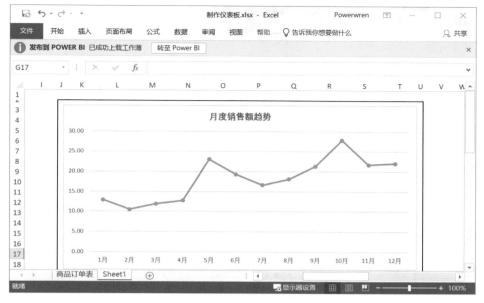

图 9-39　转至 Power BI

③ 单击"转至 Power BI"后，进入 Power BI 的在线服务器中，单击"我的工作区"选项，就可以看到刚刚导入的仪表板，双击该文件就可以查看仪表板，如图 9-40 所示。

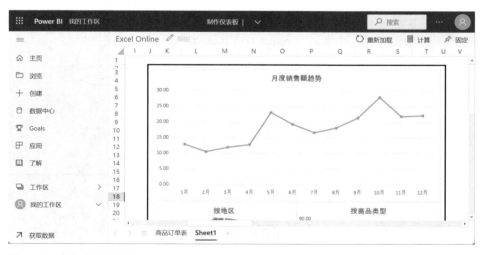

图 9-40　在线查看仪表板

10

Excel 基础分析

▼

前面几章我们介绍了一些Excel常用的数据分析方法，如分类、汇总、排序等，作为一款广泛使用的数据分析软件，Excel的数据分析功能是十分强大的，其中包含了很多专业的数据分析与统计工具，如描述统计、相关分析、方差分析等，可以直接用于企业生产实践。

扫码观看本章视频

10.1 描述统计

描述统计是数据分析的第一步，是了解和认识数据基本特征和结构的方法，只有在完成了描述统计，充分了解和认识数据特征后，才能更好地开展后续变量间相关性等复杂的数据分析，如选择分析方法、解读分析结果、分析异常结果原因等。

10.1.1 描述统计概述

描述统计，是指运用制表和分类、图形以及计算概括性数据来描述数据特征的各项活动。描述统计要对调查总体所有变量的有关数据进行统计性描述，主要包括数据的频数分析、集中趋势分析、离散程度分析，从而了解数据的分布以及获取统计图形。

· 数据频数分析：指数据的预处理，利用频数分析和交叉频数分析可以检验异常值。

· 数据集中趋势分析：用来反映数据的一般水平，常用的指标有平均值、中位数和众数等。

· 数据离散程度分析：主要是用来反映数据之间的差异程度，常用的指标有方差和标准差。

主要描述统计指标如下所示。

● （1）平均值

平均值是一个比较重要的表示集中趋势的统计量。根据所掌握资料的表现形式不同，算数平均数有简单算数平均数和加权算数平均数两种。

简单算数平均数是将总体各单位每一个标志值加总得到的标志总量除以单位总量而求出的平均指标。其计算方法如下所示：

$$\overline{X} = \frac{X_1 + X_2 + \cdots + X_n}{n} = \frac{\sum X}{n}$$

简单算数平均数适用于总体单位数较少的未分组资料。如果所给的资料是已经分组的次数分布数列，则算数平均数的计算应采用加权算数平均数的形式。

加权算数平均数是首先用各组的标志值乘以相应的各组单位数求出各组标志总量，并加总求得总体标志总量，而后再将总体标志总量和总体单位总量对比。其计算过程如下所示：

$$\bar{X} = \frac{f_1 X_1 + f_2 X_2 + \cdots + f_n X_n}{f_1 + f_2 + \cdots + f_n} = \frac{\sum fX}{\sum f}$$

其中，f_n 表示各组的单位数，或者说是频数和权数。

（2）中位数

中位数也是一个比较重要的表示集中趋势的统计量。将总体单位某一变量的各个变量值按大小顺序排列，处在数列中间位置的那个变量值就是中位数。

计算步骤如下：将各变量值按大小顺序排列，当 n 为奇数项时，则中位数就是居于中间位置的那个变量值；当 n 为偶数项时，则中位数是位于中间位置的两个变量值的算数平均数。

（3）方差

方差是一个比较重要的表示离中趋势的统计量。它是总体各单位变量值与其算数平均数的离差平方的算数平均数，用 σ^2 表示。

方差的计算公式，如下所示：

$$\sigma^2 = \frac{\sum (X - \bar{X})^2}{n}$$

（4）标准差

标准差是另一个比较重要的表示离中趋势的统计量。与方差不同的是，标准差是具有量纲的，它与变量值的计量单位相同，其实际意义要比方差清楚。因此，在对社会经济现象进行分析时，往往更多地使用标准差。

方差的平方根就是标准差，标准差的计算公式，如下所示：

$$\sigma = \sqrt{\frac{\sum (X - \bar{X})^2}{n}}$$

（5）百分位数

如果将一组数据排序，并计算相应的累计百分位，则某一百分位所对应数据

232

的值就称为这一百分位的百分位数。常用的有四分位数，指的是将数据分为四等份，分别位于25%、50%和75%处的分位数。

百分位数适合用于定序数据，不能用于定类数据，它的优点是不受极端值的影响。

○ （6）变异系数

变异系数是将标准差或平均差与其平均数对比所得的比值，又称离散系数，计算公式如下所示：

$$V_\sigma = \frac{\sigma}{\overline{X}}$$

V_σ、σ、$\overline{X}$分别表示变异系数、标准差和平均值。变异系数是一个无名数的数值，可用于比较不同数列的变异程度。其中，最常用的变异系数是标准差系数。

○ （7）偏度

偏度是对分布偏斜方向及程度的测度。常用三阶中心矩除以标准差的三次方，表示数据分布的相对偏斜程度，用a_3表示。其计算公式如下所示：

$$a_3 = \frac{\sum f(X - \overline{X})^3}{\sigma^3 \sum f}$$

在公式中，a_3为正，表示分布为右偏；a_3为负，则表示分布为左偏。

○ （8）峰度

峰度是频数分布曲线与正态分布相比较，顶端的尖峭程度。统计上常用四阶中心矩测定峰度，其计算公式如下所示：

$$a_4 = \frac{\sum f(X - \overline{X})^4}{\sigma^4 \sum f}$$

当a_4=3时，分布曲线为正态分布；

当a_4 < 3时，分布曲线为平峰分布；

当a_4 > 3时，分布曲线为尖峰分布。

在数据分析中，最基本的分析便是描述统计，可以了解平均值、方差等，揭示数据的分布特性等。

如果使用Excel进行描述性分析，首先需要加载数据分析的功能，依次选择【文件】|【选项】|【加载项】，选择【Excel加载项】选项进行加载，单击"转

到"按钮。在"加载项"页面的"可用加载宏"列表中选择"分析工具库",如图10-1所示。

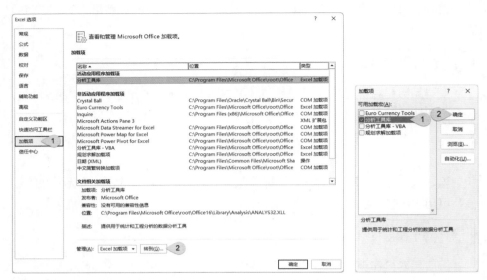

图 10-1 加载"分析工具库"

10.1.2 描述统计案例

截至2021年底,全国的私人汽车总计为2.6亿辆,较上年增加了1860.83万辆,同比增长7.66%。其中,私人载客汽车为2.4亿辆,同比增长7.79%;私人载货汽车为2022.34万辆,同比增长6.03%。

表10-1 2000～2021年私人汽车拥有量

年份	私人汽车拥有量	私人载客汽车拥有量	私人载货汽车拥有量	年份	私人汽车拥有量	私人载客汽车拥有量	私人载货汽车拥有量
2000	625.33	365.09	259.09	2009	4574.91	3808.33	753.40
2001	770.78	469.85	298.95	2010	5938.71	4989.50	931.52
2002	968.98	623.76	341.29	2011	7326.79	6237.46	1067.43
2003	1219.23	845.87	367.35	2012	8838.60	7637.87	1175.63
2004	1481.66	1069.69	402.82	2013	10501.68	9198.23	1275.49
2005	1848.07	1383.93	452.11	2014	12339.36	10945.39	1352.78
2006	2333.32	1823.57	494.91	2015	14099.10	12737.23	1330.65
2007	2876.22	2316.91	539.45	2016	16330.22	14896.27	1401.16
2008	3501.39	2880.50	596.39	2017	18515.11	17001.51	1478.40

年份	私人汽车拥有量	私人载客汽车拥有量	私人载货汽车拥有量	年份	私人汽车拥有量	私人载客汽车拥有量	私人载货汽车拥有量
2018	20574.93	18930.29	1605.10	2020	24291.19	22333.81	1907.28
2019	22508.99	20710.58	1753.66	2021	26152.02	24074.19	2022.34

为了对2000~2021年我国私人汽车拥有量数据进行初步了解，我们可以通过Excel中的描述统计功能实现，如表10-1所示。

操作步骤如下：

在Excel中依次选择【数据】|【分析】|【数据分析】选项，然后单击【描述统计】选项，再单击"确定"按钮，如图10-2所示。

图 10-2　描述统计

在"描述统计"对话框中设置"输入区域"为"$B$1:$D$23"、"分组方式"为"逐列"，选择"标志位于第一行"选项，还可以根据需要选择统计量，例如汇总统计，最后单击"确定"按钮后，得到如图10-3所示的描述统计结果。

私人汽车拥有量		私人载客汽车拥有量		私人载货汽车拥有量	
平均	9437.118	平均	8421.81	平均	991.2364
标准误差	1824.843	标准误差	1703.704	标准误差	120.9867
中位数	6632.75	中位数	5613.48	中位数	999.475
众数	#N/A	众数	#N/A	众数	#N/A
标准差	8559.273	标准差	7991.08	标准差	567.478
方差	73261149	方差	63857364	方差	322031.3
峰度	-0.9299	峰度	-0.90859	峰度	-1.26926
偏度	0.694166	偏度	0.721435	偏度	0.271787
区域	25526.69	区域	23709.1	区域	1763.25
最小值	625.33	最小值	365.09	最小值	259.09
最大值	26152.02	最大值	24074.19	最大值	2022.34
求和	207616.6	求和	185279.8	求和	21807.2
观测数	22	观测数	22	观测数	22

图 10-3　描述统计结果

10.2　相关分析

相关分析用于研究定量数据之间的关系，例如学生身高与体重之间的关系，一般学生身高越高体重就越重。在相关分析中，常用相关系数表示变量之间的关系紧密程度，通常相关系数是指皮尔逊相关系数。

10.2.1　相关分析概述

皮尔逊相关系数（Pearson Correlation Coefficient）用来反映两个连续性变量之间的线性相关程度。

用于总体（Population）时，相关系数记作ρ，公式为：

$$\rho_{X,Y} = \frac{cov(X,Y)}{\sigma_X \sigma_Y}$$

式中，$cov(X,Y)$是X、Y的协方差；σ_X是X的标准差；σ_Y是Y的标准差。

用于样本（Sample）时，相关系数记作r，公式为：

$$r = \frac{\sum_{i=1}^{n}(X_i - \bar{X})(Y_i - \bar{Y})}{\sqrt{\sum_{i=1}^{n}(X_i - \bar{X})^2}\sqrt{\sum_{i=1}^{n}(Y_i - \bar{Y})^2}}$$

式中，n是样本数量；X_i和Y_i是变量X、Y对应的i点观测值；$\bar{X}$是X样本平均数，$\bar{Y}$是Y样本平均数。

要理解皮尔逊相关系数，首先要理解协方差。协方差可以反映两个随机变量之间的关系，如果一个变量跟随着另一个变量一起变大或者变小，这两个变量的协方差就是正值，表示这两个变量之间呈正相关关系，反之相反。

由公式可知，皮尔逊相关系数是用协方差除以两个变量的标准差得到的，如果协方差的值是一个很大的正数，我们可以得到两个可能的结论：

两个变量之间呈很强的正相关性，这是因为X或Y的标准差相对很小；

两个变量之间并没有很强的正相关性，这是因为X或Y的标准差很大。

当两个变量的标准差都不为零时，相关系数才有意义，皮尔逊相关系数适用于：

两个变量之间是线性关系，都是连续数据；

两个变量的总体是正态分布，或接近正态的单峰分布；

两个变量的观测值是成对的，每对观测值之间相互独立。

应该注意的是，简单相关系数所反映的并不是任何一种确定关系，而仅仅是线性关系。另外，相关系数所反映的线性关系并不一定是因果关系。

10.2.2　载客和载货汽车分析

为了深入分析私人载客汽车拥有量和载货汽车拥有量之间的关系，下面使用

Excel计算两者之间的相关系数。

方法1：函数法

可以直接利用Excel 2021中的相关系数CORREL()函数，也可以使用皮尔逊相关系数PEARSON()函数计算相关系数，如图10-4所示。

年份	私人汽车拥有量	私人载客汽车拥有量	私人载货汽车拥有量	函数法
2000	625.33	365.09	259.09	=CORREL(C2:C23,D2:D23)
2001	770.78	469.85	298.95	=PEARSON(C2:C23,D2:D23)
2002	968.98	623.76	341.29	
2003	1219.23	845.87	367.35	
2004	1481.66	1069.69	402.82	
2005	1848.07	1383.93	452.11	
2006	2333.32	1823.57	494.91	
2007	2876.22	2316.91	539.45	
2008	3501.39	2880.50	596.39	

图10-4 函数法计算相关系数

方法2：工具法

除了直接使用函数计算两组变量之间的相关性外，还可以使用Excel提供的数据分析工具箱计算相关性系数。

使用数据分析工具进行操作，在"数据分析"对话框中，找到"相关系数"选项，然后单击"确定"按钮，如图10-5所示。在"相关系数"对话框中，设置"输入区域"为"$B$1:$D$23"、"分组方式"为"逐列"，并选择"标志位于第一行"选项。

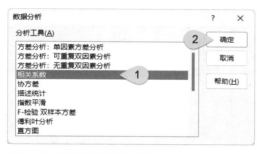

图10-5 工具法计算相关系数

输出的相关系数矩阵如表10-2所示。相关系数矩阵由数据各列间的相关系数构成，矩阵对角线上的元素是1。可以看出：私人汽车拥有量、私人载客汽车拥有量、私人载货汽车拥有量三个变量两两之间高度相关。其中私人汽车拥有量与私人载客汽车拥有量为0.9999，私人汽车拥有量与私人载货汽车拥有量为0.9766，私人载客汽车拥有量与私人载货汽车拥有量为0.9731。

表10-2　相关系数矩阵

项目	私人汽车拥有量	私人载客汽车拥有量	私人载货汽车拥有量
私人汽车拥有量	1.0000		
私人载客汽车拥有量	0.9999	1.0000	
私人载货汽车拥有量	0.9766	0.9731	1.0000

方法3：散点图法

在进行相关性分析时，还可以通过绘制散点图，通过计算散点图的趋势线进行相关性分析，具体步骤如下：

① 选择两个包含数据的列，例如私人汽车拥有量和私人载客汽车拥有量，列的顺序很重要，自变量应在左列，将在x轴上绘制；因变量应在右列，将在y轴绘制。

② 在"插入"选项卡上的"图表"选项中，单击"散点图"图标，在工作表中插入散点图。

③ 右键单击图表中的任意数据点，然后从上下文菜单中选择"添加趋势线"，并设置"显示公式"和"显示R平方值"，结果如图10-6所示。

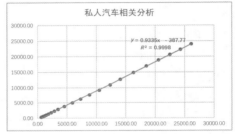

图10-6　散点图

散点图绘制了趋势线，还显示了R^2，也称为"决定系数"，表示趋势线与数据的对应程度，R^2越接近1，拟合越好。根据散点图上显示的R^2值，对其进行开方可以轻松计算出相关系数。

例如，图10-6中的R^2值为0.9998，因此，相关系数R=SQRT(0.9998)=0.9999，与之前计算的结果完全一致。

虽然皮尔逊相关性分析非常方便，但在使用的时候有几点需要注意：

① 皮尔逊相关系数仅可以表征两个变量之间的线性关系，这意味着，如果两个变量是以另一种曲线形式强烈相关，皮尔逊相关系数可能仍等于或接近于零。

② 皮尔逊相关性并不能区分因变量和自变量。例如，当使用CORREL()函数计算私人载客汽车拥有量与私人载货汽车拥有量之间的相关性时，我们得到的系数为0.9731，这表明相关性很高。但是，如果交换两个变量的位置仍会获得相同的结果。因此，在Excel中运行相关性分析时，还要注意所提供的数据逻辑关系。

10.3 单因素方差分析

10.3.1 单因素方差分析概述

单因素方差分析是方差分析（Analysis of Variance）类型中最基本的一种，研究的是一个因素对于试验结果的影响和作用，这一因素可以有不同的取值或者是分组。单因素方差分析所要检验的问题就是当因素选择不同的取值或者分组时，对结果有无显著的影响。

在试验中，我们将要考察的指标称为试验指标，影响试验指标的条件称为因素。因素可分为两类，一类是人们可以控制的，一类是不能控制的。例如，原料成分、反应温度、溶液浓度等是可以控制的，而测量误差、气象条件等一般是难以控制的。

以下我们所说的因素都是可控因素，因素所处的状态称为该因素的水平。如果在一项试验中只有一个因素在改变，这样的试验称为单因素试验，使用单因素方差分析方法；如果多于一个因素在改变，就称为多因素试验，需要使用多因素方差分析方法。

单因素方差分析的一般数学模型为：因素 A 有 s 个水平 A_1，A_2，$\cdots$，A_s，在水平 $A_j(j=1,2,\cdots,s)$ 下进行 $n_j(n_j \geqslant 2)$ 次独立试验，得到如表10-3的结果。

表10-3 单因素方差

因素水平	A_1	A_2	$\cdots$	A_s
观察值	X_{11}	X_{12}	$\cdots$	X_{1s}
	X_{21}	X_{22}	$\cdots$	X_{2s}
	$\cdots$	$\cdots$	$\cdots$	$\cdots$
	X_{n1}	X_{n2}	$\cdots$	X_{ns}
样本总和	$T_{\cdot 1}$	$T_{\cdot 2}$	$\cdots$	$T_{\cdot s}$
样本均值	$X_{\cdot 1}$	$X_{\cdot 2}$	$\cdots$	$X_{\cdot s}$
总体均值	μ_1	μ_2	$\cdots$	μ_s

假定：各水平 $A_j(j=1,2,\cdots,s)$ 下的样本 $x_{ij} \sim N(\mu_j, \sigma^2), i=1,2,\cdots,n_j, j=1,2,\cdots, s$，且相互独立。

239

故$x_{ij}-\mu_j$可看成随机误差，它们是试验中无法控制的各种因素所引起的，记$x_{ij}-\mu_j=\varepsilon_{ij}$，则

$$\begin{cases} x_{ij}=\mu_j+\varepsilon_{ij}, i=1,2,\cdots,n_j, j=1,2,\cdots,s \\ \varepsilon_{ij}\sim N(0,\sigma^2) \\ \text{各}\varepsilon_{ij}\text{相互独立} \end{cases}$$

其中μ_j与σ^2均为未知参数，上式称为单因素试验方差分析的数学模型。

方差分析的任务是对于单因素方差模型，检验s个总体$N(\mu_1, \sigma^2),\cdots,N(\mu_s,\sigma^2)$的均值是否相等，即检验假设：

$$\begin{cases} H_0: \mu_1=\mu_2=\cdots=\mu_s \\ H_1: \sigma_1,\sigma_2,\cdots,\sigma_s\text{不全相等} \end{cases}$$

下面计算总误差平方和SST（S_T）、因素误差平方和SSA（S_A）以及随机误差平方和SSE（S_E），为后续构造检验统计量，计算公式如下：

$$S_T=\sum_{j=1}^s\sum_{i=1}^{n_j}(x_{ij}-\bar{x})^2$$

这里$\bar{x}=\frac{1}{n}\sum_{j=1}^s\sum_{i=1}^{n_j}x_{ij}$，$S_T$能反映全部试验数据之间的差异，又称为总变差。

$$S_E=\sum_{j=1}^s\sum_{i=1}^{n_j}(x_{ij}-\bar{x}_{\cdot j})^2$$

S_E称为误差平方和

$$S_A=\sum_{j=1}^s\sum_{i=1}^{n_j}(\bar{x}_{\cdot j}-\bar{x})^2=\sum_{j=1}^s n_j(\bar{x}_{\cdot j}-\bar{x})^2$$

S_A称为因素A的效应平方和，于是

$$S_T=S_E+S_A$$

对于给定的显著性水平$\alpha(0<\alpha<1)$，由于

$$P\{F\geqslant F_\alpha(s-1,n-s)\}=\alpha$$

由此得检验问题的拒绝域为

$$F\geqslant F_\alpha(s-1,n-s)$$

由样本值计算F的值，若$F\geqslant F_\alpha$，则拒绝H_0，即认为水平的改变对指标有显著性的影响；若$F<F_\alpha$，则接受原假设H_0，即认为水平的改变对指标无显著影响。

上面的分析结果可排成表10-4的形式，称为方差分析表。

表10-4　方差分析表

方差来源	平方和	自由度	均方和	F比
因素A	S_A	$s-1$	$\bar{S}_A = \dfrac{S_A}{s-1}$	$F = \bar{S}_A / \bar{S}_E$
误差	S_E	$n-s$	$\bar{S}_E = \dfrac{S_E}{n-s}$	
总和	S_T	$n-1$		

当$F \geqslant F_{0.05}(s-1, n-s)$时，称为显著；当$F \geqslant F_{0.01}(s-1, n-s)$时，称为高度显著。

就单因素方差分析的基本原理而言，其主要的计算过程还是集中在各离差平方和、自由度以及均方上。确定各个水平之间的总体以及样本容量，并构造统计模型，如果模型存在设定上的误差，需要将未出现的重要因素归纳到随机误差项中，确保影响因素变化存在差异性，提高实验数据的准确性以及有效性，提高数据计算值的参考价值。

10.3.2　药物对胰岛素分泌影响分析

为了研究药物对胰岛素分泌水平是否有影响，下面使用白鼠进行试验，收集了4种新型药物对白鼠胰岛素分泌水平影响的试验结果，数据为白鼠的胰岛质量。下面使用Excel进行单因素方差分析检验4种药物对胰岛素水平的影响是否相同。

操作步骤如下：

依次选择【数据】|【分析】|【数据分析】，然后单击【方差分析：单因素方差分析】选项，再单击"确定"按钮，如图10-7所示。

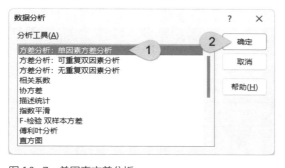

图10-7　单因素方差分析

在"方差分析：单因素方差分析"对话框中，设置"输入区域"为"$A$1:$D$6"、"分组方式"为"列"，选择"标志位于第一行"选项，输入显著性水平，默认为0.05，最后单击"确定"按钮后，得到如图10-8所示的统计结果。

可以看出：总离差平方和为3318.482，组间离差平方和为

方差分析：单因素方差分析						
SUMMARY						
组	观测数	求和	平均	方差		
药物组1	5	477.8	95.56	75.468		
药物组2	5	440.9	88.18	303.262		
药物组3	5	362.8	72.56	59.588		
药物组4	5	425.1	85.02	46.372		
方差分析						
差异源	SS	df	MS	F	P-value	F crit
组间	1379.722	3	459.9073	3.795476	0.031363	3.238872
组内	1938.76	16	121.1725			
总计	3318.482	19				

图10-8 单因素方差分析统计结果

1379.722，组内离差平方和为1938.76；方差检验为3.795476，对应的显著性为0.031363，小于显著性水平0.05，因此我们认为4种新型药物中至少有一种与另外一种存在显著性差异。

10.4 双因素方差分析

10.4.1 双因素方差分析概述

当进行某一项试验时，影响指标的因素不是一个而是多个，分析各因素的作用是否显著，就要用到多因素的方差分析，本节就两个因素的方差分析进行介绍。当有两个因素时，除了每个因素的影响之外，还有这两个因素的搭配问题。

方差分析有两种情况：一是只考虑两个影响因素对因变量的单独影响，这时的方差分析称为无交互效应的双因素方差分析；二是除了两个影响因素外，还考虑两个影响因素的搭配对因变量产生的交互效应，这时的方差分析称为有交互效应的双因素方差分析。

如表10-5中的两组试验结果，都有两个因素A和B，每个因素取两个水平。

表10-5(a) 实验结果一组

因素	A_1	A_2
B_1	30	50
B_2	70	90

表10-5(b)　实验结果二组

因素	A_1	A_2
B_1	30	50
B_2	100	80

表10-5(a)中，无论B在什么水平，B_1还是B_2，水平A_2下的结果总比A_1下的高20；同样地，无论A是什么水平，B_2下的结果总比B_1下的高40。这说明A和B单独地各自影响结果，互相之间没有作用。

表10-5(b)中，当B为B_1时，A_2下的结果比A_1的高20，而且当B为B_2时，A_1下的结果比A_2的高20；类似地，当A为A_1时，B_2下的结果比B_1的高70，而A为A_2时，B_2下的结果比B_1的高30。这表明A的作用与B所取的水平有关，而B的作用也与A所取的水平有关。即A和B不仅各自对结果有影响，而且它们的搭配方式也有影响。

我们把这种影响称作因素A和B的交互作用，记作$A \times B$。在双因素试验的方差分析中，我们不仅要检验水平A和B的作用，还要检验它们的交互作用。

双因素方差分析用于观察两个因素的不同水平对所研究对象的影响是否存在明显的不同。根据是否考虑两个因素的交互作用，它又可以分为"可重复双因素方差分析"和"无重复双因素方差分析"两种类型，下面将通过案例深入进行介绍。

10.4.2　可重复双因素方差分析案例

假定有甲、乙两种施肥方式，3种小麦品种，搭配共有6种组合。如果选择30块地进行试验，则每种搭配进行5次试验，即对于施肥方式与小麦品种的组合都统计5次，小麦品种和施肥方式的实验数据如图10-9所示。

施肥方式	品种1	品种2	品种3
方式甲	81	71	76
方式甲	82	72	79
方式甲	79	72	77
方式甲	81	66	76
方式甲	78	72	78
方式乙	89	77	89
方式乙	92	81	87
方式乙	87	77	84
方式乙	85	73	87
方式乙	86	79	87

图 10-9　可重复双因素方差分析

无论是否考虑不同品种之间的差异的影响以及不同施肥方式之间差异的影响，代表所有{品种，施肥方式}值对的样本都取自相同的样本总体。另一种假设是除了基于品种或施肥方式单个因素的差异带来的影响之外，特定的{品种，施肥方式}值对也会有影响。

操作步骤如下：

选中工作表中的任意一个单元格，如B2单元格，切换至"数据"选项卡，然后在"分析"组中单击"数据分析"按钮打开"数据分析"对话框，在"分析工具"列表框中选择"方差分析：可重复双因素分析"选项，然后单击"确定"按钮。

随后会打开"方差分析：可重复双因素分析"对话框，在"输入"列表区域设置输入区域为"$A$1:$D$11"，在"每一样本的行数"文本框中输入"5"，设置α的值为"0.05"。然后在"输出选项"列表区域中单击选中"新工作表组"，最后单击"确定"按钮，工作表中会显示"方差分析：可重复双因素分析"的分析结果，如图10-10所示。

利用相伴概率判定结果如下：不同施肥方式（样本）的P值为9.73E-10，小于0.05，因此不同施肥方式的小麦产量差异显著；不同品种（列）的P值为1.22E-09，小于0.05，因此不同品种的小麦产量差异显著。可知品种和施肥方式都是影响小麦产量的因素。但是两者之间的组合（交互）的P值为0.379284，大于0.05，因此对小麦产量的影响效果较小。

方差分析:	可重复双因素分析			
SUMMARY	品种1	品种2	品种3	总计
方式甲				
观测数	5	5	5	15
求和	401	353	386	1140
平均	80.2	70.6	77.2	76
方差	2.7	6.8	1.7	20.42857
方式乙				
观测数	5	5	5	15
求和	439	387	434	1260
平均	87.8	77.4	86.8	84
方差	7.7	8.8	3.2	29.14286
总计				
观测数	10	10	10	
求和	840	740	820	
平均	84	74	82	
方差	20.66667	19.77778	27.77778	

方差分析						
差异源	SS	df	MS	F	P-value	F crit
样本	480	1	480	93.20388	9.73E-10	4.259677
列	560	2	280	54.36893	1.22E-09	3.402826
交互	10.4	2	5.2	1.009709	0.379284	3.402826
内部	123.6	24	5.15			
总计	1174	29				

图10-10　可重复双因素方差分析结果

10.4.3　无重复双因素方差分析案例

假定有甲、乙、丙3种施肥方式，3种小麦品种，搭配共有9种组合，小麦品种和施肥方式的实验数据如图10-11所示。

"方差分析：无重复双因素分析"，此分析工具可用于当数据像可重复双因素那样按照两个不同维度进行分类时的情况，只是此工具假设每一对值只有一个观察值。下面通过实例介绍如何进行无重复的双因素方差分析。

施肥方式	品种1	品种2	品种3
方式甲	82	70	75
方式乙	88	75	88
方式丙	85	78	86

图 10-11　无重复双因素方差分析

操作步骤如下：

选中工作表中的任意一个单元格，如 A1 单元格，切换至"数据"选项卡，然后在"分析"组中单击"数据分析"按钮，打开"数据分析"对话框，在"分析工具"列表框中选择"方差分析：无重复双因素分析"选项，然后单击"确定"按钮。

随后会打开"方差分析：无重复双因素分析"对话框，在"输入"列表区域设置输入区域为"$A$1:$D$4"，选择"标志"，设置 α 的值为"0.05"。然后在"输出选项"列表区域中单击选中"新工作表组"单选按钮，单击"确定"按钮后，工作表中会显示"方差分析：无重复双因素分析"的分析结果，如图 10-12 所示。

方差分析：无重复双因素分析

SUMMARY	观测数	求和	平均	方差
方式甲	3	227	75.66667	36.33333
方式乙	3	251	83.66667	56.33333
方式丙	3	249	83	19
品种1	3	255	85	9
品种2	3	223	74.33333	16.33333
品种3	3	249	83	49

方差分析

差异源	SS	df	MS	F	P-value	F crit
行	118.2222	2	59.11111	7.766423	0.041936	6.944272
列	192.8889	2	96.44444	12.67153	0.018583	6.944272
误差	30.44444	4	7.611111			
总计	341.5556	8				

图 10-12　无重复双因素方差分析结果

利用相伴概率判定结果如下：不同施肥方式（样本）的 P 值为 0.041936，小于 0.05，因此不同施肥方式的小麦产量差异显著；不同品种（列）的 P 值为 0.018583，小于 0.05，因此不同品种的小麦产量差异显著。可知品种和施肥方式都是影响小麦产量的因素。

11

Excel 高级分析

▼

在实际工作中，广泛使用的是用统计分析方法对收集来的大量数据进行分析，以求最大化地利用数据，从而发挥其商业价值，本章介绍几种常用的统计分析方法，包括回归分析、时间序列分析、线性规划等。

扫码观看本章视频

11.1 回归分析

回归分析是研究一个变量与另一个或几个变量的具体依赖关系的计算方法和理论。从一组样本数据出发，确定变量之间的数学关系式，利用所求的关系式，根据一个或几个变量的取值来预测或控制另一个特定变量的取值，同时给出这种预测或控制的精确程度。

11.1.1 线性回归概述

线性回归是利用回归方程（函数）对一个或多个自变量（特征值）和因变量（目标值）之间的关系进行建模的一种分析方式。线性回归能够用一个直线较为精确地描述数据之间的关系，这样当出现新的数据的时候，就能够预测出一个简单的值，例如房屋面积和房价的预测问题。只有一个自变量的情况称为一元回归，大于一个自变量的情况称为多元回归。

多元线性回归模型是日常工作中应用频繁的模型，公式如下：

$$y = \beta_0 + \beta_1 x_1 + \beta_2 x_2 + \cdots + \beta_k x_k + \varepsilon$$

式中，x_1，$\cdots$，x_k是自变量；y是因变量；β_0是截距，β_1，$\cdots$，β_k是变量回归系数；ε是误差项的随机变量。

对于误差项有如下几个假设条件：

· 误差项ε是一个期望为0的随机变量。

· 对于自变量的所有值，ε的方差都相同。

· 误差项ε是一个服从正态分布的随机变量，且相互独立。

如果想让我们的预测值尽量准确，就必须让真实值与预测值的差值最小，即让误差平方和最小，用公式来表达如下，具体推导过程可参考相关的资料。

$$J(\beta) = \sum (y - x\beta)^2$$

损失函数只是一种策略，有了策略，我们还要用适合的算法进行求解。在线性回归模型中，求解损失函数就是求与自变量相对应的各个回归系数和截距。有了这些参数，我们才能实现模型的预测（输入x，给出y）。

对于误差平方和损失函数的求解方法有很多，典型的如最小二乘法、梯度下降法等。因此，通过以上的异同点，总结如下：

最小二乘法的特点：

·得到的是全局最优解，因为一步到位，直接求极值，所以步骤简单。

·线性回归的模型假设，是最小二乘法的优越性前提，否则不能推出最小二乘法是最佳（方差最小）的无偏估计。

梯度下降法的特点：

·得到的是局部最优解，因为是一步一步迭代的，而非直接求得极值。

·既可以用于线性模型，又可以用于非线性模型，没有特殊的限制和假设条件。

在回归分析过程中，还需要进行线性回归诊断，回归诊断是对回归分析中的假设以及数据的检验与分析，主要的衡量值是判定系数和估计标准误差。

（1）判定系数

回归直线与各观测点的接近程度成为回归直线对数据的拟合优度，而评判直线拟合优度需要一些指标，其中一个就是判定系数。

我们知道，因变量y值有来自两个方面的影响：

·来自x值的影响，也就是我们预测的主要依据。

·来自无法预测的干扰项的影响。

如果一个回归直线预测非常准确，它就需要让来自x的影响尽可能大，而让来自无法预测干扰项的影响尽可能小，也就是说，x影响占比越高，预测效果就越好。下面我们来看如何定义这些影响，并形成指标。

$$SST = \sum(y_i - \bar{y})^2$$
$$SSR = \sum(\hat{y_i} - \bar{y})^2$$
$$SSE = \sum(y_i - \hat{y})^2$$

SST（总平方和）：变差总平方和。

SSR（回归平方和）：由x与y之间的线性关系引起的y变化。

SSE（残差平方和）：除x影响之外的其他因素引起的y变化。

总平方和、回归平方和、残差平方和三者之间的关系如图11-1所示。

它们之间的关系是：SSR越高，则代表回归预测越准确，观测点越靠近直线，即越大，

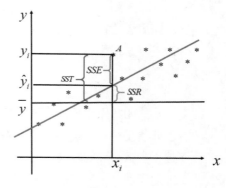

图11-1 线性回归

直线拟合越好。因此，判定系数的定义就自然地引出来了，我们一般称为R^2。

$$R^2 = \frac{SSR}{SST} = 1 - \frac{SSE}{SST}$$

（2）估计标准误差

判定系数R^2的意义是由x引起的影响占总影响的比例来判断拟合程度。当然，我们也可以从误差的角度去评估，也就是用残差SSE进行判断。估计标准误差是均方残差的平方根，可以度量实际观测点在直线周围散布的情况。

$$S_\varepsilon = \sqrt{\frac{SSE}{n-2}}$$

估计标准误差与判定系数相反，S_ε反映了预测值与真实值之间误差的大小。误差越小，就说明拟合度越高；相反，误差越大，就说明拟合度越低。

线性回归主要用来解决连续性数值预测的问题，它目前在经济、金融、社会、医疗等领域都有广泛的应用，例如可以研究有关吸烟对死亡率和发病率的影响等。此外，还在以下诸多方面得到了很好的应用。

·客户需求预测：通过海量的买家和卖家交易数据等，对未来商品的需求进行预测。

·电影票房预测：通过历史票房数据、影评数据等公众数据，对电影票房进行预测。

·湖泊面积预测：通过研究湖泊面积变化的多种影响因素，构建湖泊面积预测模型。

·房地产价格预测：利用相关历史数据分析影响商品房价格的因素并进行模型预测。

·股价波动预测：公司在搜索引擎中的搜索量代表了该股票被投资者关注的程度。

·人口增长预测：通过历史数据分析影响人口增长的因素，对未来人口数进行预测。

在Excel中可以使用数据分析工具进行线性回归分析，在"数据分析"对话框，找到"回归"，然后单击"确定"按钮，如图11-2所示，

图11-2 工具法进行线性回归分析

249

最后添加相关指标数据即可。

11.1.2 GDP 影响因素分析

国内生产总值（GDP）是指一个国家（或地区）所有常驻单位在一定时期内生产的所有最终产品和劳务的市场价值。国内生产总值从宏观上反映了一个国家（或地区）的经济实力和市场规模，通过 GDP 变化率可以明显观察出该地区经济呈现扩张或衰退状态，为制定和检验各个地区经济发展战略目标和宏观经济政策提供了重要工具和依据。国内生产总值的四个组成部分是消费、投资、政府支出和净出口（即进口减去出口）。

本案例基于国家统计局的数据，收集整理了最近 20 年（2002 ～ 2021 年）相关指标数据，包括国内生产总值（亿元）、社会消费品零售总额（亿元）、全社会固定资产投资（亿元）、财政支出（亿元）、进出口差额（亿元）。并将 GDP 作为被解释变量 Y，将最终消费作为解释变量 X_1，投资总额（亿元）作为解释变量 X_2，出口总额（亿元）作为解释变量 X_3，构造多元线性函数，研究这三个指标对 GDP 的影响程度。

首先，我们通过 Excel 中的描述统计对 2002 ～ 2021 年国内生产总值（亿元）、社会消费品零售总额（亿元）、全社会固定资产投资（亿元）、财政支出（亿元）、进出口差额（亿元）数据进行初步了解，如图 11-3 所示。

	国内生产总值	社会消费品零售总额	全社会固定资产投资	财政支出	进出口差额
平均	538553.98	211359.235	280645.75	123656.126	19611.435
标准误差	72182.812	29944.47902	39822.6322	18039.4781	2718.4894
中位数	513260.1	192660.55	260232.95	117600.38	18212.09
众数	#N/A	#N/A	#N/A	#N/A	#N/A
标准差	322811.35	133915.7813	178092.2253	80674.9985	12157.454
方差	1.042E+11	17933436480	31716840704	6508455376	147803693
峰度	-1.0972627	-1.365449208	-1.54726942	-1.456437	-0.748001
偏度	0.3609568	0.321299365	0.126172226	0.22908522	0.3103941
区域	1021952.3	393698.6	509384.3	223625.88	41560.78
最小值	121717.4	47124.6	43499.9	22053.15	2092.32
最大值	1143669.7	440823.2	552884.2	245679.03	43653.1
求和	10771080	4227184.7	5612915	2473122.52	392228.7
观测数	20	20	20	20	20

图 11-3　描述统计

接下来，还需要对解释变量与被解释变量进行相关分析，目的是发现多重共线性的变量，如果各变量之间确实存在一定的相关关系，解释变量不仅会对被解释变量产生影响，解释变量之间也有一定的相互影响，从而会导致变量的多重共线性。在进行回归分析之前，必须查看相关系数矩阵，使用数据分析工具进行操作，在"数据分析"选项，找到"相关系数"选项，然后单击"确定"按钮，效果如图 11-4 所示。

可以看出：被解释变量国内生产总值 Y 与社会消费品零售总额 X_1、全社会固定资产投资 X_2、财政支出 X_3 和进出口差额 X_4 等 4 个解释变量的相关系数都大于 0.86，呈现高度相关；而且社会消费品零售总额 X_1、全社会固定资产投资

250

X_2、财政支出 X_3、进出口差额 X_4 等 4 个解释变量两两之间的相关系数也都大于 0.86。因此，可以排除全社会固定资产投资 X_2、财政支出 X_3、进出口差额 X_4 等三个变量，模型中仅留下解释变量社会消费品零售总额 X_1。

	国内生产总值	社会消费品零售总额	全社会固定资产投资	财政支出	进出口差额
国内生产总值	1.0000				
社会消费品零售总额	0.9968	1.0000			
全社会固定资产投资	0.9914	0.9954	1.0000		
财政支出	0.9943	0.9975	0.9975	1.0000	
进出口差额	0.8684	0.8634	0.8700	0.8611	1.0000

图 11-4 相关系数矩阵

接下来建立回归模型，依次选择【数据】|【分析】|【数据分析】，然后单击"回归"选项。进入回归分析界面，首先选择"Y值输入区域"，接着选择"X值输入区域"，再选择"置信度"前面的方框，此处置信度为95%，如图 11-5 所示。

点击"确定"按钮，即可开始回归分析，在界面上输出的三张表里即可看到回归分析结果，如图 11-6 所示。

图 11-5 回归分析设置

第一张表是模型的回归统计，主要显示 R 平方和调整后的 R 平方，该模型中两者都高达 0.99 以上，模型拟合效果非常好；

第二张表是模型的方差分析，模型的 F 值为 2821.887，对应的显著性水平是 3.071E-21，小于 0.01，有显著统计学差异；

第三张表是模型的参数估计及检验，其中常数项（Intercept）为30678.15，对应的 P 值是 0.013742，小于 0.05，通过显著性检验；变量社会消费品零售总额的系数为 2.4029034，对应的 P 值是 3.07E-21，小于 0.01，也通过显著性检验。

因此，最终得到回归模型方程如下：

国内生产总值 = 30678.15 + 2.4029034×社会消费品零售总额

残差图是有关于实际值与预测值之间差距的图表，如果残差图中的散点在中

回归统计	
Multiple R	0.9968258
R Square	0.9936617
Adjusted R Square	0.9933096
标准误差	26404.327
观测值	20

方差分析

	df	SS	MS	F	Significance F
回归分析	1	1.97E+12	1.97E+12	2821.887	3.071E-21
残差	18	1.25E+10	6.97E+08		
总计	19	1.98E+12			

	Coefficients	标准误差	t Stat	P-value	Lower 95%	Upper 95%	下限 95.0%	上限 95.0%
Intercept	30678.15	11236.8	2.730151	0.013742	7070.5158	54285.783	7070.5158	54285.783
社会消费品零售总额	2.4029034	0.045234	53.12143	3.07E-21	2.30787	2.4979369	2.30787	2.4979369

图 11-6　回归分析结果

轴上下两侧分布，那么拟合直线就是合理的，说明预测有时多些，有时少些，总体来说是符合趋势的；但如果都在上侧或下侧就不行了，这样存在倾向性，需要重新处理。残差图展示以残差为纵坐标，以社会消费品零售总额为横坐标的散点图，如图11-7所示。

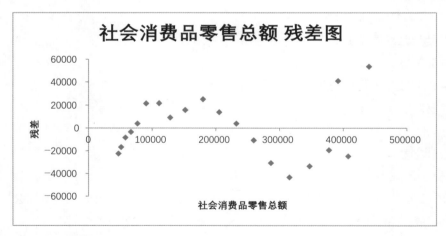

图 11-7　残差图

　　还可以用散点图展示拟合效果。在线性拟合图中可以看到，除了实际的数据点，还有经过拟合处理的预测数据点，这些参数在以上的表格中也有显示，如图11-8所示。

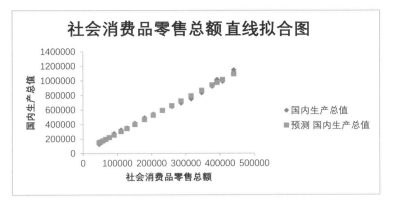

社会消费品零售总额直线拟合图

图 11-8　拟合效果

11.2　时间序列分析

时间序列分析是将根据系统观测得到的时间序列数据，通过曲线拟合和参数估计来建立数学模型的理论和方法。它一般采用曲线拟合和参数估计的方法进行预测，常用在国民经济宏观控制、区域综合发展规划、企业经营管理、市场潜力预测、气象预报、水温预报、地震前兆预报、农作物病虫灾害预报、环境污染控制、生态平衡、天文学和海洋学等方面。

11.2.1　移动平均法及案例

移动平均法是一种简单平滑预测技术，它的基本思想是：根据时间序列资料、逐项推移，依次计算包含一定项数的序时平均值，以反映长期趋势的方法。因此，当时间序列的数值由于受周期变动和随机波动的影响，起伏较大，不易显示出事件的发展趋势时，使用移动平均法可以消除这些因素的影响，显示出事件的发展方向与趋势（即趋势线），然后依趋势线分析预测序列的长期趋势。

（1）简单移动平均法

设有一时间序列 $y_1, y_2, \cdots y_t, \cdots$，按照数据集的顺序逐点推移求出 N 个数的平均数，即可得到一次移动平均数：

$$M_t^{(1)} = \frac{y_t + y_{t-1} + \cdots + y_{t-N-1}}{N} = M_{t-1}^{(1)} + \frac{y_t - y_{t-N}}{N}$$

式中，t 需要大于等于 N，$M_t^{(1)}$ 为第 t 周期的一次移动平均数；y_t 为第 t 周期的观测值；N 为移动平均的项数，即求每一移动平均数使用的观察值的个数。

这个公式表明当 t 向前移动一个时期，就增加一个新近数据，去掉一个远期数据，得到一个新的平均数。由于它不断地"吐故纳新"，逐期向前移动，所以称为移动平均法。

由于移动平均可以平滑数据，消除周期变动和不规则变动的影响，使得长期趋势显示出来，因而可以用于预测。其预测公式为：

$$\hat{y}_{t+1} = M_t^{(1)}$$

即以第 t 周期的一次移动平均数作为第 $t+1$ 周期的预测值。

⊙（2）趋势移动平均法

当时间序列没有明显的趋势变动时，使用一次移动平均就能够准确地反映实际情况，直接用第 t 周期的一次移动平均数就可预测第 $t+1$ 周期之值。但当时间序列出现线性变动趋势时，用一次移动平均数来预测就会出现滞后偏差。因此，需要进行修正，修正的方法是在一次移动平均的基础上再做二次移动平均，利用移动平均滞后偏差的规律找出曲线的发展方向和发展趋势，然后才建立直线趋势的预测模型。故称为趋势移动平均法。

设一次移动平均数为 $M_t^{(1)}$，则二次移动平均数 $M_t^{(2)}$ 的计算公式为：

$$M_t^{(2)} = \frac{M_t^{(1)} + M_{t-1}^{(1)} + \cdots + M_{t-N+1}^{(1)}}{N} = M_{t-1}^{(2)} + \frac{M_t^{(1)} - M_{t-N}^{(1)}}{N}$$

再设时间序列 $y_1, y_2, \cdots, y_t, \cdots$，从某时期开始具有直线趋势，且认为未来时期亦按此直线趋势变化，则可设此直线趋势预测模型为：

$$\hat{y}_{t+T} = a_t + b_t \times T$$

式中，t 为当前时期数；T 为由当前时期数 t 到预测期的时期数，即 t 以后模型外推的时间；$\hat{y}_{t+T}$ 为第 $t+T$ 期的预测值；a_t 为截距；b_t 为斜率；a_t 和 b_t 又称为平滑系数。

根据移动平均值可得截距 a_t 和斜率 b_t 的计算公式为：

$$a_t = 2M_t^{(1)} - M_t^{(2)}$$

$$b_t = \frac{2(M_t^{(1)} - M_t^{(2)})}{N-1}$$

254

在实际应用移动平均法时，移动平均项数 N 的选择十分关键，它取决于预测目标和实际数据的变化规律。

案例：移动平均法预测 2023 年粮食产量

粮食安全是"国之大者"，数据显示2022年我国粮食产量创历史新高，粮食播种面积17.75亿亩、比上年增加1052万亩，产量13731亿斤、增产74亿斤，连续8年保持在1.3万亿斤以上，人均粮食占有量达到480公斤以上，小麦、稻谷两大口粮完全自给。

但同时，我国粮食需求仍在不断增长。有预测显示，到2035年，我国年粮食需求或将达到8.5亿吨到9亿吨。下面根据2000 ~ 2022年我国粮食产量数据（单位：万吨），数据来源于国家统计局，使用简单移动平均法预测2023年的粮食产量。

操作步骤：依次选择【数据】|【分析】|【数据分析】，然后单击"移动平均"选项，单击"确定"按钮，如图11-9所示。这时将弹出"移动平均"对话框。

在"输入区域"框中指定统计数据所在区域"$B$1:$B$24"；因指定的输入区域包含标志行（即变量名称），所以选中"标志位于第一行"复选框；在"间隔"框内键入移动平均的项数"3"，这需要根据数据的变化规律，本案例选取移动平均项数 $N=3$。

在输出选项框内指定输出选项。可以选择输出到当前工作表的某个单元格区域、新工作表或是新工作簿。本例选定输出区域，并键入输出区域左上角单元格地址"$C$2"；选中"图表输出"复选框。如果需要输出实际值与一次移动平均值之差，还可以选中"标准误差"复选框，如图11-10所示。

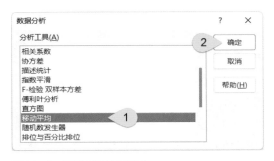

图 11-9　移动平均分析工具

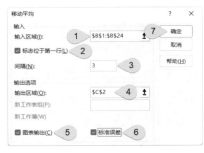

图 11-10　移动平均设置

单击"确定"按钮，这时Excel给出一次移动平均的计算结果及实际值与一次移动平均值的曲线图。从图11-11可以看出，粮食产量基本呈现线性增长趋势，模型的实际值与预测值差异不大。

此外，通过模型误差率的计算公式：

模型误差率=（预测值–实际值）/实际值，计算出每一年预测值的误差率，如图11-12所示。可以看出误差率大部分都位于–5% ~ 5%之间，其中2012年误差率的绝对值最大，达到了8.15%。

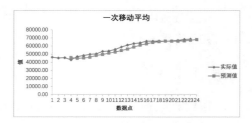

图11-11　移动平均设置结果

年份	粮食产量	一次移动平均	标准误差	模型误差率
2000	46217.52	#N/A	#N/A	#N/A
2001	45263.67	#N/A	#N/A	#N/A
2002	45705.75	#N/A	#N/A	#N/A
2003	43069.53	45728.98	#N/A	6.17%
2004	46946.95	44679.65	#N/A	-4.83%
2005	48402.19	45240.74	1354.52	-6.53%
2006	49804.23	46139.56	1881.77	-7.36%
2007	50413.85	48384.46	1829.97	-4.03%
2008	53434.29	49540.09	1622.62	-7.29%
2009	53940.86	51217.46	1601.41	-5.05%
2010	55911.31	52596.33	1579.62	-5.93%
2011	58849.33	54428.82	1724.32	-7.51%
2012	61222.62	56233.83	1901.43	-8.15%
2013	63048.20	58661.09	2280.35	-6.96%
2014	63964.83	61040.05	2410.74	-4.57%
2015	66060.27	62745.22	2006.79	-5.02%
2016	66043.51	64357.77	1675.18	-2.55%
2017	66160.73	65356.20	1272.58	-1.22%
2018	65789.22	66088.17	1060.84	0.45%
2019	66384.34	65997.82	416.80	-0.58%
2020	66949.15	66111.43	202.70	-1.25%
2021	68284.75	66374.24	386.66	-2.80%
2022	68653.00	67206.08	723.08	-2.11%
2023		67962.30	810.58	

图11-12　粮食产量预测

11.2.2　指数平滑法及案例

指数平滑法是布朗最先提出，他认为时间序列的态势具有稳定性或规则性，所以时间序列可被合理地顺势推延。布朗认为最近的过去态势在某种程度上会持续到最近的未来，所以将较大的权数放在最近的资料。

指数平滑法是生产预测中常用的一种方法。简单的全期平均法是对时间数列的过去数据一个不漏地全部加以同等利用；移动平均法则不考虑较远的数据，并在加权移动平均法中给予近期资料更大的权重；而指数平滑法则兼容了全期平均和移动平均所长，不舍弃过去的数据，但是仅给予逐渐减弱的影响程度，即随着数据的远离，赋予逐渐收敛为零的权数。

也就是说，指数平滑法是在移动平均法的基础上发展起来的一种时间序列分析预测法，它是通过计算指数平滑值，配合一定的时间序列预测模型对现象的未来进行预测的。其原理是任一期的指数平滑值都是本期实际观察值与前一期指数平滑值的加权平均。

按照模型参数的不同，指数平滑的形式可以分为一次指数平滑法、二次指数平滑法、三次指数平滑法。其中，一次指数平滑法针对没有趋势和季节性的序列，二次指数平滑法针对有趋势但是没有季节性的时间序列，三次指数平滑法则可以预测具有趋势和季节性的时间序列，Holt-Winter指的是三次指数平滑，这里我们主要介绍一次指数平滑法。

⭕ （1）一次指数平滑法

指数平滑法根据本期的实际值和预测值，并借助于平滑系数（α）进行加权平均计算，预测下一期的值。它是对时间序列数据给予加权平滑，从而获得其变化规律与趋势。

Excel中的指数平滑法需要使用阻尼系数（β），阻尼系数越小，近期实际值对预测结果的影响越大；反之，阻尼系数越大，近期实际值对预测结果的影响越小。

α——平滑系数（$0 \leqslant \alpha \leqslant 1$）；

β——阻尼系数（$0 \leqslant \beta \leqslant 1$），$\beta = 1 - \alpha$。

在实际应用中，阻尼系数是根据时间序列的变化特性来选取的。

➢ 若时间序列数据的波动不大，比较平稳，则阻尼系数应取小一些，如 $0.1 \sim 0.3$。

➢ 若时间序列数据具有迅速且明显的变动倾向，则阻尼系数应取大一些，如 $0.6 \sim 0.9$。

根据具体时间序列数据情况，我们可以大致确定阻尼系数（β）的取值范围，然后分别取几个值进行计算，比较不同值（阻尼系数）下的预测标准误差，选取预测标准误差较小的那个预测结果即可。

指数平滑法公式如下：

$$S_t = \alpha X_{t-1} + (1-\alpha)S_{t-1} = (1-\beta)X_{t-1} + \beta S_{t-1}$$

式中　S_t ——时间t的平滑值；

$\quad X_{t-1}$ ——时间t-1的实际值；

$\quad S_{t-1}$ ——时间t-1的平滑值；

$\quad \alpha$ ——平滑系数；

$\quad \beta$ ——阻尼系数。

⭕ （2）二次指数平滑法

二次指数平滑法保留了平滑信息和趋势信息，使得模型可以预测具有趋势的时间序列。二次指数平滑法有两个等式和两个参数：

$$s_i = \alpha \times x_i + (1-\alpha)(s_{i-1} + t_{i-1})$$
$$t_i = \beta \times (s_i - s_{i-1}) + (1-\beta)t_{i-1}$$

t_i代表平滑后的趋势，当前趋势的未平滑值是当前平滑值s_i和上一个平滑值s_{i-1}的差。s_i为当前平滑值，是在一次指数平滑的基础上加入了上一步的趋势信息t_{i-1}。利用这种方法进行预测，就取最后的平滑值，然后每增加一个时间步长h，就在该平滑值上增加一个t_i：

$$x_{i+h} = s_i + h \times t_i$$

在计算的形式上，这种方法与三次指数平滑法类似。因此，二次指数平滑法也被称为无季节性的Holt-Winter平滑法。

（3）Holt-Winter 指数平滑法

三次指数平滑法相比二次指数平滑增加了第三个量来描述季节性。累加式季节性对应的等式为：

$$s_i = \alpha \times (x_i - p_{i-k}) + (1-\alpha)(s_{i-1} + t_{i-1})$$
$$t_i = \beta \times (s_i - s_{i-1}) + (1-\beta)t_{i-1}$$
$$p_i = \gamma(x_i - s_i) + (1-\gamma)p_{i-k}$$
$$x_{i+h} = s_i + h \times t_i + p_{i-k+h}$$

累乘式季节性对应的等式为：

$$s_i = \alpha \times \frac{x_i}{p_{i-k}} + (1-\alpha)(s_{i-1} + t_{i-1})$$
$$t_i = \beta \times (s_i - s_{i-1}) + (1-\beta)t_{i-1}$$
$$p_i = \gamma \frac{x_i}{s_i} + (1-\gamma)p_{i-k}$$
$$x_{i+h} = s_i + h \times t_i + p_{i-k+h}$$

式中，p_i为周期性的分量，代表周期的长度；x_{i+h}为模型预测的等式。

截至目前，指数平滑法已经在零售、医疗、消防、房地产和民航等行业得到了广泛应用，例如对于商品零售，可以利用二次指数平滑系数法优化马尔科夫预测模型等。

案例：指数平滑法预测 2023 年我国粮食产量

下面还是使用上述2000 ~ 2022年我国粮食产量数据，使用指数平滑法预测2023年我国粮食产量。操作步骤如下所示。

依次选择【数据】|【分析】|【数据分析】，然后单击"指数平滑"选项，单击"确定"按钮，这时将弹出"指数平滑"对话框，如图11-13所示。

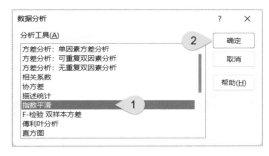

图 11-13　指数平滑设置

输入区域：本例数据源为 $B$1:$B$24。

阻尼系数：阻尼系数 =1 - 平滑系数，本例填写阻尼系数 =0.1，意味着平滑系数为 0.9。

标志：本例中选择"标志"。

输出区域：本例将结果输出至当前工作表的 $C$2 单元格。

图表输出：输出由实际数据和指数平滑数据形成的折线图，选择"图表输出"。

标准误差：实际数据与预测数据（指数平滑数据）的标准差，用以显示预测值与实际值的差距，这个数据越小则表明预测数据越准确。

单击"确定"按钮，即可完成。公式往下拉就可以得到预测结果，如图 11-14 所示。

根据一次指数平滑法预测值的计算公式：一次指数平滑的预测值 = 上一期的实际值 × 平滑系数 + 上一期的预测值 × 阻尼系数。可以计算：2023 年我国粮食产量的预测值是 0.9×B24+0.1×C24= 68602.20（万吨）。

此外，通过模型误差率的计算公式：模型误差率 =（预测值 - 实际值）/ 实际值。计算出每一年预测值的误差率，可以看出误差率大部分都位于 -4% ~ 4% 之间，其中 2004 年误差率的绝对值最大，达到了 7.71%，但是相对于移动平均法，模型的误差率有明显减小。

为了更加直观地查看模型的拟合情况，Excel 还输出了实际值与预测值的拟合图，如图 11-15 所示。通过图形可以看到绝大多数样本的预测值与真实值的差异较小，在图中的表现为围绕在折线周围分布，由此可见线性回归模型预测精度较好。

为了验证平滑系数为 0.9 是否为最优，这里还绘制了平滑系数为 0.8、0.7 等情况下的预测值，从图 11-16 可知，在平滑系数为 0.9（即阻尼系数为 0.1）

259

时，标准误差最小。

年份	粮食产量	α=0.9	标准误差	模型误差率
2000	46217.52	#N/A	#N/A	#N/A
2001	45263.67	46217.52	#N/A	2.11%
2002	45705.75	45359.06	#N/A	-0.76%
2003	43069.53	45671.08	#N/A	6.04%
2004	46946.95	43329.69	1612.25	-7.71%
2005	48402.19	46585.22	2580.24	-3.75%
2006	49804.23	48220.49	2778.13	-3.18%
2007	50413.85	49645.86	2509.59	-1.52%
2008	53434.29	50337.05	1460.53	-5.80%
2009	53940.86	53124.57	2056.77	-1.51%
2010	55911.31	53859.23	1901.67	-3.67%
2011	58849.33	55706.10	2196.23	-5.34%
2012	61222.62	58535.01	2217.90	-4.39%
2013	63048.20	60953.86	2665.47	-3.32%
2014	63964.83	62838.77	2676.40	-1.76%
2015	66060.27	63852.22	2071.84	-3.34%
2016	66043.51	65839.47	1873.48	-0.31%
2017	66160.73	66023.11	1435.86	-0.21%
2018	65789.22	66146.97	1282.71	0.54%
2019	66384.34	65824.99	250.70	-0.84%
2020	66949.15	66328.41	391.49	-0.93%
2021	68284.75	66887.08	524.78	-2.05%
2022	68653.00	68144.98	940.16	-0.74%
2023		68602.20	930.39	

图 11-14　销售额预测

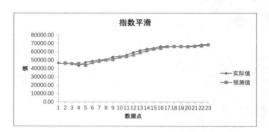

图 11-15　数据拟合图

年份	粮食产量	α=0.9	标准误差	α=0.8	标准误差	α=0.7	标准误差
2000	46217.52	#N/A	#N/A	#N/A	#N/A	#N/A	#N/A
2001	45263.67	46217.52	#N/A	46217.52	#N/A	46217.52	#N/A
2002	45705.75	45359.06	#N/A	45454.44	#N/A	45549.83	#N/A
2003	43069.53	45671.08	#N/A	45655.49	#N/A	45658.97	#N/A
2004	46946.95	43329.69	1612.25	43586.72	1597.93	43846.36	1595.76
2005	48402.19	46585.22	2580.24	46274.90	2452.31	46016.77	2334.04
2006	49804.23	48220.49	2778.13	47976.73	2738.84	47686.57	2708.57
2007	50413.85	49645.86	2509.59	49438.73	2526.94	49168.93	2568.29
2008	53434.29	50337.05	1460.53	50218.83	1714.25	50040.37	1976.91
2009	53940.86	53124.57	2056.77	52791.20	2208.30	52416.12	2418.88
2010	55911.31	53859.23	1901.67	53710.93	2050.35	53483.44	2265.20
2011	58849.33	55706.10	2196.23	55471.23	2345.39	55182.95	2565.03
2012	61222.62	58535.01	2217.90	58173.71	2420.40	57749.42	2687.12
2013	63048.20	60953.86	2665.47	60612.84	2918.28	60180.66	3235.23
2014	63964.83	62838.77	2676.40	62561.13	2979.84	62187.94	3353.02
2015	66060.27	63852.22	2071.84	63684.09	2394.26	63431.76	2795.43
2016	66043.51	65839.47	1873.48	65585.03	2125.06	65271.72	2469.09
2017	66160.73	66023.11	1435.86	65951.81	1615.22	65811.97	1885.21
2018	65789.22	66146.97	1282.71	66118.95	1402.39	66056.10	1594.40
2019	66384.34	65824.99	250.70	65855.17	347.64	65869.28	512.68
2020	66949.15	66328.41	391.49	66278.51	379.65	66229.82	390.79
2021	68284.75	66887.08	524.78	66815.02	528.68	66733.35	533.52
2022	68653.00	68144.98	940.16	67990.80	981.48	67819.33	1031.11
2023		68602.20	930.39	68586.78	1008.03	68569.63	1098.37

图 11-16　设置不同平滑系数

11.3　线性规划

　　线性规划是辅助人们进行科学管理的一种数学方法，在解决实际问题时，需要把问题归结成一个线性规划数学模型，关键及难点在于选适当的决策变量建立恰当的模型，这直接影响到问题的求解，本节介绍规划求解问题、最短路径问题等常见的线性规划问题。

11.3.1　线性规划概述

在数学中，线性规划（Linear Programming, LP）问题是目标函数和约束条件都是线性的最优化问题。线性规划是最优化问题中的重要领域之一。很多运筹学中的实际问题都可以用线性规划来表述。在历史上，由线性规划引申出的很多概念，启发了最优化理论的核心概念，诸如"对偶""分解""凸性"的重要性及其一般化等。同样的，在微观经济学和商业管理领域，线性规划被大量应用于解决收入极大化或生产过程的成本极小化之类的问题。乔治·伯纳德·丹齐格被认为是线性规划之父。

线性规划的某些特殊情况，例如网络流、多商品流量等问题，都被认为非常重要，并有大量对其算法的专门研究。很多其他种类的最优化问题算法都可以分拆成线性规划子问题，然后求得解。线性规划现在已成为生产制造、市场营销、银行贷款、股票行情、出租车费、统筹运输、电话资费、电脑上网等热点现实问题决策的依据。

描述线性规划问题的常用和最直观形式是标准型。标准型包括以下三个部分：
一个需要极大化的线性函数，例如：

$$c_1x_1 + c_2x_2$$

以下形式的问题约束，例如：

$$a_{11}x_1 + a_{12}x_2 \leqslant b_1$$
$$a_{21}x_1 + a_{22}x_2 \leqslant b_2$$
$$a_{31}x_1 + a_{32}x_2 \leqslant b_3$$

非负变量，例如：

$$x_1 \geqslant 0$$
$$x_2 \geqslant 0$$

线性规划问题通常可以用矩阵形式表达。

目标函数：c^Tx。

约束条件：$Ax \leqslant b, x \geqslant 0$。

其他类型的问题，例如极小化问题，不同形式的约束问题，有负变量的问题，都可以改写成其等价问题的标准型。

在线性规划问题中，有些最优解可能是分数或小数，但对于某些具体问题，常要求某些变量的解必须是整数。例如，当变量代表的是机器的台数、工作的人

261

数或装货的车数等，为了满足整数的要求，初看起来似乎只要把已得的非整数解取整就可以。但实际上，取整后的数不见得是可行解和最优解，所以应该有特殊的方法来求解整数规划。在整数规划中，如果所有变量都限制为整数，则称为纯整数规划；如果仅一部分变量限制为整数，则称为混合整数规划。

"规划求解"调整决策变量单元格中的值以满足约束单元格上的限制，并产生对目标单元格期望的结果。用Excel中的"规划求解"可以解决线性规划与非线性规划中的优化问题，同时还可以应用于数学模型拟合过程中的参数优化、单变量求解等方面。

11.3.2 客服中心排班规划

随着企业呼叫中心规模迅速增大，一方面，排班表安排要求保证接通率，服务水平也要达到期望值；另一方面，又要求节约坐席人力资源投入以降低不必要的成本。同时，还要兼顾各坐席人员之间的安排公平问题，现有的手工排班方式，在复杂度、困难度不断提高的排班问题面前越发体现出局限性。

目前，某企业客服呼叫中心仍是由排班师根据经验来制定坐席值班计划。客服中心每天值班安排时间段、各班需要的咨询服务人员数量如表11-1所示，每班话务员在各时段初开始上班，并连续工作9小时，客服中心每天至少需要多少话务人员？

表11-1　服务中心每班需保证的人数

班次	时间段	最少需求人数
1	0 ~ 3	12
2	3 ~ 6	8
3	6 ~ 9	16
4	9 ~ 12	20
5	12 ~ 15	26
6	15 ~ 18	30
7	18 ~ 21	26
8	21 ~ 24	16

建立数学模型，因为每个人需要连续工作9小时，即三个班次。假设 N_i 表示班次 1 ~ 8 开始工作的人数，这样可以建立如下的数学模型。

目标函数：

$$\min Z = N_1 + N_2 + N_3 + N_4 + N_5 + N_6 + N_7 + N_8$$
$$i$$

约束条件如下：

$$N_1 + N_7 + N_8 \geqslant 12$$
$$N_1 + N_2 + N_8 \geqslant 8$$
$$N_1 + N_2 + N_3 \geqslant 16$$
$$N_2 + N_3 + N_4 \geqslant 20$$
$$N_3 + N_4 + N_5 \geqslant 26$$
$$N_4 + N_5 + N_6 \geqslant 30$$
$$N_5 + N_6 + N_7 \geqslant 26$$
$$N_6 + N_7 + N_8 \geqslant 16$$

其中，N_1，N_2，N_3，N_4，N_5，N_6，N_7，N_8需要满足大于等于0且为整数。

下面使用Excel对客服中心的排班进行规划求解，操作步骤如下：

首先，根据提供的排版规划求解条件，在Excel中设置规划求解参数表，如图11-17所示，其中，变量N_1，N_2，N_3，N_4，N_5，N_6，N_7，N_8位于B1至I1单元格；变量优化值位于B2至I2单元格；目标函数值位于B3单元格，计算公式为SUM(B2:I2)；约束条件位于B5至I12单元格。

	A	B	C	D	E	F	G	H	I	J	K
1	变量	N_1	N_2	N_3	N_4	N_5	N_6	N_7	N_8		
2	变量优化值										
3	目标函数值	0									
4	约束条件									最优人数	最少人数
5		1	0	0	0	0	0	1	1	0	12
6		1	1	0	0	0	0	0	1	0	8
7		1	1	1	0	0	0	0	0	0	16
8		0	1	1	1	0	0	0	0	0	20
9		0	0	1	1	1	0	0	0	0	26
10		0	0	0	1	1	1	0	0	0	30
11		0	0	0	0	1	1	1	0	0	26
12		0	0	0	0	0	1	1	1	0	16

图11-17　规划求解设置（1）

此外，为了求解客服中心每天至少需要多少话务人员，我们还需要设置"最少人数"，位于K5至K12单元格，也就是约束条件右侧的数值；以及模型的"最优人数"，位于J5至J12单元格，使用了SUMPRODUCT()函数，实现在给定的几组数组中，将数组间对应的元素相乘，并返回乘积之和，例如J5=SUMPRODUCT(B5:I5,$B$2:$I$2)。

目标函数和公式、可变单元格（变量优化值、最优人数）和约束条件设置好之后，才能有效使用"规划求解"工具。在Excel的加载项中添加"规划求解加载项"加载项后，依次选择【数据】|【规划求解】，弹出"规划求解参数"对话框。

在规划求解参数页面设置相应的参数，其中"设置目标"是图11-17中"目标函数值"对应的单元格，选择单元格"$B$3"，目标函数求最小值，所以勾选"最小值"前面的单选按钮，"通过更改可变单元格"对应图11-17的"N1，N2，…，N8"对应的单元格"$B$2:$I$2"，点击"遵守约束"右侧的"添加"按钮，如图11-18所示。

图11-18　规划求解设置（2）

在弹出"添加约束"对话框中，第一个框选择单元格"$J$5"，第二个框选择">="，第三个框选择"=$K$5"，如果还有其他约束条件，可以单击"添加"按钮继续添加，然后单击"确定"按钮，如图11-19所示。

图11-19　规划求解设置（3）

约束条件添加完毕之后，点击"确认"按钮，返回"规划求解参数"对话框，可以看见刚才录入的约束条件已经添加，如图11-20所示。线性规划的求解方法，包括非线性GRG、单纯线性规划和演化，通常线性规划求解问题选择单纯线性规划引擎，光滑非线性规划求解问题选择非线性GRG引擎（比如指数函数、三角函数），非光滑规划求解问题选择演化引擎，这里我们选择"单纯线性规划"选项。

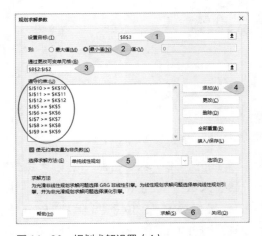

图11-20　规划求解设置（4）

规划求解的参数设置完成之后，点击右下角的"求解"按钮。计算之后，会跳出一个"规划求解结果"的通知窗口，可以选择"保留规划求解的解"或者"还原初值"，"还原初值"即工作表不显示结果，此处选择"保留规划求解的解",并单击"确定"按钮,如图11-21所示。

在选项里确定变量是整数,确定得到优化结果,如图11-22所示。结果表明:班次1～班次8对应的开始工作人数分别为6人、2人、8人、10人、8人、12人、6人和0人,每天最少配备人数为52名咨询服务人员。数学模型拟合中的参数优化是通过求目标函数最大(小)值,使得模型输出结果与实验测量数据之间达到最佳的拟合效果。

图11-21　规划

由于实验环境本身很难达到理想的条件,通常优化算法很难达到参数在实验情况下的全局最优。近年来,随着计算机运算效率的快速提高,这种优化方法得到了进一步开发与广泛应用。

	A	B	C	D	E	F	G	H	I	J	K
1	变量	N_1	N_2	N_3	N_4	N_5	N_6	N_7	N_8		
2	变量优化值	6	2	8	10	8	12	6	0		
3	目标函数值	52									
4	约束条件									最优人数	最少人数
5		1	0	0	0	0	0	1	1	12	12
6		1	1	0	0	0	0	0	1	8	8
7		1	1	1	0	0	0	0	0	16	16
8		0	1	1	1	0	0	0	0	20	20
9		0	0	1	1	1	0	0	0	26	26
10		0	0	0	1	1	1	0	0	30	30
11		0	0	0	0	1	1	1	0	26	26
12		0	0	0	0	0	1	1	1	18	16

图11-22　规划求解优化结果

12

数据分析报告及案例

▼

数据分析报告是一种沟通与交流的形式，主要目的在于将分析结果、可行性建议以及其他价值的信息传递给管理人员。它需要对数据进行适当的包装，让阅读者能对结果做出正确的理解与判断，并可以根据其做出有针对性、操作性、战略性的决策。

扫码观看本章视频

12.1 为什么要撰写分析报告

数据分析报告是根据数据分析原理和方法，运用数据来反映、研究和分析事物的现状、问题、原因、本质和规律，并得出结论，提出解决办法的一种分析应用文体。这种文体是决策者认识事物、了解事物、掌握信息、搜集相关信息的主要工具之一，数据分析报告通过对事物数据全方位的科学分析来评估其环境及发展情况，为决策者提供科学、严谨的依据，降低风险。

12.1.1 数据分析报告价值

数据分析报告主要有三个方面的作用，即展示分析结果、验证分析质量，以及为决策者提供决策参考。

⦿（1）展示分析结果

报告以某一种特定的形式将数据分析结果清晰地展示给决策者，使得他们能够迅速理解、分析、研究问题的基本情况、结论与建议等。

⦿（2）验证分析质量

从某种角度上来讲，分析报告也是对整个数据分析项目的一个总结。通过报告中对数据分析方法的描述、对数据结果的处理与分析等几个方面来检验数据分析的质量，并且让决策者能够感受到这个数据分析过程是科学且严谨的。

⦿（3）提供决策参考

大部分的数据分析报告都是具有时效性的，因此所得到的结论与建议可以作为决策者在决策方面的一个重要参考依据。虽然，大部分决策者（尤其是高层管理人员）没有时间去通篇阅读分析报告，但是在决策过程中，报告的结论与建议或其他相关章节将会被重点阅读，并根据结果辅助其最终决策。所以，分析报告是决策者二手数据的重要来源之一。

12.1.2　数据分析报告规范

（1）架构清晰、主次分明

数据分析报告要有一个清晰的架构，层次分明能降低阅读成本，有助于信息的传达。虽然不同类型的分析报告有其适用的呈现方式，但总的来说，作为议论文的一种，大部分的分析报告还是适用总分总的结构。

分析报告中心思想需要明确，结论先行，以上统下，归类分组，逻辑递进。行文结构先主后次，先全局后细节，先结论后原因，先结果后过程。对于不太重要的内容点到即止，舍弃细枝末节与主题不相关的东西。

（2）核心结论先行、有逻辑有依据

结论求精不求多。大部分情况下，数据分析是为了发现问题，一份分析报告如果能有一个最重要的结论就已经达到目的。精简的结论能降低阅读者的阅读门槛，报告要围绕分析的背景和目的以及要解决的问题，给出明确的答案和清晰的结论；相反，结论或主题太多会让人不知所云，不知道要表达什么。

分析结论一定要基于紧密严谨的数据分析推导过程，尽量不要有猜测性的结论，太主观的结论会失去说服力，一个连自己都没有把握的结论不要在报告里误导别人。在实际中，部分合理的猜测找不到直观可行的验证，在给出猜测性结论的时候，一定是基于合理的、有部分验证依据前提下，谨慎地给出结论，并且说明是猜测。

（3）结合实际业务、建议合理

基于分析结论，要有针对性地建议或者提出详细解决方案，那么如何写建议呢？

首先，要搞清给谁提建议。不同的目标对象所处的位置不同，看问题的角度就不一样，比如高层更关注方向，分析报告需要提供业务的深度洞察和指出潜在机会点，中层及员工关注具体策略，基于分析结论能通过哪些具体措施去改善现状。

其次，要结合业务实际情况提建议。虽然建议是以数据分析为基础提出的，但仅从数据的角度去考虑就容易受到局限，甚至走入脱离业务、忽略行业环境的误区，造成建议提了不如不提的结果。因此提出建议，一定要基于对业务的深刻了解和对实际情况的充分考虑。

最后，还需要尝试站在读者的角度去写分析报告，内容通俗易懂，用语规范谨慎。如果汇报对象不是该领域的专家，就要避免使用太多晦涩难懂的词句，同时报告中使用的名词术语一定要规范，要与既定的标准以及业内公认的术语一致。

12.1.3　分析报告的写作原则

一份完整的数据分析报告，应当围绕目标确定范围，遵循一定的前提和原则，系统地反映存在的问题及原因，从而进一步找出解决问题的方法。需要遵循以下4个原则。

① 规范性：数据分析报告中所使用的名词术语一定要规范，标准统一、前后一致，要与业内公认的术语一致。

② 重要性：数据分析报告要体现数据分析的重点，在数据分析中，应该重点选取关键指标，科学专业地进行分析，此外，同一类问题的分析结果应当按照问题重要性的高低来阐述。

③ 谨慎性：数据分析报告的编制过程一定要谨慎，基础数据必须真实、完整，分析过程必须科学、合理，分析结果要可靠，内容要实事求是。

④ 创新性：当今科学技术的发展可谓日新月异，许多科学家也都提出各种新的研究模型或者分析方法。数据分析报告需要适时地引入这些内容，一方面可以用实际结果来验证或改进它们，另一方面也可以让更多的人了解到全新的科研成果，使其发扬光大。

12.2　撰写分析报告注意事项

数据分析往往是80%的数据处理，20%的分析。大部分时候，收集和处理数据确实会占据很多时间，最后才在正确数据的基础上做分析，但一切都是为了找到正确的结论，所以保证数据准确就显得格外重要，否则一切努力都是误导别人。

12.2.1　基于可靠的数据源

很多人在写数据分析报告的时候，往往更关注如何将报告做得更美观，例如做漂亮的可视化图表等。但当别人看你做的数据分析报告的时候，往往更关注这个报告对他是否有价值，价值是什么，值得花多少时间去看这个报告，报告的结论是否有正确的数据支持，等等。

用于鉴别数据源的可靠性，主要有以下四种方法：

① 同类对比：与口径相同或相近，但来源不同的信息进行对比。例如最常见就是把程序运行出的结果数据和报表数据核对校验。

② 狭义 / 广义对比：通过与更广义或更狭义的信息进行对比。例如3C（信息家电）品类销售额与商城总销售额比较，3C的销售额更高显然是错误的，因为商城总销售额包含3C销售额；某些页面 / 频道的UV（独立访客）与APP总UV比较也类似。

③ 相关对比：通过与具有相关性、关联性的信息进行对比。例如某平台的留存率，对于同一个基准日期来说，D60留存率一定低于D30留存率，如果出现大于的情况，那就是错误数据了。

④ 演绎归谬：通过对现有证据的深入演绎，推导出结果，判断结果是否合理。比如某平台的销售客单价2000左右，总销售额1亿左右；计算得出当日交易用户数10万，通过乘以客单价，得到当天销售额2亿，显然与业务体量不符。

以上都是常用的方法论，核心是要足够了解业务，对关键指标数据情况了然于心，对数据准确性的判断才能水到渠成。对此，建议每日观测核心业务的数据情况，并分析波动原因，培养业务理解力和数据敏感度。

12.2.2 提高报告可读性

用图表代替大量堆砌的数字，有助于阅读者更形象直观地看清楚问题和结论，当然，图表也不要太多，过多的图表一样会让人无所适从。

让图表五脏俱全，必须包含完整的元素，才能让阅读者一目了然。标题、图例、单位、脚注、资料来源这些图表元素就好比图表的五脏六腑。

此外，还需要注意以下几点内容。

第一，避免做无意义的图表。决定做不做图表的唯一标准就是是否有助于有效地表达信息。

第二，突出图表重点。最好一张图表反映一个观点，突出重点，让读者迅速捕捉到核心思想。

第三，只选对的，不选复杂的。

第四，一句话标题。

12.2.3　选择合适的图表

选择合适的图表，警惕图表说谎，需要注意以下几点：

① 虚张声势的增长：人们喜欢研究一条线的发展趋势，例如股市、房价、销售额的增长趋势，有时候为了吸引读者故意夸大变化趋势，通过截断数轴夸大增长速度，实际上增长是缓慢的。

② 3D效果的伪装：3D图形容易造成视觉偏差，3D效果看上去依次递增，实际上却不是，要格外小心图表的伪装。

③ 征询受众的反馈：推出完美的仪表板，并非一劳永逸的事，一定要征询受众的反馈意见，了解该仪表板哪些方面对他们有用，哪些方面无用。

④ 使用可理解指标：确保图形中的指标契合受众的专业知识水平，可以先向其中一名用户展示设计原型，在设计流程中及早发现这类错误。

⑤ 限制视图和颜色数量：添加过多视图，就会牺牲仪表板的整体效果，颜色过多会让人感到眼花缭乱，反而会让人们不能快速分析，甚至根本无法清楚地分析。

⑥ 删繁就简：从用户角度审视它，其中的每一个元素都应该各有其用，如果某个标题、图例或轴标签没有必要存在，那就直接删掉。

12.3　案例：销售数据分析报告

本节基于电商母婴用户的行为数据进行数据分析，探索用户消费行为概况和特点，寻找高价值客户，为精准营销与精细化运营提供数据支撑，从而帮助平台和商家实现营收增长。

12.3.1　分析背景

母婴商品在经济市场上仍然占有巨大的份额，同时随着互联网的发展，各行各业为了迎合时代的发展，都在积极探寻新的发展模式。本案例结合某母婴商品数据，分析母婴商品销售背后的大数据，共享信息以获得更好的销售建议或搜索结果。

12.3.2 理解数据

案例数据集来源于某平台提供的母婴商品的用户行为数据，如表12-1所示。

表12-1 母婴商品销售数据

用户ID	商品ID	商品类别	商品根类别	购买数量	购买时间	性别
191039747	7984139502	50008859	28	1	2021/12/31	0
419554296	37829194505	50024153	28	1	2021/12/31	1
730452910	35594802518	50152021	28	1	2021/12/31	0
2122143464	40963468736	50012564	50014815	1	2021/12/31	0
750966815	24670744809	211122	38	3	2021/12/31	1
27899923	38892785409	50023722	28	1	2021/12/31	0
793079132	41600225054	121424027	50008168	1	2021/12/31	0
823167418	40791039747	50011993	28	1	2021/12/31	1
...	...	...	...	...	...	...

12.3.3 分析目的

数据分析的最终目标是得出结论并指导业务运营，数据分析是从业务出发且服务于业务的。当拿到业务部门提出的问题或者我们自己有什么疑问需要通过数据分析来解答时，首先将这些业务问题转换成数据问题，同时结合业务知识全面理解数据集中数据的含义，明确问题，统一指标口径，通过数据分析手段找出有效的数据指标、发现业务规律，得出理性客观的事实结论来指导业务经营。下面通过分析实际案例来完成Excel的数据分析过程。

12.3.4 数据清洗

⚫（1）删除重复值

重复值会干扰数据的准确性，删除重复值以确保数据是唯一的。对商品销售数据的所有列同时都重复地进行删除操作，仍未发现重复值，如图12-1所示。

⚫（2）一致化处理

对每个数据列里没有统一格式的值进行处理，便于后续的数据分析工作。

用户ID	商品ID	商品类别	商品根类别	购买数量	购买时间	性别
191039747	7984139502	50008859	28	1	2021/12/31	0
419554296	37829194505			1	2021/12/31	1
730452910	35594802518			1	2021/12/31	0
2122143464	40963468736			1	2021/12/31	0
750966815	24670744809			3	2021/12/31	1
27899923	38892785409			1	2021/12/31	0
793079132	41600225054			1	2021/12/31	0
823167418	40791039747			1	2021/12/31	1
726263452	8641516812	50015727	50014815	1	2021/12/31	1

Microsoft Excel

未发现重复值。

确定

图 12-1　重复值处理

将性别字段通过IF函数从数字替换成文字；IF函数公式：=IF(G2=0,"女",IF(G2=1,"男","未知"))，结果如图12-2所示。

用户ID	商品ID	商品类别	商品根类别	购买数量	购买时间	性别
191039747	7984139502	50008859	28	1	2021/12/31	女
419554296	37829194505	50024153	28	1	2021/12/31	男
730452910	35594802518	50152021	28	1	2021/12/31	女
2122143464	40963468736	50012564	50014815	1	2021/12/31	女
750966815	24670744809	211122	38	3	2021/12/31	男
27899923	38892785409	50023722	28	1	2021/12/31	女
793079132	41600225054	121424027	50008168	1	2021/12/31	女
823167418	40791039747	50011993	28	1	2021/12/31	男
726263452	8641516812	50015727	50014815	1	2021/12/31	男

图 12-2　一致化处理

（3）异常值处理

将商品销售数据中的销售数量进行降序排序，如图12-3所示，发现在2021年11月13日，用户ID为2288344467的用户购买了10000数量商品，是唯一的用户；2021年9月20日，用户ID为173701616的用户购买了2748数量商品，也是唯一的用户，在与销售部门进行确认后，该数值是异常值，直接删除。

用户ID	商品ID	商品类别	商品根类别	购买数量	购买时间	性别
2288344467	39769942518	50018831	50014815	10000	2021/11/13	男
173701616	36505037679	50007016	50008168	2748	2021/9/20	男
119395773	21753712913	50005953	28	700	2021/10/21	女
300857121	38276597770	50023663	28	600	2021/7/2	男
1671630112	41020683325	50016006	28	498	2021/10/7	女
105969610	13110743569	50003700	28	450	2021/3/5	男
119491758	19527422123	50019308	28	400	2021/5/22	女
50880819	21948251334	50006235	50008168	399	2021/8/9	男
1681976532	37708992673	50003700	28	340	2021/5/3	女

图 12-3　异常值处理

（4）缺失值处理

缺失数据影响分析的准确性，发现只有商品ID有缺失值，共计9条，占比

0.06%，由于缺失值的占比很小，因此可以直接删除，如图12-4所示。

用户ID	商品ID	商品类别	商品根类别	购买数量	购买时间	性别
525086827		50013636	50008168	1	2021/11/11	女
124803872		50012442	50008168	1	2021/11/11	女
1844154851		50012365	122650008	1	2021/11/11	男
660058462		50012363	122650008	1	2021/11/11	女
764850637		121454026	50008168	1	2021/11/11	女
2266744025		121482036	50022520	1	2021/11/11	女
1737594941		50012365	122650008	1	2021/11/11	未知
1885518142		121394024	50008168	1	2021/11/11	女
102766393		50024842	50008168	1	2021/1/30	男

图12-4　缺失值处理

　　经过以上数据清洗步骤，数据集已经全部清洗完毕，现在是比较干净的数据，为后续的数据分析工作打下基础。

12.3.5　数据分析

（1）用户群体性别分析

　　对商品销售数据进行用户性别分析，女婴占比51.38%，男婴占比45.89%，女婴相对比男婴受众多，营销时可倾向于对女婴进行宣传，如图12-5所示。

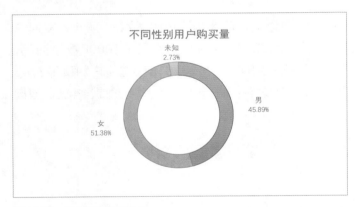

图12-5　用户群体性别分析

（2）用户群体偏好分析

　　对商品销售数据进行不同性别用户群体的商品偏好分析。从购买量上看，男女婴都偏好28、50008168以及50014815类型的商品，特别是28类型的商品，而且销量高的商品存在用户性别的差异，如图12-6所示。

274

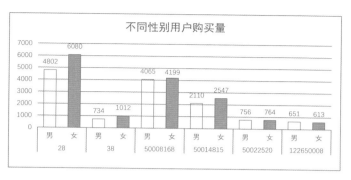

图12-6 用户群体偏好分析

（3）商品整体销售分析

从商品的整体销量情况分析，查看不同类别商品的整体销量情况。可以看出商品根类别编号分别为28、50008168、50014815的商品销量都比较高，对比比较发现，不同的根类别的销量对比相当悬殊，如图12-7所示。

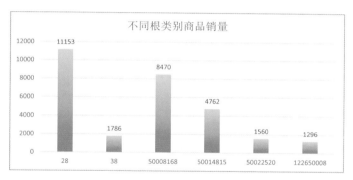

图12-7 不同根类别商品销量

将商品根类别继续展开，展示出各根类别商品下销量排名前三类别的商品，同步对比看各类商品里面的具体销量情况，如图12-8所示。可以看出各根类商品销量前三的商品类别，用户需求较高、销量较大，市场对该根类产品反响较好，属于重点主推对象，所以这些商品的货源要保证充足。

（4）商品销售趋势分析

商品销量整体趋势分析，将商品按时间维度进行展开分析，首先将时间按季度展开看商品的销售变化趋势情况，在2021年季度商品的销量是不断增长的，在第四季度达到峰值，如图12-9所示。

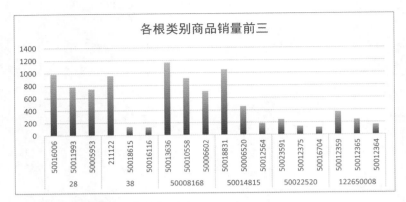

图 12-8　各根类别销量排名前三商品

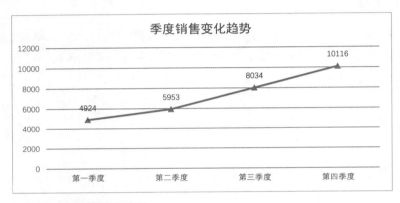

图 12-9　季度销售变化趋势

　　将时间按月度展开，分析商品的销售变化趋势情况，在2021年月度商品的销量呈现波浪上升的趋势，在11月达到峰值，如图12-10所示。

图 12-10　月度销售变化趋势

将2021年11月的商品销量按日展开进行分析，可以看出11日的销售量超过1800，"双十一"期间的购买量暴涨，跟"双十一"促销有很大的关系，如图12-11所示。

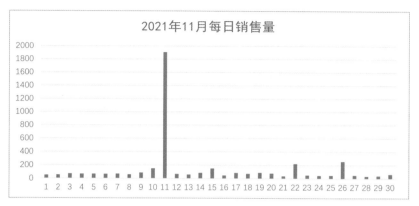

图12-11　11月份每日销售量

将不同类别的商品按年份及月度的时间趋势进行展开，查看不同商品的不同时间段的销量变化，相对于其他类型的商品，类型为28以及50008168的商品在各个月份的销量都偏高，如图12-12所示。

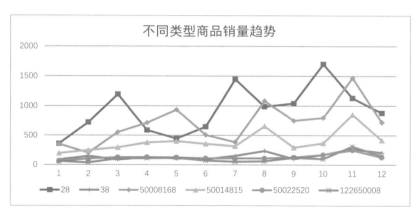

图12-12　不同类型商品销量趋势

12.3.6　案例总结

① 从用户群体分析，结合用户整体销售情况，发现男女婴都偏好28、50008168、50014815类型的商品，尤其是28类型的商品。市场销售部门对

277

于男女婴都偏好的28、50008168以及50014815类型商品应保证充足的货源。

② 从用户整体销售的角度分析，用户对于50008168、50014815、28的类型的商品比较感兴趣，购买量较大，市场销售部门应保证销量排名前三的商品货源充足；对于销量方面表现不佳的38、122650008、50022520类商品应该进行具体优化处理，为提高销量，需要加强营销提高购买人数，同时不断改进商品，促进人均购买量的提升。

③ 从商品销售趋势分析，不同类型的商品具有季节性的趋势，类型为28以及50008168的商品在第四季度销量较高、第一季度较低，由此销售部门可以根据该规律对相关类型的商品进行季节性调整，满足市场需求。

13

空气质量数据
分析案例

▼

随着我国经济的快速发展，空气质量区域性特性日渐明显。上海市经济迅速发展的同时，环境污染问题也得到明显改善，主要环境影响因素指标有PM2.5、PM10、SO_2、NO_2、CO、O_3等。本章利用Excel软件对2021年上海市的空气质量数据进行可视化分析。

扫码观看本章视频

13.1 空气质量指数

13.1.1 名词释义

空气污染（图13-1）是社会大众普通关心的问题。空气污染物是由气态物质、挥发性物质、半挥发性物质和颗粒物质的混合物构成的，其中主要是PM2.5、PM10、SO_2、NO_2、CO、O_3等污染物。

影响空气污染物的因素：一是气象因素，气象条件是影响大气污染的一个重要因素，如风向、风速、气温

图 13-1　空气污染

和湿度等，都直接增加污染物的危害程度；二是地形因素，例如在窝风的丘陵和山谷盆地，污染物不能顺利扩散，可能形成一定范围的污染区；三是植物的净化作用，花草树林可以过滤和净化大气中的粉尘和有害气体，对减轻大气污染起着不可忽视的作用。

（1）PM2.5

PM2.5是指环境空气中空气动力学当量直径小于等于2.5微米的颗粒物，它能较长时间悬浮于空气中，当空气中PM2.5含量浓度越高，就代表空气污染越严重。PM2.5可以由硫和氮的氧化物转化而成。而这些气体污染物往往是人类对化石燃料（煤、石油等）和垃圾的燃烧造成的。对空气质量和能见度等有重要的影响。

（2）PM10

PM10是指粒径在10微米以下可吸入的颗粒物。可吸入颗粒物在环境空气中持续的时间很长，对人体健康和大气能见度的影响都很大。通常来自未铺的沥青、水泥的路面上行驶的机动车、材料的破碎碾磨处理过程以及被风扬起的尘土。可吸入颗粒物被人吸入后，会积累在呼吸系统中，引发许多疾病，对人类危害大。可吸入颗粒物的浓度以每立方米空气中可吸入颗粒物的毫克数表示。

（3）SO_2

二氧化硫化学式SO_2，是常见的硫氧化物。大气主要污染物之一。火山爆发时会喷出该气体，在许多工业过程中也会产生二氧化硫。由于煤和石油通常都含有硫化合物，因此燃烧时会生成二氧化硫。当二氧化硫溶于水中，会形成亚硫酸（酸雨的主要成分）。若把二氧化硫进一步氧化，通常在催化剂存在下，会迅速高效生成硫酸。这就是使用这些燃料作为能源对环境产生影响的原因之一。

（4）NO_2

二氧化氮化学式NO_2，在高温下是棕红色有毒气体。人为产生的二氧化氮主要来自高温燃烧过程的释放，比如机动车尾气、锅炉废气的排放等。二氧化氮还是酸雨的成因之一，所带来的环境效应多种多样，包括：对湿地和陆生植物物种之间竞争与组成变化的影响，大气能见度的降低，地表水的酸化、富营养化（由于水中富含氮、磷等营养物，藻类大量繁殖而导致缺氧），以及增加水体中有害于鱼类和其他水生生物的毒素含量。

（5）CO

一氧化碳化学式CO，纯品为无色、无臭、无刺激性的气体。相对分子质量为28.01，密度1.25g/L，冰点为-205.1℃，沸点-191.5℃。在水中的溶解度甚低，极难溶于水。与空气混合爆炸极限为12.5%～74.2%。CO极易与血红蛋白结合，形成碳氧血红蛋白，使血红蛋白丧失携氧的能力和作用，造成组织窒息，严重时会导致死亡。一氧化碳对全身的组织细胞均有毒性作用，尤其对大脑皮质的影响为严重。在冶金、化学、石墨电极制造以及家用煤气或煤炉、汽车尾气中均有CO存在。

（6）O_3

臭氧化学式O_3，又称为超氧，是氧气（O_2）的同素异构体，在常温下，它是一种有特殊臭味的淡蓝色气体。臭氧主要分布在10～50km高度的平流层大气中，极大值在20~30km高度之间。在常温常压下，稳定性较差，可自行分解为氧气。臭氧具有青草的味道，吸入少量对人体有益，吸入过量对人体健康有一定危害。氧气通过电击可变为臭氧。

13.1.2 空气质量指数标准

空气质量指数（Air Quality Index, AQI），又称空气污染指数，是根据环境空气质量标准和各项污染物对人体健康、生态、环境的影响，将常规监测的几种空气污染物浓度简化成为单一的概念性指数值形式。

目前各国的空气质量标准也大不相同，AQI的取值范围自然也就不同，我国采用的标准和美国标准相似，其取值范围在0 ~ 500之间，如表13-1所示。

表13-1　空气质量指数标准

空气质量指数	污染级别	对健康的影响	建议采取措施
0 ~ 50	优	空气质量令人满意，基本无空气污染，对健康没有危害	各类人群可多参加户外活动，多呼吸一下清新的空气
51 ~ 100	良	除少数对某些污染物特别敏感的人群外，不会对人体健康产生危害	除少数对某些污染物特别容易过敏的人群外，其他人群可以正常进行室外活动
101 ~ 150	轻度污染	敏感人群症状会有轻度加剧，对健康人群没有明显影响	儿童、老年人及心脏病、呼吸系统疾病患者应尽量减少体力消耗大的户外活动
151 ~ 200	中度污染	敏感人群症状进一步加剧，可能对健康人群的心脏、呼吸系统有影响	儿童、老年人及心脏病、呼吸系统疾病患者应尽量减少外出，停留在室内，一般人群应适量减少户外运动
201 ~ 300	重度污染	空气状况很差，会对每个人的健康都产生比较严重的危害	儿童、老年人及心脏病、肺病患者应停留在室内，停止户外运动，一般人群尽量减少户外运动
>300	严重污染	空气状况极差，所有人的健康都会受到严重危害	儿童、老年人和病人应停留在室内，避免体力消耗，除有特殊需要的人群外，一般人群尽量不要停留在室外

13.2　数据准备与清洗

13.2.1　案例数据集

本案例以"天气后报"网的空气质量数据为数据来源，采集了从2021年1月1日 ~ 2021年12月31日上海市的空气质量数据，共获得365条记录，如图13-2所示。

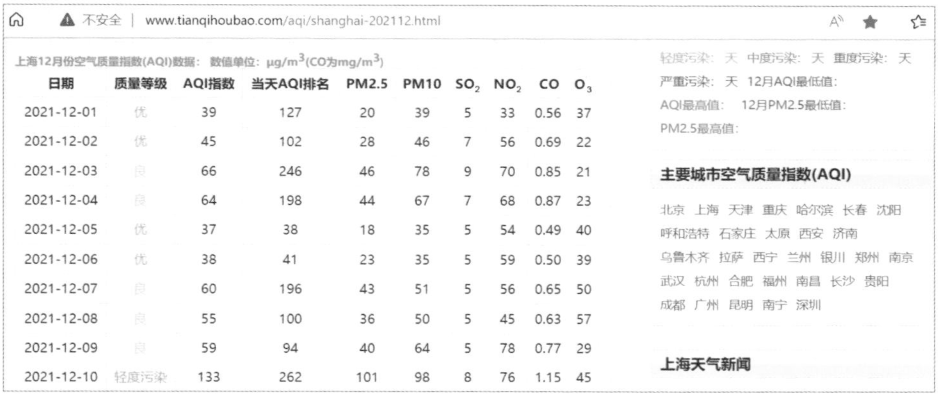

www.tianqihoubao.com/aqi/shanghai-202112.html

上海12月份空气质量指数(AQI)数据：数值单位：μg/m³(CO为mg/m³)

日期	质量等级	AQI指数	当天AQI排名	PM2.5	PM10	SO_2	NO_2	CO	O_3
2021-12-01	优	39	127	20	39	5	33	0.56	37
2021-12-02	优	45	102	28	46	7	56	0.69	22
2021-12-03	良	66	246	46	78	9	70	0.85	21
2021-12-04	良	64	198	44	67	7	68	0.87	23
2021-12-05	优	37	38	18	35	5	54	0.49	40
2021-12-06	优	38	41	23	35	5	59	0.50	39
2021-12-07	良	60	196	43	51	5	56	0.65	50
2021-12-08	良	55	100	36	50	5	45	0.63	57
2021-12-09	良	59	94	40	64	5	78	0.77	29
2021-12-10	轻度污染	133	262	101	98	8	76	1.15	45

轻度污染：天 中度污染：天 重度污染：天
严重污染：天 12月AQI最低值：
AQI最高值： 12月PM2.5最低值：
PM2.5最高值：

主要城市空气质量指数(AQI)

北京 上海 天津 重庆 哈尔滨 长春 沈阳 呼和浩特 石家庄 太原 西安 济南 乌鲁木齐 拉萨 西宁 兰州 银川 郑州 南京 武汉 杭州 合肥 福州 南昌 长沙 贵阳 成都 广州 昆明 南宁 深圳

上海天气新闻

图13-2　数据来源

案例数据集中字段信息包括：月份、日期、质量等级、AQI指数、当天AQI排名、PM2.5、PM10、SO_2、NO_2、CO和O_3等信息，如表13-2所示。

表13-2　空气质量数据

月份	日期	质量等级	AQI指数	当天AQI排名	PM2.5	PM10	SO_2	NO_2	CO	O_3
1	1	优	50	147	33	52	9	53	0.80	19
1	2	良	72	192	52	61	9	65	0.88	27
1	3	良	62	127	40	49	5	51	0.60	30
1	4	优	42	50	20	41	4	51	0.45	33
1	5	优	48	126	32	44	5	30	0.55	54
1	6	优	47	75	31	47	7	36	0.57	43
1	7	良	71	280	24	86	8	25	0.54	43
1	8	良	52	186	22	56	9	34	0.61	36
1	9	良	58	234	34	67	11	56	0.81	21
…	…	…	…	…	…	…	…	…	…	…

13.2.2　描述统计

描述统计可以对空气质量数据进行统计性描述，使用Excel中的“数据分析”功能，对365条空气质量数据进行描述统计，结果如表13-3所示。

表13-3 描述统计结果

项目	AQI指数	当天AQI排名	PM2.5	PM10	SO_2	NO_2	CO	O_3
平均	47.12	159.73	27.00	43.72	5.24	34.50	0.62	62.30
标准误差	1.22	4.71	0.85	1.47	0.09	0.88	0.01	1.27
中位数	43	145	23	37	5	31	0.58	60
众数	23	22	18	32	4	27	0.5	51
标准差	23.36	90.06	16.20	28.14	1.77	16.81	0.18	24.34
方差	545.77	8111.21	262.41	792.08	3.14	282.42	0.03	592.55
峰度	14.20	−0.85	1.11	23.84	16.00	1.59	3.53	−0.28
偏度	2.46	0.38	1.09	3.53	3.11	1.15	1.56	0.26
区域	234	349	99	300	17	109	1.13	127
最小值	10	10	2	8	3	4	0.35	8
最大值	244	359	101	308	20	113	1.48	135
求和	17199	58301	9856	15958	1914	12594	225.04	22741
观测数	365	365	365	365	365	365	365	365
最大(1)	244	359	101	308	20	113	1.48	135
最小(1)	10	10	2	8	3	4	0.35	8

13.2.3 数据清洗

从描述统计结果可以看出：2021年空气质量数据没有重复值，没有异常值数据，而且365条中没有缺失值。

13.3 数据总体分析

13.3.1 空气质量天数分析

2021年空气质量达到优的天数为244天，占比66.85%，达到良的天数为112天，占比约30.69%，空气轻度污染为8天，占比2.19%，重度污染为1天，占比0.27%，如图13-3所示。

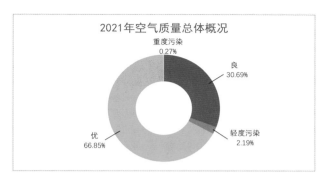

图 13-3　空气质量总体概况

13.3.2　空气质量等级分析

对每个月的空气质量进行分析，可以看出：8月、7月和10月是全年空气质量最好的3个月，12月、5月、3月是空气质量最差的3个月。

2021年共出现了8次轻度污染的天气，其中，12月出现4次，5月出现了2次，3月、4月各出现1次。此外，3月出现1次严重污染的天气，如图13-4所示。

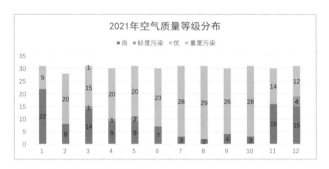

图 13-4　空气质量等级分布

在空气质量等级为优良的天气，O_3是首要污染物，而在轻度污染以上的天气，PM2.5和PM10则逐渐成为主要污染物。可见，空气污染的主要原因还是PM2.5与PM10等细颗粒物浓度提高，如表13-4所示。

表13-4　严重污染天气污染物分布

质量等级	PM2.5	PM10	SO_2	NO_2	CO	O_3
优	18.29	30.61	4.75	27.80	0.54	63.86
良	42.68	63.78	6.20	47.05	0.75	59.24

质量等级	PM2.5	PM10	SO$_2$	NO$_2$	CO	O$_3$
轻度污染	68.38	129.63	7.00	64.25	0.98	55.25
重度污染	66	308	4	28	0.54	82

13.4　主要污染物分析

下面逐一对PM2.5、PM10、SO$_2$、NO$_2$、CO和O$_3$等主要污染物进行分析。

13.4.1　PM2.5分析

2021年，PM2.5的平均浓度为27.00μg/m^3，呈现先下降后上升的趋势，在9月13日PM2.5达到最低2.00μg/m^3，在12月10日PM2.5达到最高101.00μg/m^3，如图13-5所示。

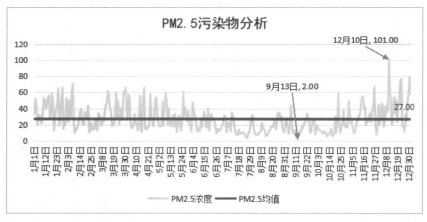

图13-5　PM2.5污染物分析

13.4.2　PM10分析

2021年，PM10平均浓度为43.72μg/m^3，在3月30日达到最高308.00μg/m^3，除了3月、4月、5月，全年指标波动幅度较小，如图13-6所示。

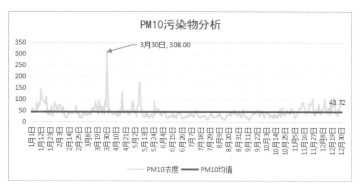

图 13-6　PM10 污染物分析

13.4.3　SO₂ 分析

2021年，SO$_2$的平均浓度为5.24µg/m^3，在7月27日达到最高20.00µg/m^3，其中7月、1月、12月浓度较高，如图13-7所示。

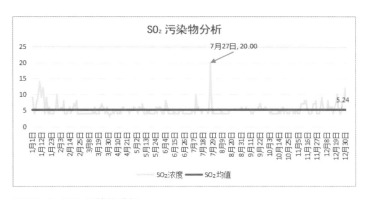

图 13-7　SO$_2$ 污染物分析

13.4.4　NO₂ 分析

2021年，NO$_2$在平均浓度为34.50µg/m^3，呈现先下降后上升的趋势，在7月浓度达到最低，如图13-8所示。

13.4.5　CO 分析

2021年，CO 的平均浓度为0.62mg/m^3，除12月外，全年指标浓度波动幅度相对较小，如图13-9所示。

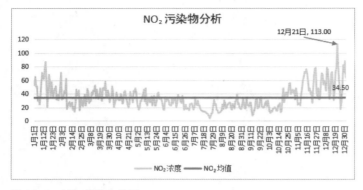

图 13-8　NO_2 污染物分析

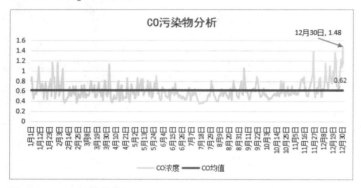

图 13-9　CO 污染物分析

13.4.6　O_3 分析

2021年，O_3 的平均浓度为 62.30μg/m³，基本呈现先上升后下降的趋势，在 5 月底达到峰值，随后逐渐下降，如图 13-10 所示。

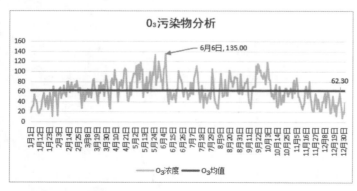

图 13-10　O_3 污染物分析

13.4.7　污染物仪表板

　　Excel的仪表板是若干视图的集合，它可以使我们能够轻松地比较分析各种数据。工作表和仪表板中的数据是相连的，当修改工作表时，包含该工作表的所有仪表板也会随之更改，下面是根据主要污染物制作的2021年上海市空气质量的仪表板，如图13-11所示。

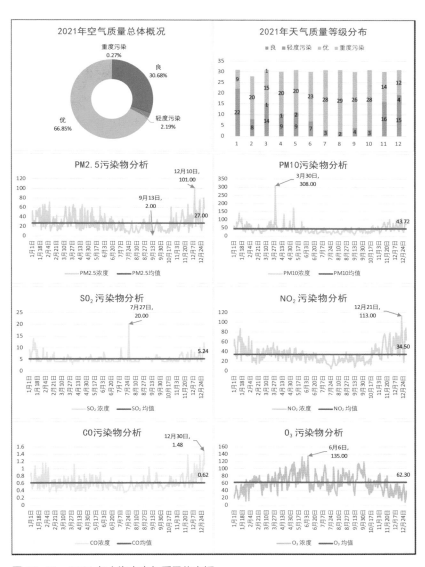

图 13-11　2021 年上海市空气质量仪表板

13.5 小结

2021年，全市生态环境质量持续改善，主要污染物浓度进一步下降。2021年，上海市环境空气质量指数（AQI）优良天数为335天，AQI优良率为91.8%。细颗粒物（PM2.5）年均浓度为27μg/m³，二氧化硫（SO_2）、可吸入颗粒物（PM10）、二氧化氮（NO_2）年均浓度分别为6μg/m³、43μg/m³、35μg/m³，均为有监测记录以来最低值；臭氧浓度（O_3）为145μg/m³，一氧化碳（CO）浓度为0.9mg/m³。

六项指标实测浓度连续两年达到国家环境空气质量二级标准（其中SO_2、CO持续达到一级标准）。2021年，全市道路扬尘移动监测平均浓度为81μg/m³；各区道路扬尘移动监测平均浓度范围在76～89μg/m³之间。

酸雨污染总体呈现改善趋势。2021年，全市降水pH平均值为5.56，酸雨频率为26.4%。近5年的监测数据表明，上海市酸雨污染总体呈现改善趋势。

地表水环境质量稳中有升，在用集中式饮用水水源水质状况保持稳定。2021年，全市主要河湖断面中，Ⅱ～Ⅲ类水质断面占80.6%，Ⅳ类断面占18.7%，Ⅴ类断面占0.7%，无劣Ⅴ类断面。上海市4个在用集中式饮用水水源水质全部达标（达到或优于Ⅲ类标准）。

地下水环境质量总体保持稳定。2021年，上海市国家地下水环境质量中水质为Ⅲ类、Ⅳ类和Ⅴ类的分别占比为7.0%、62.8%和30.2%。

海洋环境质量总体保持稳定。2021年，上海市海域符合海水水质标准第一类和第二类的面积占25.4%，符合第三类和第四类的面积占14.4%，劣于第四类的面积占60.2%，长江河口水域水质总体稳定。

农用地土壤环境质量总体稳定。2021年，根据上海市国家土壤环境监测网基础点位的例行监测结果，农用地土壤环境质量总体稳定。

声环境质量基本保持稳定。2021年，上海市区域环境噪声和道路交通噪声均基本保持稳定。

辐射环境质量总体情况良好。2021年，上海市辐射环境背景值和辐射设施周边的辐射强度均处于正常水平。

生态环境状况良好。2020年上海市生态环境状况指数（EI）为62.4，生态环境状况评价等级为"良"，植被覆盖度较高，生物多样性较丰富。

14

2021 年国产电影
产业分析

▼

2021 年，中国电影面临需求收缩、供给不足、单银幕产出提振乏力等多重不利因素，需要进一步深化改革、扩大开放，提升影片质量，增加内容供给，做强国内市场，本案例使用 Excel 分析工具，对 2021 年国产电影产业进行全面深入的分析。

扫码观看本章视频

14.1 2021年内地电影市场

14.1.1 电影市场现状分析

　　2021年,对于中国电影产业而言具有重要意义。这一年,全球电影票房约为210亿美元,其中,中国电影市场以超过70亿美元的票房产出,再次超过北美地区,蝉联全球第一。电影行业的强势复苏体现了中国经济和中国电影的坚强韧性,也为电影产业在世界范围内的全面复苏提供了动力和信心。与此同时,电影产业也和中国经济发展一样,面临需求收缩、供给不足等多重压力。中国电影仍需深化产业改革,把提高质量作为电影作品的生命线,持续提升作品的精神能量、文化内涵、艺术价值,稳企业,提收益,带动行业走出"阵痛期",走健康可持续发展之路,2021年中国内地影院共上映影片697部,创历史新高。如图14-1所示。

　　2021年内地电影共收获票房472.58亿元,超过70亿美元,蝉联全球电影市场第一。同期北美地区(包括美国和加拿大)因疫情导致影院关门时间较长,电影票房约为45亿美元。2019年北美地区电影票房为113.16亿美元,位列全球第一;中国票房约为92.12亿美元,位列第二;日本约为23.97亿美元。与全球其他电影市场相比,中国电影市场显然再次站在较高的台阶上,如图14-2所示。

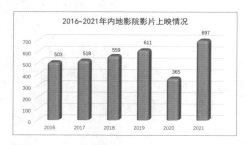

图 14-1　2016 ~ 2021 年内地影院影片上映情况

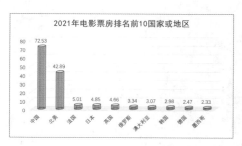

图 14-2　电影票房分析

　　在2021年中国影院票房前9的影片中,国产电影有7部,占据了市场主导地位。其中,《长津湖》《我和我的父辈》《中国医生》等重大主题电影作品,坚持思想性和艺术性相统一,努力选好题材、讲好故事、拍成精品,得到社会和观众的广泛认可；《你好，李焕英》用喜剧方式展现"子欲养而亲不待"的真挚母女情；《唐人街探案3》以"喜剧＋推理"相结合的形式，给观众带来娱乐和思考。如表14-1所示。

表14-1 中国影院票房数据

排名	电影名	票房/万元	国别	票价	人次
1	长津湖	577241	中国	46	22
2	你好，李焕英	541308	中国	44	24
3	唐人街探案3	451511	中国	47	31
4	我和我的父辈	147673	中国	43	16
5	速度与激情9	139220	美国	39	13
6	怒火·重案	132927	中国	38	8
7	中国医生	132823	中国	36	11
8	哥斯拉大战金刚	123257	美国	37	9
9	悬崖之上	119020	中国	38	12

14.1.2 电影发行与营销情况

2021年，电影发行和营销环节在注重品牌塑造的前提下，更加重视通过营销创新找准卖点，使之成为一个个社会话题，吸引舆论关注，电影产品的市场号召力明显提升。2021年，电影发行格局出现新的变化。中国电影股份有限公司和华夏电影发行有限责任公司得益于国有电影企业的身份和进口片发行的资质，继续保持优势地位。前者发行影片65部，取得全年发行影片数第一、总票房第一的好成绩。后者发行影片48部。天津猫眼微影文化传媒有限公司和阿里巴巴影业集团有限公司具有"电商"优势，两者努力向制片拓展，逐步实现全产业链布局，但缺乏原创能力仍是这两家公司的弱项。如表14-2所示。

表14-2 2021年中国电影公司发行营收前10

排名	制片单位	票房/亿元	发行数量	代表作品
1	中国电影股份有限责任公司	246.63	65	长津湖、悬崖之上、你好、李焕英
2	华夏电影发行有限责任公司	108.83	48	长津湖、红船、速度与激情9

293

排名	制片单位	票房/亿元	发行数量	代表作品
3	天津猫眼微影文化传媒有限公司	103.49	21	1921、扬名立万、不速来客
4	阿里巴巴影业集团有限公司	95.46	15	长津湖、我要我们在一起、第一炉香
5	博纳影业集团有限公司	57.75	2	长津湖、迷妹罗曼史
6	万达影视传媒有限公司	56.52	7	误杀2、我的父亲焦裕禄、唐人街探案3
7	北京精彩时间文化传媒有限公司	56.05	4	雄狮少年、你好,李焕英、有一点心动
8	上海儒意影视制作有限公司	54.26	2	你好,李焕英、吉祥如意
9	五洲电影发行有限公司	53.86	2	误杀2、唐人街探案3
10	天津联瑞影业有限公司	43.21	8	我和我的父辈、峰爆、悬崖之上

14.1.3　电影院线和影院分析

电影院是实现电影价值、回收电影投资的关键环节的场所,是整个电影产业的基础,更是重要的宣传舆论阵地,同时也向社会提供就业岗位。得益于疫情防控经验的提升,2021年影院关门的时间较少、范围较小,电影院线和影院的市场表现普遍比2020年有起色。如表14-3所示。

表14-3　2021年电影票房收入排名前10院线

排名	院线名称	票房/亿元	观影人次/万	场均人次/人	平均票价
1	霍尔果斯万达电影院线有限公司	72.96	16700	15	43.7
2	广东大地电影院线股份有限公司	44.67	11400	10	39.3
3	上海联和电影院线公司	36.24	8172.5	12	44.3
4	中影数字院线(北京)有限公司	35.08	8974.5	9	39.1
5	深圳中影南方电影新干线有限公司	32.79	8343	10	39.3

排名	院线名称	票房/亿元	观影人次/万	场均人次/人	平均票价
6	广州金逸珠江电影院线有限公司	20.62	5090.5	11	40.5
7	横店影视股份有限公司	20.49	5188.6	9	39.5
8	江苏幸福蓝海院线有限公司	19.21	4828.3	11	39.8
9	中影星美电影院线有限公司	18.73	4747.7	10	39.5
10	北京华夏联合电影院线有限责任公司	16.1	4099.3	10	39.3

从2021年的数据来看，影院的经营情况比2020年更景气，但还未恢复到2019年的水平。年度分账票房排名前10的影院中，有5家来自北京。其中，首都电影院(西单店)蝉联年度第一，票房收入达到3508.1万元，同比增长89%。由于影院观众基本上都是通过网络购票，观众在电影院停留的时间越来越短，影院对票房的依赖还是比较严重。如表14-4所示。

表14-4　2021年电影票房收入排名前10影院

排名	影院名称	分账票房/万元	人次/万次	场均人次/人	平均票价
1	北京首都电影院(西单店)	3508.1	56.8	23	61.4
2	深圳百老汇电影中心(IMAX万象天地店)	3422.1	56.8	29	60.3
3	北京寰映影城(合生汇店)	3196.3	52.8	25	60.6
4	北京英嘉国际影城	3186.4	43.4	21	73.5
5	北京金逸影城(朝阳大悦城店)	3178.2	49.6	28	64.1
6	武汉武商摩尔影城(国广IMAX激光店)	3099.4	89.3	25	34.7
7	广州飞扬正佳影城	3070.3	58.3	31	52.6
8	南京新街口国际影城(德基广场IMAX店)	2975.0	82.4	29	36.1
9	北京卢米埃尔影城	2957.6	49.1	28	60.2
10	上海万达影城(五角场万达店)	2817.5	55.9	24	50.4

14.2 2021 年豆瓣国产电影分析

14.2.1 数据来源与分析思路

分析对象为符合以下五个标准的 2021 年国产电影：制片国家为中国，上映地点为中国，上映时间为 2021 年 1 月 1 日 ~ 2021 年 12 月 31 日，豆瓣电影上已有评分，电影在院线上映（不含仅在网络上映的电影）。其中将上映地点设定为中国大陆，不含港澳台地区单独上映的院线电影，主要原因为豆瓣电影在港澳台地区使用频率不高，评分数据样本不足。

本节研究样本即表 14-5 中所列的 2021 年 80 部国产电影。

表14-5　2021 年 80 部国产电影及豆瓣评分数据

序号	电影名	上映时间	电影类型	片长	投票人数	评分
1	缉魂	2021/1/15	科幻	124	197494	6.8
2	没有过不去的年	2021/1/15	剧情	99	3624	5.6
3	许愿神龙	2021/1/15	喜剧	99	37722	6.5
4	大红包	2021/1/22	喜剧	122	42631	4.7
5	吉祥如意	2021/1/29	剧情	80	124008	7.7
6	刺杀小说家	2021/2/12	动作	130	628493	6.5
7	你好，李焕英	2021/2/12	剧情	128	1346755	7.7
8	人潮汹涌	2021/2/12	喜剧	119	383704	6.5
9	侍神令	2021/2/12	奇幻	120	184250	5.3
10	唐人街探案3	2021/2/12	喜剧	136	1028515	5.3
11	新神榜：哪吒重生	2021/2/12	动作	116	208339	6.8
12	熊出没·狂野大陆	2021/2/12	喜剧	99	24422	6.3
13	日不落酒店	2021/3/19	喜剧	106	25885	3.1
14	第十一回	2021/4/2	剧情	117	229733	7.2
15	明天会好的	2021/4/2	喜剧	101	20274	4.8
16	我的姐姐	2021/4/2	剧情	127	359087	6.9
17	西游记之再世妖王	2021/4/2	动作	95	21343	5.3
18	八月未央	2021/4/16	爱情	95	38289	3.2
19	记忆切割	2021/4/23	科幻	90	2637	3
20	你的婚礼	2021/4/30	爱情	115	165597	4.7

序号	电影名	上映时间	电影类型	片长	投票人数	评分
21	悬崖之上	2021/4/30	剧情	120	712964	7.6
22	秘密访客	2021/5/1	悬疑	111	176430	5.3
23	扫黑·决战	2021/5/1	剧情	112	171471	6
24	寻汉计	2021/5/1	喜剧	106	28609	6
25	阳光劫匪	2021/5/1	喜剧	107	33068	3.6
26	真·三国无双	2021/5/1	动作	117	40870	3.9
27	追虎擒龙	2021/5/1	剧情	105	66481	5
28	感动她77次	2021/5/14	喜剧	93	12900	4.4
29	白蛇传·情	2021/5/20	剧情	101	53712	8
30	我要我们在一起	2021/5/20	剧情	105	130397	6
31	柳青	2021/5/21	剧情	115	1980	6.7
32	迷妹罗曼史	2021/5/28	喜剧	90	2061	3.1
33	有一点心动	2021/6/3	爱情	94	9502	4.1
34	当男人恋爱时	2021/6/11	爱情	115	101635	6.3
35	阳光姐妹淘	2021/6/11	喜剧	118	46056	4.4
36	超越	2021/6/12	剧情	98	37340	5
37	热带往事	2021/6/12	剧情	95	87355	6.2
38	了不起的老爸	2021/6/18	剧情	104	40138	6.5
39	守岛人	2021/6/18	剧情	125	29758	7.4
40	完美受害人	2021/6/25	剧情	101	7054	4.8
41	我没谈完的那场恋爱	2021/6/25	爱情	97	5129	4.1
42	1921	2021/7/1	剧情	137	161924	6.7
43	革命者	2021/7/1	剧情	121	87520	7.5
44	河豚	2021/7/8	剧情	86	7547	4.9
45	俑之城	2021/7/9	动画	111	23877	5.8
46	中国医生	2021/7/9	剧情	129	235808	6.9
47	二哥来了怎么办	2021/7/16	喜剧	105	20040	4.2
48	济公之降龙降世	2021/7/16	动画	92	18790	4.5
49	燃野少年的天空	2021/7/17	喜剧	108	59857	4.5
50	白蛇2:青蛇劫起	2021/7/23	动画	131	365537	6.8
51	贝肯熊2:金牌特工	2021/7/23	动画	95	2811	4.6

297

序号	电影名	上映时间	电影类型	片长	投票人数	评分
52	怒火·重案	2021/7/30	动作	128	420154	7.2
53	盛夏未来	2021/7/30	剧情	115	234188	7.1
54	测谎人	2021/8/13	喜剧	92	16483	2.8
55	妈妈的神奇小子	2021/9/4	剧情	102	16722	6.9
56	悬崖	2021/9/10	剧情	87	1844	4.7
57	峰爆	2021/9/17	剧情	114	150825	6.3
58	狗果定理	2021/9/19	剧情	100	2296	2.9
59	关于我妈的一切	2021/9/19	剧情	120	56672	6.3
60	日常幻想指南	2021/9/19	喜剧	98	13320	4.8
61	皮皮鲁与鲁西西之罐头人	2021/9/30	喜剧	94	13452	6.2
62	我和我的父辈	2021/9/30	剧情	156	253278	6.5
63	长津湖	2021/9/30	剧情	176	715622	7.4
64	大耳朵图图之霸王龙在行动	2021/10/1	喜剧	86	2808	5.6
65	五个扑水的少年	2021/10/1	喜剧	111	144388	7.2
66	平行森林	2021/10/15	科幻	102	6902	6.4
67	图兰朵:魔咒缘起	2021/10/15	爱情	111	29967	3.1
68	第一炉香	2021/10/22	剧情	144	124655	5
69	扬名立万	2021/11/11	剧情	123	682940	7.4
70	梅艳芳	2021/11/12	剧情	137	63027	6.9
71	智齿	2021/11/18	悬疑	118	50163	7.2
72	门锁	2021/11/19	剧情	105	124416	4.3
73	铁道英雄	2021/11/19	剧情	123	54293	5.8
74	古董局中局	2021/12/3	剧情	123	203192	5.9
75	无尽攀登	2021/12/3	纪录片	92	9616	8.2
76	误杀2	2021/12/17	剧情	118	338673	5.7
77	雄狮少年	2021/12/17	剧情	104	458878	8.3
78	爱情神话	2021/12/24	剧情	112	652125	8.1
79	穿过寒冬拥抱你	2021/12/31	剧情	124	113684	6
80	反贪风暴5	2021/12/31	动作	95	93174	4.6

　　下面以上述豆瓣电影数据为基础，先从上映时间、电影类型、评分分布三个维度对2021年国产电影的概况进行分析，然后对电影评分与短评数量关系、电影评分与电影类型的关系进一步分析，在研究方法上，主要运用了大数据采集、数据图表分析。

　　具体分析过程如下：

　　第一步，通过数据统计2021年国产电影上映时间的分布、电影类型分布、评分分布，从中分析得到电影上映时间的偏好及影响因素、电影类型偏好、年度电影平均得分。

　　第二步，假设电影评分越高，影片受到的关注度越大，参与短评的人数也会越多。通过样本电影的评分数据图和短评数量数据图的比对，寻找相关性。

　　第三步，假设电影类型与观众的喜好相关，影响观众的评分，同时电影类型代表着投资商和出品方对市场和观众倾向的把握，因此评分高低和电影类型的数量应该趋于相同。通过样本电影的评分数据图和电影类型数据图进行比对，寻找相关性。

　　第四步，统计分析样本电影中最受欢迎、认可度最高的前40条影评中的高频词汇，挖掘观众在观影中的集中关注点。

14.2.2　电影上映时间分布

　　2021年国产电影上映时间全年相对平均，其中5、6、7、9月出现上映小高峰，共计41部，均分别占了全年国产电影的10%以上。首先，节假日仍然是电影上映时间的重要影响因素。2月的7部电影全部贡献在春节档，于2月12日大年初一上映，5月有6部电影在5月1日劳动节假期上映，9月有7部电影集中在中秋节假期和国庆节假期前夕上映，而7月则因庆祝建党百年和暑假，电影上映率达到全年最高。其次，电影上映时间还受到了疫情的影响。8月作为暑期档电影经常选择的上映时间点，在2021年却只有1部国产电影上映，主要源于多地疫情反扑，影响了电影上映时间的选择。如图14-3所示。

　　上映时间与电影类型也有一定的关系。春节档上映的电影《你好，李焕英》《新神榜:哪吒重生》《刺杀小说家》《侍神令》《唐人街探案3》都属于喜剧、奇

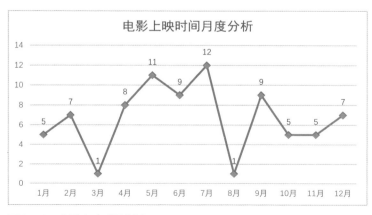

图 14-3　电影上映时间分析

幻类型，适合春节假期合家一起观看。7月1日庆祝建党百年上映的两部电影为红色题材主旋律电影《革命者》和《1921》。而动画类型的电影主要选择在假期或者周五上映，《新神榜：哪吒重生》为大年初一，《西游记之再世妖王》为清明假期，《白蛇2：青蛇劫起》《贝肯熊2：金牌特工》为暑假期间的周五，《皮皮鲁与鲁西西之罐头人》《大耳朵图图之霸王龙在行动》为国庆节假期，《雄狮少年》为周五。动画类型电影的主要观看人群为青少年，因此上映时间会同时考虑到青少年及其父母的休闲时间。电影类型与上映时间统计如表14-6所示。

表14-6 电影类型与上映时间统计

月份	爱情	动画	动作	纪录片	剧情	科幻	奇幻	喜剧	悬疑	总计
1月	0	0	0	0	2	1	0	2	0	5
2月	0	0	2	0	1	0	1	3	0	7
3月	0	0	0	0	0	0	0	1	0	1
4月	2	0	1	0	3	1	0	1	0	8
5月	0	0	1	0	5	0	0	4	1	11
6月	3	0	0	0	5	0	0	1	0	9
7月	0	4	1	0	5	0	0	2	0	12
8月	0	0	0	0	0	0	0	1	0	1
9月	0	0	0	0	7	0	0	2	0	9
10月	1	0	0	0	1	1	0	2	0	5
11月	0	0	0	0	4	0	0	0	1	5
12月	0	0	1	1	5	0	0	0	0	7
总计	6	4	6	1	38	3	1	19	2	80

14.2.3 电影类型分布情况

电影类型的分类方式是依据豆瓣电影中的类型信息，每部电影的简介会对其类型进行具体标注，一部电影的类型标签不限于一种。2021年国产电影的类型主要集中剧情、喜剧、爱情、动作、动画、科幻、悬疑、纪录片、奇幻，共9种类型。其中剧情类电影占比最大，达到了47.50%，其次是喜剧类电影，占比为23.75%。由此可以看出，对于电影投资和出品方而言，更倾向于投资和制作剧情类和喜剧类的电影。如图14-4所示。

观众对于某些电影类型会表现出一定的偏好，在评分时也会成为影响因素之一。电影类型同时代表着投资和出品方的偏好以及对市场倾向的把握，市场倾向

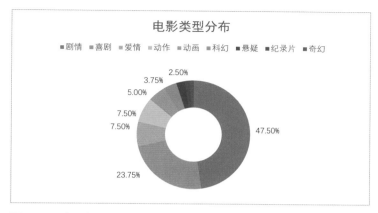

图 14-4　电影类型分布

中消费者的喜好占了很重要的地位，因此豆瓣评分高的电影，大多数应该落在占比最高的电影类型中。2021年喜剧类型占比最高，但是最高豆瓣评分并非从喜剧电影中产生，而是纪录片类型电影评分最高，在2021年的电影数量仅为1部，意味着喜剧类型电影虽然在电影市场上产出较多，但是观众对其满意度不足，并未与其产出量形成正向关系。如图14-5所示。

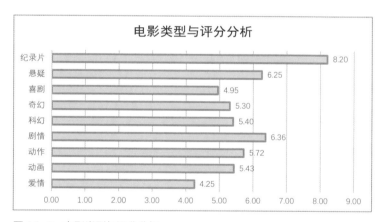

图 14-5　电影类型与评分分析

14.2.4　电影评分与投票分析

　　2021年国产电影的评分可按照0～1、1～2、2～3、3～4、4～5、5～6、6～7、7～8、8～9、9～10间隔1分的区间来进行统计。电影评分分布图呈现正三角形状，其中有31.25%的电影集中在6～7分的区间，在7～8有

15.00%，在4～5有21.25%，而5～6分有16.25%，2～3分、3～4分和8～9分的电影均在10%以下，没有电影在0～1、1～2、9～10分数区间。由此可见，观众对2021年国产电影质量的评判为大部分影片中规中矩，没有特别出色的电影，也不存在低至0～2分的电影。如图14-6所示。

电影评分与投票人数，电影评分代表观众对电影质量的评判，因此评分高的影片代表着高质量，高质量的影片往往会受到更多的关注，可能会吸引更多观众参与到电影的评分和评价中，形成一个正循环。但是通过2021年国产电影的电影评分和投票人数数据关联图显示，电影的评分高低与投票人数的多少没有必然联系，也不具备相关性。如图14-7所示。

根据Pearson相关系数的计算方式，电影评分与投票人数之间的相关性为0.4456，属于中等程

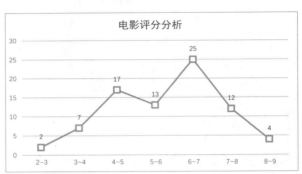

图14-6 电影评分分析

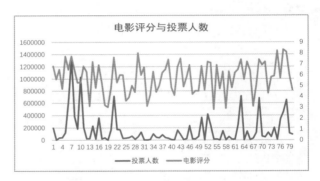

图14-7 电影评分与投票人数关联图

度相关（相关强度的取值范围：0.8～1.8极强相关，0.6～0.8强相关，0.4～0.6中等程度相关，0.2～0.4弱相关，0.0～0.2极弱相关或无相关）。因此影片的质量与观众参与豆瓣电影短评的数量没有明显相关性，如表14-7所示。

表14-7 电影评分与电影短评数量的相关性

项目	投票人数	电影评分
投票人数	1.0	0.4456
电影评分	0.4456	1.0

14.3　2021 年国产线上网络电影分析

14.3.1　院线电影网络上线的必要性

2021 年中国电影市场总票房 472.58 亿元，产业迅速复苏，约为疫情前年度最高票房的七成，全年总票房保持全球第一。在疫情发生后，全球电影市场的发行模式受到环境影响，变革加速，国内外多部院线电影选择将视频平台作为首发渠道，即出现"院线转网络"的现象。

在全球电影市场加速变革、传统电影产业与互联网加速融合的大环境下，作为连续两年全球票房第一的中国电影市场，中国院线电影在网络视频平台上的发行传播呈现出来的趋势与特点值得行业分析与研究。

院线电影通常是指获得《电影公映许可证》，首先在电影院上映的影片。对于院线电影而言，电影票房收入是衡量作品社会反映、市场认可度最重要的价值标准。电影除了院线之外还会经历多个发行窗口，这些发行渠道的传播情况也是衡量一部作品传播力与商业价值的重要体现。

我国电影发行渠道主要为院线影院上映、视频平台上线（即视频网站付费、免费上线）、电视播出等。随着中国互联网的迅速发展，截至 2020 年底，我国网络视听用户规模达到 9.44 亿，在网络上观看电影、电视剧、综艺的综合视频用户规模达到 7.04 亿，接近院线电影市场年度观影人次。

视频网站是仅次于电影院，观众获取电影内容的重要平台，也是电影发行及传播的重要渠道。电影内容在视频平台的播出不仅能够让片方在院线之外赚取更多利润，还可以使影片生命周期延长，获得更好的传播效果，线上线下实现互动。

无论是院线电影还是线上的网络电影，票房都是电影收入的主要来源。一般来说，院线票房等于观看人数乘以单场票价，平均票价少则 40 元，高则百元。网络电影的分账票房各家虽有不同，但大体上有两种计算方式，一种是单点付费，大部分都在六元左右，另一种是会员付费，按有效点击率或观看时长计费。每个平台具体的收费标准也有所不同。

而在疫情的冲击下，也有更多的用户愿意为网络电影而付费。根据视频平台的 2022 年第一季度财报显示，腾讯视频付费会员达到 1.24 亿，爱奇艺达到 1.014 亿，网络电影只要是 VIP 用户就可以免费观看电影，这无疑是巨大的市场潜力。

网络院线代表的是一种产业思维的转变，未来一定会带来电影发行模式、营销模式、消费模式的改变。一方面，如今很多电影背后都有视频网站的深度参与，从播报平台到深度卷入影视制作产业环节，我们有理由相信网络院线将很快成为常态。另一方面，在5G、人工智能、互联网等新技术的加持下，将来有极大可能会出现适合于互联网传播的全新电影内容产品形式，如互动电影、虚拟角色、VR体验等。

14.3.2　院线电影网络上线现状分析

国家广播电视总局监管中心发布的《2021年网络视听文艺主要数据》显示，2021年全年网络视听视频平台上线的国产院线电影总量达到308部。可见院线电影在视频媒体的上线播出，已是电影片方必不可少的发行传播手段。对于视频平台而言，院线电影作品也是长视频平台不可或缺的内容来源。

有统计显示，2019～2020年期间有多部电影院线上映不足10天，就已经可以在网络平台进行点播观看。例如，2019年上映的窗口期间隔仅6天的《逗爱熊仁镇》；2020年上映的间隔仅7天的《妙先生》《我的女友是机器人》；2020年受到疫情影响，《囧妈》《肥龙过江》《大赢家》《春潮》等原计划在院线放映的影片甚至直接放弃影院发行环节，选择首先在视频平台上线播出，出现"院线转网络"现象。

国产电影不足10天的超短窗口期出现，以《囧妈》为代表的"院线转网络"模式对传统模式的颠覆，好莱坞环球影业将窗口期缩短为17天的重大变革，使得互联网视频平台侵蚀传统院线空间这一趋势越发明显，也使传统的影院从业者感受到了重重危机。

然而通过数据分析发现，2021年国产电影市场电影窗口虽然相较往年缩短，但变动相对平稳，并未出现窗口期被快速压缩的现象，2021年院线票房超1亿元的42部国产电影的窗口期如表14-8所示。

表14-8　2021年院线票房超1亿元的42部国产电影窗口期

序号	电影名	院线上映时间	网络上线日期	窗口期
1	缉魂	2021/1/15	2021/2/26	42
2	许愿神龙	2021/1/15	2021/3/20	64
3	大红包	2021/1/22	2021/2/15	34
4	刺杀小说家	2021/2/12	2021/4/9	56
5	你好，李焕英	2021/2/12	2021/5/9	86
6	人潮汹涌	2021/2/12	2021/4/14	61
7	侍神令	2021/2/12	2021/3/19	35

序号	电影名	院线上映时间	网络上线日期	窗口期
8	唐人街探案3	2021/2/12	2021/4/30	77
9	新神榜:哪吒重生	2021/2/12	2021/4/4	51
10	熊出没·狂野大陆	2021/2/12	2021/3/15	31
11	我的姐姐	2021/4/2	2021/5/20	48
12	西游记之再世妖王	2021/4/2	2021/8/23	142
13	你的婚礼	2021/4/30	2021/6/25	56
14	悬崖之上	2021/4/30	2021/6/18	49
15	秘密访客	2021/5/1	2021/6/8	38
16	扫黑·决战	2021/5/1	2021/5/29	28
17	追虎擒龙	2021/5/1	2021/6/14	45
18	我要我们在一起	2021/5/20	2021/7/2	43
19	当男人恋爱时	2021/6/11	2021/9/18	99
20	超越	2021/6/12	2021/7/15	33
21	了不起的老爸	2021/6/18	2021/7/30	42
22	守岛人	2021/6/18	2022/2/15	242
23	1921	2021/7/1	2021/9/25	86
24	革命者	2021/7/1	2021/8/8	38
25	中国医生	2021/7/9	2021/9/19	72
26	燃野少年的天空	2021/7/17	2021/8/15	28
27	白蛇2:青蛇劫起	2021/7/23	2021/9/10	48
28	怒火·重案	2021/7/30	2021/10/1	63
29	盛夏未来	2021/7/30	2021/10/3	65
30	峰爆	2021/9/17	2021/10/29	42
31	关于我妈的一切	2021/9/19	2021/11/5	47
32	我和我的父辈	2021/9/30	2022/1/25	117
33	长津湖	2021/9/30	2022/1/1	93
34	扬名立万	2021/11/11	2022/1/31	81
35	门锁	2021/11/19	2021/12/25	36
36	铁道英雄	2021/11/19	2022/1/5	47
37	古董局中局	2021/12/3	2022/1/18	36
38	误杀2	2021/12/17	2022/2/2	47
39	雄狮少年	2021/12/17	2022/2/4	49
40	爱情神话	2021/12/24	2022/1/25	32
41	穿过寒冬拥抱你	2021/12/31	2022/2/14	45
42	反贪风暴5	2021/12/31	2022/2/26	57

通过对这42部国产电影统计分析发现,院线电影到网络视频平台播出窗口期平均约为60.26天,中位数为48.0天,众数是42.0天,最大值是242.0天,最小值是28.0天。

2021年票房收入较好的部分作品，如《我和我的父辈》多次延长院线放映时间，在上映日期后117天才在网络上线。对于高商业价值的影片，片方仍优先保证影片在院线能够获得更多利润，因此窗口期相对较长。2021年不同窗口期影片数量如图14-8所示。

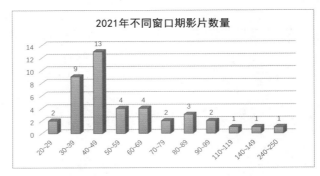

图14-8　2021年不同窗口期影片数量

14.3.3　院线电影网络独播状况分析

西瓜视频依靠母公司字节跳动支持，积极布局长视频业务，虽然2021年院线新片上线仅有10余部，但是购买了《你好，李焕英》《我和我的父辈》两部高票房影片的独家网络播出版权，加大头部热门院线电影作品的版权投入。同样是在布局长视频业务的哔哩哔哩，则并没有把重点放在头部的商业院线大片上，其购买独家播出版权的电影呈现类型化强、高口碑的特点，如《白蛇传·情》豆瓣评分8.0分；《扬名立万》收获豆瓣7.4分，票房更是达到9.27亿元，被誉为年度黑马影片。

在优酷、爱奇艺、腾讯视频，院线电影网络首轮播出上线大多采取VIP会员免费播出的形式，部分影片如《侍神令》《真·三国无双》等采取单片付费的模式，即普通用户12元、VIP会员用户6元可购买影片的观看权模式，这也是近年来院线电影在网络平台播出最主要的收费模式，典型院线电影独播的主要网络平台如表14-9所示。

表14-9　典型院线电影独播的主要平台

序号	电影名	独播平台
1	你好，李焕英	今日头条-西瓜视频
2	我和我的父辈	今日头条-西瓜视频
3	扬名立万	哔哩哔哩
4	熊出没·狂野大陆	芒果TV
5	大红包	优酷
6	许愿神龙	爱奇艺
7	我没谈完的那场恋爱	爱奇艺
8	白蛇传·情	哔哩哔哩

14.3.4　院线电影网络上映趋势分析

早在2014年，国内互联网企业特别是互联网视频平台就开始深入布局影视制作领域，爱奇艺影业、腾讯影业、阿里巴巴影业公司先后成立，成立之初，这些公司大多以联合出品的形式参与其中。近几年开始逐步寻求更大的发展空间，一方面内容类型多元、商业表达与创作风格并重，另一方面不断增强主投主控能力，作为头部出品方的作品数量增加，例如2021年腾讯影业作为第一出品方推出《1921》，在主旋律题材领域发力。这些头部网络视频平台在内容主控层面寻求更大的进步，从制片、发行、放映、宣传等环节，多角度、宽领域融入传统院线电影制作中。

在视频平台成立之初，为争夺市场份额及用户流量，各平台均大规模投入大量资金购买院线电影内容的版权，电影网络版权价格也随之增长。以2014年的市场价格为例，院线票房超10亿的电影独家网络版权价格约为3000万；票房过亿但不超10亿的电影，版权价格在500万到2500万之间；票房不足5000万的院线电影独家网络版权价格也从几十万到200万不等。2020年从院线转网络平台放映的《囧妈》单片独家网络版权更是高达5亿元。

近年来，各视频平台打出差异化策略，纷纷增加自制内容的费用投入，缩减电影、电视剧版权购买的开支。2015～2020年的六年间，爱奇艺年度内容成本从37亿元增长到209亿元；腾讯视频在2018～2020年间，内容成本费用总投入超过500亿元。然而几年过去，优酷、爱奇艺、腾讯视频平台自制内容依然没有实现显著差异化，自制内容的大力投入也没有形成持续稳定的盈利模式，三家视频平台整体上仍处于亏损状态。

2022年开始，视频平台资金紧张的问题愈加突出，自制内容战线开始收缩。这一背景下，对于过去受重视程度不高的影视版权内容的争夺，再次成为各家视频平台关注的重点。2022年初，腾讯花费18亿元，购入了超6000部影视作品网络版权，视频平台已经重新意识到，相较于自制内容诸多不确定性，院线电影等成熟作品的网络播出可快速实现用户流量转化，对于平台方来说更加符合少投入、高转化的诉求。

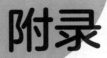 Excel 快捷键

为方便读者学习，提高学习效率，这部分内容以电子版的形式提供，扫下方二维码即可阅读。

扫码阅读